Schriftenreihe
der Juristischen Schulung

Geschäftsführender Herausgeber
Rechtsanwalt Dr. Hermann Weber

Heft 90

Der Schriftsatz des Anwalts im Zivilprozeß

von

Dr. Helmut Michel

Rechtsanwalt und Notar
in Frankfurt am Main

C. H. BECK'SCHE VERLAGSBUCHHANDLUNG
MÜNCHEN 1984

CIP-Kurztitelaufnahme der Deutschen Bibliothek

Michel, Helmut:
Der Schriftsatz des Anwalts im Zivilprozess / von Helmut Michel. – München : Beck, 1984.
(Schriftenreihe der Juristischen Schulung ; Nr. 90)
ISBN 3 406 30383 8

NE: GT

ISBN 3 406 30383 8

Satz: Georg Appl, Wemding

Vorwort

Der vorliegende Band ist hervorgegangen aus der gleichnamigen Beitragsreihe in der JuS ab 1981.[1] Die Grundkonzeption ist beibehalten, die Darstellung teilweise ergänzt und auf den neuesten Stand gebracht. Der Abschnitt „Die Schriftsatzfristen" (§ 4) ist unter Berücksichtigung der sich ständig fortentwickelnden Rechtsprechung völlig geändert worden; besonderes Gewicht wurde gelegt auf die Maßnahmen, die der Anwalt ergreifen kann, um die Zurückweisung verspäteten Vorbringens zu vermeiden. Zusätzlich aufgenommen ist der Abschnitt „Arrest und einstweilige Verfügung" (§ 9).

Das Buch ist geschrieben aus der Sicht des Anwalts für den Anwalt, gegründet auf die in langjähriger Anwaltstätigkeit gesammelten Erfahrungen. Es soll dem Referendar zur Vorbereitung auf die Anwaltsstation und dem Berufsanfänger zur Einführung in sein Arbeitsgebiet möglichst viele praktische Ratschläge zur Arbeitsweise des Rechtsanwalts vermitteln; wenn es darüber hinaus bei der Richterschaft das Verständnis um Stellung, Aufgaben und Tätigkeit des Rechtsanwaltes noch weiter fördert, kann dies nur begrüßt werden.

Entsprechend der Zielsetzung ist bewußt auf eine umfangreiche und erschöpfende Literaturauswertung verzichtet worden. Als Mangel mag es empfunden werden, daß das Buch keine vollständigen Schriftsatz-Beispiele enthält. Schriftsätze zu einem eng begrenzten Sachverhalt mit relativ einfachen Rechtsfragen bereiten auch dem Anfänger keine Schwierigkeiten; didaktisch wertvoll ist allein die schriftsätzliche Auswertung eines komplexen streitigen Sachverhalts mit rechtlichen Schwerpunkten unter Gegenüberstellung von Schriftsätzen mit typischen Fehlerquellen einerseits und sogenannten Musterschriftsätzen andererseits. Der hierfür erforderliche Raum hätte den Rahmen dieses Einführungsbandes gesprengt. Deshalb mußte ich mich auf Kurzbeispiele beschränken und darf zunächst verweisen auf die Schriftsatzbeispiele in der Rubrik „Methodik der Fallbearbeitung" der JuS in der Hoffnung, später einmal die Zeit zu finden für eine „Schriftsatzanalyse" anhand praktischer Beispiele.

Besonders zu danken habe ich Herrn *Dr. K. G. Deubner*, Vorsitzender Richter am Landgericht Frankfurt am Main, für seine kritische und anre-

---

[1] Vgl. JuS 1981, 315, 746, 895; 1982, 193, 360, 513, 675, 835; 1983, 36, 285 und 443

gende Durchsicht des ersten Manuskripts zur Aufsatzreihe, ebenso meiner Sekretärin, Frau *Monika Frickel*, für die große Umsicht und Sorgfalt beim Schreiben des Manuskripts.

Dankbar bin ich für jegliche Kritik und Anregung.

Frankfurt am Main, im August 1984 *Helmut Michel*

Inhaltsverzeichnis

Abkürzungsverzeichnis

a. A.	anderer Ansicht
ADSp	Allgemeine Deutsche Spediteurbedingungen i. d. F. vom Nov. 1939, RAnz 1940 Nr. 4
AGB	Allgemeine Geschäftsbedingungen
AnwBl	Anwaltsblatt, Nachrichten für die Mitglieder des Deutschen Anwaltvereins
Baumbach-Lauterbach	Kommentar zur Zivilprozeßordnung 42. Aufl., 1984
BRAO	Bundesrechtsanwaltsordnung v. 1. 8. 1959, BGBl I, S. 565
BRAGO	Bundesgebührenordnung für Rechtsanwälte vom 26. 7. 1957, BGBl I, 907
BSHG	Bundessozialhilfegesetz i. d. F. vom 24. 5. 1983, BGBl I, 614
GFZ	Geschoßflächenzahl
GKG	Gerichtskostengesetz i. d. F. vom 15. 12. 1976, BGBl I, 3047
Grundz.	Grundzüge
Hess. JMBl	Hessisches Justizministerialblatt
MünchKomm	Münchener Kommentar zum Bürgerlichen Gesetzbuch, 1977/83
Nachw.	Nachweise
Palandt	Kommentar zum Bürgerlichen Gesetzbuch, 43. Aufl., 1984
Rspr.	Rechtsprechung
Stein-Jonas	Kommentar zur Zivilprozeßordnung, 19. Aufl. 1964–75; 20. Aufl. ab 1977
StRiL	Grundsätze des anwaltlichen Standesrechts, Richtlinien der Bundesrechtsanwaltskammer
Thomas-Putzo	Kommentar zur Zivilprozeßordnung, 12. Aufl. 1982
VersR	Versicherungsrecht, Juristische Rundschau für die Individualversicherung
Vorb.	Vorbemerkung
VOB	Verdingungsordnung für Bauleistungen, Fassung 1979, BAnz 1979 Nr. 206
VOL	Verdingungsordnung für Leistungen, ausgenommen Bauleistungen, Ausgabe 1960, Beilage BAnz Nr. 105
Zöller	Kommentar zur Zivilprozeßordnung, 13. Aufl. 1981
ZPR	Zivilprozeßrecht
ZZP	Zeitschrift für Zivilprozeß

Abkürzungen, deren Kenntnis bei einem Referendar als allgemein bekannt vorausgesetzt werden können, sind nicht in das Verzeichnis aufgenommen (vgl. hierzu *Kirchner*, Abkürzungsverzeichnis der deutschen Rechtssprache, 3. Aufl. 1983)
§§ ohne Gesetzesangabe sind im Folgenden solche der ZPO

§ 1. Einleitung

In der Ausbildungsliteratur fehlt eine systematische Anleitung zur Anfertigung des Anwaltsschriftsatzes; er wird, wenn überhaupt, meist nur beiläufig in Darstellungen über die Anfertigung von Gutachten und Urteil behandelt.[1] Die Gründe hierfür sind vielschichtig und symptomatisch. Im Mittelpunkt der Ausbildung steht nach wie vor die richterliche Tätigkeit mit dem Urteil als Schlußpunkt des Prozesses. Stellung und Aufgaben des Richters erscheinen gewichtiger als die des Anwalts. Welche Funktion dem Anwalt als „Organ der Rechtspflege" (§ 1 BRAO) zukommen, ist nach wie vor umstritten bzw. ungeklärt.[2] Im Gegensatz zur unmittelbaren Bindung des Richters an Gesetz und Recht (Art. 20 III GG) entfaltet sich die Tätigkeit des Rechtsanwalts im Rahmen der freien Advokatur und unterliegt – abgesehen vom Bereich des Standesrechts – nur indirekt einer inhaltlichen Rechtskontrolle: nämlich dem prozessualen oder außerprozessualen Erfolg.

Der Anwalt ist der berufene, einseitige Interessenvertreter seines Mandanten (§ 3 I BRAO). Als solcher steht er im Spannungsfeld des kontradiktorischen Parteienprozesses. Das findet seinen unmittelbaren Niederschlag im Schriftsatz, mit dem als taktisches Kampfinstrument die „Angriffs- und Verteidigungsmittel" (so die Definition in § 282 I) der Parteien in den Prozeß eingeführt werden. Wie der Anwalt seiner Aufgabe gerecht wird, für seine Partei ein günstiges Prozeßergebnis zu erreichen, hängt nicht allein von seinen juristischen Kenntnissen und Fertigkeiten ab, sondern im besonderem Maße von seiner forensischen Erfahrung, seinem prozeßtaktischen Geschick und der Überzeugungskraft seiner Schriftsätze.

Während das Urteil als streitentscheidender und befriedender Ho-

---

[1] *Arndt,* Das Urt., 2. Aufl. (1961), bringt auf S. 160 ff. z. B. nur einige knappe Hinweise zur Anfertigung des Schriftsatzes. – *Commichau,* Die anwaltliche Praxis in Zivilsachen, 1983, gibt eine sehr verdienstvolle, auf die Praxis ausgerichtete Einführung in die Anwaltstätigkeit unter Darstellung des Berufsbildes und des Berufsfeldes des Rechtsanwalts, der vorgerichtlichen und gerichtlichen Tätigkeit, der Formen der Berufsausübung sowie der Struktur und Organisation der Anwaltskanzlei; entsprechend seiner Zielsetzung ist die Schriftsatzfertigung nur relativ knapp in den Rdnrn. 136–172 abgehandelt. *Schumann,* Die Berufung in Zivilsachen, 2. Aufl. (1980), hat aus der Sicht des Richters einen Leitfaden des Berufungsrechts verfaßt, allerdings mit gesonderten Kapiteln zur Form der Berufungsschrift (§ 10), zur Berufungsbegründung (§ 10) und zur Anschlußberufung (§ 16).

[2] Vgl. hierzu *Isele,* BRAO, 1976, § 1 Anm. IV; *Knapp,* Der Verteidiger – ein Organ der Rechtspflege, 1974; *Quack,* NJW 1975, 1337 ff.

heitsakt ausschließlich objektiven Beurteilungskriterien unterliegt, und die Neutralität und Objektivität des Richters ihren Niederschlag im formalisierten Stil, Inhalt und Aufbau des Urteils finden, ist der Anwaltsschriftsatz Ausdruck der Individualität des Anwalts und der Subjektivität des Parteivortrags. Die Stellung des Rechtsanwalts als unabhängiger Interessenvertreter seiner Partei und die jeweilige Prozeßsituation bedingen Gestaltungsfreiheit bei der Anfertigung der Schriftsätze unter Beachtung der von der Prozeßordnung vorgeschriebenen Förmlichkeiten. Aus dieser Gestaltungsfreiheit ergeben sich der Reiz und die Schwierigkeit der Schriftsatzfertigung, sie ist aber auch zugleich der Grund für den vielbeklagten „Wildwuchs" anwaltlicher Schriftsätze und anwaltlicher Tätigkeit schlechthin. Damit wird auch zugleich einsichtig, daß einer systematischen Anleitung zur Anfertigung von Schriftsätzen weit engere Grenzen gezogen sind als einer Anleitung zur Urteilsfertigung. So wichtig und meist auch prozeßentscheidend die Beachtung der Förmlichkeiten ist, die Qualität eines Schriftsatzes beurteilt sich letztlich nach seiner inhaltlichen Gestaltung. Für sie können im Rahmen dieses Bandes nur Anregungen und Hinweise, jedoch keine Patentrezepte gegeben werden. Von Routinesachen abgesehen, richtet sich die Schriftsatzgestaltung – so banal es klingt – in besonderer Weise nach den jeweiligen Erfordernissen des Einzelfalls. Zu erkennen, welche Erfordernisse dies sind und ihnen gerecht zu werden, ist die Kunst der Schriftsatzfertigung; sich dessen bei der Lektüre dieses Buches bewußt zu sein, ist notwendig, um zu lernen, von dieser Gestaltungsfreiheit den rechten Gebrauch zu machen.

§ 2. Bedeutung und Funktion des Schriftsatzes

I. Die Bedeutung des Schriftsatzes

Im Zivilprozeß gilt der Grundsatz der Mündlichkeit: Die Parteien haben vor dem erkennenden Gericht mündlich zu verhandeln (§ 128 I). Aufgrund der mündlichen Verhandlung ergeht das Urteil (§ 310 I). Im Anwaltsprozeß (§ 78) wird die mündliche Verhandlung durch Schriftsätze vorbereitet (§ 129 I).

1. Schriftsatz und mündliche Verhandlung

Trotz dieser in der Grundstruktur einfachen Einteilung des Zivilprozesses in die drei Abschnitte

- Schriftsatz
- Verhandlung
- Urteil

ist die funktionale Bedeutung der einzelnen Verfahrensabschnitte zueinander nicht leicht zu erfassen, weil die gesetzliche Regelung unübersichtlich, lückenhaft und teilweise widersprüchlich ist. Das gilt insbesondere für die Funktion und die Bedeutung des Anwaltsschriftsatzes. Der Grund hierfür liegt darin, daß der Gesetzgeber über alle Novellierungen der ZPO hinweg einerseits strikt am Grundsatz der Mündlichkeit der Verhandlung festgehalten hat, andererseits aber gezwungen war, Konzessionen zu machen gegenüber der forensischen Wirklichkeit, wonach im Anwaltsprozeß der Schriftsatz den Schwerpunkt des Verfahrens bildet. Um aber wiederum den seit jeher bekannten Gefahren der Verzögerung eines weitgehend schriftlichen Verfahrens zu begegnen, hat der Gesetzgeber vor allem mit der Vereinfachungsnovelle[1] auf der einen Seite der schriftsätzlichen Vorbereitung im Rahmen eines starren Fristensystems noch mehr Gewicht beigelegt, auf der anderen Seite jedoch versucht, durch die Konzeption eines umfassend vorbereiteten Haupttermins (§ 272 I) die mündliche Verhandlung aufzuwerten. Aus den sich hieraus ergebenden wechselseitigen Beziehungen zwischen schriftsätzlicher Vorbereitung und mündlicher Verhandlung ergeben sich Funktionen und Bedeutung des Anwaltsschriftsatzes im Zivilprozeß.

---

[1] Gesetz zur Vereinfachung und Beschleunigung gerichtlicher Verfahren vom 3.12. 1976 (BGBl I, 3281).

a) Schriftsätzliche Vorbereitung

Die ZPO versteht unter schriftsätzlicher Vorbereitung der mündlichen Verhandlung die vorherige Mitteilung dessen, was in der mündlichen Verhandlung vorgebracht werden soll (Vorbereitungsprinzip). Nach § 282 II sind dem Gericht und dem Gegner Anträge sowie Angriffs- und Verteidigungsmittel vor der mündlichen Verhandlung durch vorbereitende Schriftsätze mitzuteilen. Nach § 282 I haben die Parteien in der mündlichen Verhandlung ihre Angriffs- und Verteidigungsmittel vorzutragen (Mündlichkeitsprinzip). Auch § 296 II knüpft an diese Unterscheidung an, während § 296 I insoweit systemwidrig und abweichend von dieser Terminologie die schriftsätzliche Vorbereitung der mündlichen Verhandlung nach den dort genannten Vorschriften als „Vorbringen" bezeichnet.[2] Der gesamte Inhalt der Schriftsätze enthält die Ankündigung dessen, was in der mündlichen Verhandlung vorgebracht werden soll. Dies sind nach § 282 die Anträge, die Angriffs- und Verteidigungsmittel, insbesondere Behauptungen, Bestreiten, Einwendungen, Einreden, Beweismittel und Beweiseinreden. Mit dieser terminologischen Unterscheidung ist nichts darüber gesagt, was alles vor der mündlichen Verhandlung schriftsätzlich mitzuteilen ist, wann dies zu geschehen hat, in welchem Umfang das bereits schriftsätzlich Mitgeteilte nochmals im Termin mündlich vorzutragen ist und ob darüber hinaus weiteres Vorbringen im Termin zulässig ist. Zum einen geht es um Art und Umfang sowie die Rechtzeitigkeit der schriftsätzlichen Vorbereitung, zum anderen darum, worin sich die schriftsätzliche Vorbereitung von dem mündlichen Vorbringen im Termin unterscheidet und inwieweit nicht oder nicht rechtzeitig vor dem Termin mitgeteilte Angriffs- und Verteidigungsmittel noch in der mündlichen Verhandlung vorgebracht werden können.

b) Verhältnis zwischen Vorbereitungs- und Mündlichkeitsprinzip

Klammert man zunächst das Problem der Rechtzeitigkeit schriftsätzlicher Mitteilung vor dem Termin und des Vorbringens in der mündlichen Verhandlung aus, so ergibt sich folgendes Verhältnis zwischen Vorbereitungs- und Mündlichkeitsprinzip: Der überkommene, seit Jahrzehnten unverändert gebliebene § 137 geht von dem idealisierten, in der Praxis nie verwirklichten Grundsatz aus, daß die Parteien in der mündlichen Verhandlung nach Antragstellung ihre Vorträge über die tatsächlichen und rechtlichen Beziehungen des Streitverhältnisses in freier Rede zu halten haben und nur ausnahmsweise auf die vorbereitenden Schriftsätze Bezug nehmen dürfen, wenn nämlich der Gegner nicht widerspricht und das Gericht dies für angemessen hält. Unter diesem Blickwinkel hat die

---

[2] Die gleiche Systemwidrigkeit findet sich in § 272 I.

vorherige schriftsätzliche Mitteilung der Angriffs- und Verteidigungsmittel der Parteien nur eine Orientierungsfunktion; wesentlich erscheint hiernach alles, was in der mündlichen Verhandlung vorgebracht wird.

Demgegenüber geht § 278 von einem den tatsächlichen Verhältnissen Rechnung tragenden Verlauf der mündlichen Verhandlung aus: das Gericht hat zunächst auf der Grundlage der vorbereitenden Schriftsätze in den Sach- und Rechtsstand einzuführen, sodann die erschienenen Parteien hierzu zu hören, dabei gem. § 139 I darauf hinzuwirken, daß sich die Parteien über alle erheblichen Tatsachen vollständig erklären, sachdienliche Anträge stellen, insbesondere auch ungenügende Angaben der geltend gemachten Tatsachen ergänzen und die Beweismittel bezeichnen. Zu diesem Zweck ist vom Gericht das Sach- und Streitverhältnis mit den Parteien nach der tatsächlichen und rechtlichen Seite zu erörtern, was wiederum nur auf der Grundlage des zuvor schriftsätzlich mitgeteilten Sachvortrags erfolgen kann. Auf diese streitige Verhandlung soll unmittelbar die Beweisaufnahme folgen mit anschließender erneuter Erörterung des Sach- und Streitstandes (§ 278 II). Hiernach hat die mündliche Verhandlung vor allem eine Erläuterungs- und Erörterungsfunktion auf der Grundlage der zuvor erfolgten schriftsätzlichen Vorbereitung des Termins. Die schriftsätzliche Vorbereitung ist nicht lediglich eine Vorab-Orientierung des Gerichts und des Gegners, sondern die wesentliche Voraussetzung und Grundlage der mündlichen Verhandlung. Gegenstand der mündlichen Verhandlung kann grundsätzlich nur sein, was zuvor schriftsätzlich dem Gericht und dem Gegner mitgeteilt ist.

Das „Vorbringen" im Termin ist im wesentlichen eine Bezugnahme auf die vorbereitende schriftsätzliche Mitteilung des Sach- und Streitstoffs. Dieser insgesamt in Bezug genommene schriftsätzliche Sachvortrag der Parteien wird dann in der mündlichen Verhandlung erörtert. Überspitzt formuliert kann man sagen: Der Gesetzgeber fingiert, daß in der mündlichen Verhandlung der gesamte Inhalt der Schriftsätze von den Parteien vorgetragen wird. Die Bezugnahme ersetzt den ins einzelne gehende alles umfassenden Sachvortrag. Förmlich vorzunehmen sind dagegen in der mündlichen Verhandlung die angekündigten Prozeßhandlungen, sie müssen auch in das Protokoll aufgenommen werden (§ 160 III Nrn. 1, 2, 3, 8 und 9). Abweichend von der Regel des § 297 I werden aber auch die Anträge regelmäßig nicht verlesen, vielmehr erfolgt im allgemeinen gem. § 297 II die Bezugnahme auf die im Schriftsatz angekündigten Anträge.

c) *Terminsvorbereitung*

Durch den Austausch von Schriftsätzen soll gewährleistet werden, daß durch die rechtzeitige und vollständige Mitteilung der Anträge und des Sach- und Streitstoffes an das Gericht und den Gegner der Rechtsstreit möglichst in einem umfassend vorbereiteten Haupttermin (§ 272 I) erledigt werden kann. Das ist wiederum nur möglich, wenn das Gericht auf der Grundlage eines rechtzeitigen vorbereitend schriftsätzlichen Vorbringens der Parteien seinerseits die in § 273 vorgesehenen vorbereitenden Maßnahmen treffen kann. Die sachgemäße Vorbereitung der mündlichen Verhandlung ist somit abhängig und gegenseitig bedingt durch die rechtzeitige schriftsätzliche Mitteilung des Sach- und Streitstands durch die Parteien und durch rechtzeitige vorbereitende Maßnahmen des Gerichts. Der mündlichen Verhandlung geht daher insgesamt ein vorbereitender Verfahrensabschnitt voraus, der sich aufgliedert in die vorbereitenden Schriftsätze der Parteien und die vorbereitenden Maßnahmen des Gerichts.

d) Urteil

Das Urteil ergeht zwar aufgrund der mündlichen Verhandlung. Im Tatbestand sind auch nach § 313 II 1 die erhobenen Ansprüche und die dazu vorgebrachten Angriffs- und Verteidigungsmittel unter Hervorhebung der Anträge ihrem wesentlichen Inhalt nach darzustellen, jedoch *soll* wegen der Einzelheiten des Sach- und Streitstands auf die Schriftsätze, Protokolle und andere Unterlagen verwiesen werden (§ 313 II 2). Da nach § 160 II in das Protokoll nur die wesentlichen Vorgänge der Verhandlung aufzunehmen sind (der notwendige Inhalt des Protokolls ergibt sich aus § 160 III), bilden wiederum die im Tatbestand des Urteils in Bezug genommenen Schriftsätze der Parteien sowie die dazu überreichten Unterlagen die sachliche und inhaltliche Grundlage des Urteils.

Der Zivilprozeß ist somit ein *kombiniertes System,* das auf den Prinzipien der *(vorbereitenden) Schriftlichkeit* und der *(erörternden) Mündlichkeit aufbaut.* Daraus ergibt sich zwangsläufig der hohe Stellenwert des Anwaltsschriftsatzes im Zivilprozeß.

2. Bestimmende und einfache Schriftsätze

Da nach den vorstehenden Ausführungen alle Schriftsätze vorbereitenden Charakter haben, ist die gängige[3] Unterscheidung in „vorbereitende" und „bestimmende" Schriftsätze mißverständlich und ungenau. Richtiger ist, zwischen bestimmenden und einfachen Schriftsätzen zu unterscheiden.

a) Bestimmende Schriftsätze

Bestimmend sind all die Schriftsätze, die nicht nur ein Vorbringen der Partei ankündigen, sondern auch Prozeßhandlungen enthalten, Bewirkungs- oder Erwirkungshandlungen, mit denen unmittelbar auf den Gang des Verfahrens Einfluß genommen wird.

Es sind dies zunächst alle einen Verfahrensabschnitt *einleitenden* oder *beendenden* Schriftsätze wie die Klageschrift (§ 253), Klagerücknahme (§ 269), Einspruch gegen ein Versäumnisurteil (§ 340), Rechtsmittelschriften (Berufung § 518, Revision § 553

[3] Vgl. *Baumbach-Lauterbach,* ZPO, § 129 Anm. 1 A; *Thomas-Putzo,* ZPO, § 129 Anm. 1, 2; *Zöller-Stephan,* ZPO, § 129 Anm. I.

und Beschwerde § 569), Rücknahme der Rechtsmittel sowie die Wiederaufnahme des Verfahrens durch Nichtigkeits- bzw. Restitutionsklage (§ 579, 580); ferner gehören hierzu alle sonstigen Schriftsätze mit *Sachanträgen,* wie die Klageerwiderung (§ 277), die Klageänderung (§ 263, 261 II), der Beitritt des Nebenintervenienten (§ 70), die Streitverkündung (§ 73), der Antrag auf Urteilsberichtigung bzw. -ergänzung (§§ 319, 321), der Antrag auf Wiedereinsetzung in den vorigen Stand (§ 236), die Rechtsmittelbegründung (§ 516, 554) und die Rechtsmittelerwiderung. Schließlich gehören hierzu alle Schriftsätze mit Prozeßanträgen wie z. B. auf Verweisung, Wiederaufnahme des ruhenden Verfahrens, Ablehnung eines Richters oder Sachverständigen.

b) Einfache Schriftsätze

Alle übrigen Schriftsätze sind einfache Schriftsätze. Auch nachgelassene Schriftsätze, die nach Schluß der mündlichen Verhandlung eingereicht werden (§ 283), können keine Prozeßhandlungen mehr enthalten, sind also einfache Schriftsätze, gleichwohl aber insoweit „vorbereitend“, als der in ihnen mitgeteilte Sachvortrag so behandelt wird, als sei er in der mündlichen Verhandlung vorgetragen worden.

c) Förmlichkeiten

Während für die einfachen Schriftsätze nur einige bestimmte Förmlichkeiten zu beachten sind, gelten für die bestimmenden Schriftsätze besondere Formvorschriften, teilweise auch besondere Fristen, deren Nichteinhaltung regelmäßig zur Unwirksamkeit der in dem Schriftsatz enthaltenen Prozeßhandlung führt. Ein Nachholen durch entsprechenden Vortrag in der mündlichen Verhandlung ist ausgeschlossen.

II. Die Funktion des Schriftsatzes

Zweck jedes Schriftsatzes ist es, durch die Sachanträge den Inhalt der begehrten Entscheidung festzulegen (§ 308 I) und dem Gericht den für die begehrte Sachentscheidung notwendigen Streitstoff zu unterbreiten.

Aufgrund der entgegengesetzten Interessenlage der Parteien und der unterschiedlichen in der ZPO verankerten Prozeßmaximen muß der Schriftsatz unterschiedlichen, teils gegenläufigen Funktionen gerecht werden, nämlich den Grundsätzen der

- Erforderlichkeit
- Vollständigkeit
- Parteilichkeit
- Richtigkeit
- Zweckmäßigkeit
- Rechtzeitigkeit
- Sachlichkeit.

Diese einzelnen Funktionen sollen nachstehend nur in den Grundzügen erörtert werden. Auf Einzelheiten ist später einzugehen.

1. Die Erforderlichkeit

Das Prinzip der Erforderlichkeit verlangt eine Begrenzung des Tatsachenvortrags nach Maßgabe der Erheblichkeitsprüfung. Erforderlich ist all der Tatsachenvortrag, der unter Berücksichtigung des gesamten Prozeßablaufes notwendig ist, um eine dem Sachantrag entsprechende Entscheidung herbeizuführen. Hierzu gehört zunächst der im Rahmen der Schlüssigkeitsprüfung des Klagevorbringens und der Erheblichkeitsprüfung des Verteidigungsvorbringens geforderte Sachvortrag (Erforderlichkeit im engeren Sinne).

Erforderlich (im weiteren Sinne) ist aber auch der Sachvortrag, der zwar nicht unmittelbar entscheidungserheblich ist, aber dem Gericht zum besseren oder richtigen Verständnis eines komplexen Sachverhalts unterbreitet werden muß (z.B. Prozeßgeschichte). Auch Hilfstatsachen, Beweiseinreden und hilfsweise geltend gemachte Ansprüche können je nach Prozeßsituation erforderlich sein, um die begehrte Sachentscheidung zu erlangen.

Objektiv gesehen und rückschauend betrachtet gibt es nur eine „richtige" Entscheidung, so daß aus dieser Sicht heraus auch der für diese Entscheidung erforderliche Sachvortrag objektiv feststeht. Jeder in der Entscheidung nicht verwertete Sachvortrag und jeder unerledigt gebliebene Beweisantrag erweist sich bei dieser strengen Betrachtungsweise als überflüssig (= nicht erforderlich). Eine solche Prozeßführung, die auf das nach Maßgabe der Entscheidung unbedingt Erforderliche begrenzt ist, kann zwar schulmäßig in einem Planspiel demonstriert werden, in der Praxis ist sie jedoch undurchführbar. Hierin liegt die Crux der schriftsätzlichen Vorbereitung der mündlichen Verhandlung, denn subjektiv – aus der Sicht des Anwalts – ist vor allem bei komplexen Sachverhalten und bei schwierigen Rechtsfragen immer offen, welcher Rechtsauffassung das Gericht sein wird, welchen Sachvortrag es hiernach für erforderlich hält, und wie es den Tatsachenvortrag unter Einschluß des Beweisergebnisses würdigen wird. Für den Anwalt ergibt sich hieraus in jedem Stadium des vorbereitenden Verfahrens eine Situation prinzipieller Ungewißheit über den jeweils erforderlichen Sachvortrag. Divergierende Vorstellungen von Gericht und Anwalt über das, was zur Prozeßentscheidung erforderlich ist, sind eine der Ursachen dafür, daß die Schriftsätze mit „unnötigem" Sachvortrag überladen sind. Zwar hat das Gericht in der mündlichen Verhandlung gem. §§ 139 I, 278 II das Sach- und Streitverhältnis mit den Parteien nach der tatsächlichen und rechtlichen Seite zu erörtern und entsprechende Hinweise in beiden Beziehungen zu geben. Diese prozeßhelfende Aufklärung durch das Gericht erfolgt jedoch erst zu einem Zeitpunkt, zu dem die schriftsätzliche Vorbereitung der mündlichen Verhandlung unter Beachtung der Schriftsatzfristen im Prinzip abgeschlossen sein soll und in einer Verfahrenssituation, in der bereits mit dem Ausschluß verspäteten Vorbringens gerechnet werden muß (§ 296). Um dem Prinzip der Erforderlichkeit gerecht werden zu können, muß daher der Anwalt einerseits eine strenge Schlüssigkeits- bzw. Erheblichkeitsprüfung vornehmen, andererseits aber auch die Notwendigkeit ergänzenden oder hilfsweisen Sachvortrags einschließlich Hilfsanträge je nach Verfahrensstand erwägen.

2. Die Vollständigkeit

Nach § 138 I haben die Parteien ihre Erklärungen über tatsächliche Umstände vollständig abzugeben. Dieses Vollständigkeitsprinzip deckt sich insoweit mit dem Prinzip der Erforderlichkeit, als nur die für die Prozeßentscheidung erforderlichen Tatsachen vollständig vorzutragen sind. Dagegen besteht keine prozessuale Pflicht, einen historischen Sachverhaltskomplex vollständig vorzutragen, wenn nur einzelne Tatumstände den geltend gemachten Anspruch rechtfertigen.

In welchem Umfang jedoch die erforderlichen Tatsachen im Detail vorzutragen sind, hängt wiederum von der richterlichen Beurteilung und der tatrichterlichen Würdigung der vorgetragenen Tatsachen und des Beweisergebnisses ab. Auch insoweit hat das Gericht den Parteien Hinweise zu geben, da es nach § 139 I darauf hinzuwirken hat, daß die Parteien sich über alle erheblichen Tatsachen vollständig erklären und insbesondere ungenügende Angaben der geltend gemachten Tatsachen ergänzen. Diese Aufklärungspflicht des Gerichts ist jedoch in den Einzelheiten sehr umstritten, und gerade von ihr wird in der Praxis extrem unterschiedlich Gebrauch gemacht. Dem muß der Anwalt bei der Ermittlung und Sichtung des Tatsachenmaterials Rechnung tragen und den entscheidungserheblichen Sachverhalt so genau wie möglich vortragen.

3. Die Parteilichkeit

Nach der Parteimaxime sind die Parteien grundsätzlich Herr des Verfahrens und bestimmen durch ihren widersprechenden Sachvortrag und die Anträge Art und Umfang des Streitstoffs. Im Hinblick auf das entgegengesetzte Prozeßinteresse untersteht der Sachvortrag der Parteien dem Prinzip der Parteilichkeit mit dem Ziel, möglichst nur die der Partei günstigen Tatsachen vorzutragen. Dies gilt auch für den Vortrag im Anwaltsschriftsatz. Der Rechtsanwalt ist nach § 3 I BRAO der berufene unabhängige Berater und Vertreter in allen Rechtsangelegenheiten mit der standesrechtlichen Pflicht, die ihm anvertrauten Interessen zu wahren (§ 1 III Standesrichtlinien – StRiL). Im Rahmen der stets zu wahrenden Unabhängigkeit gegenüber dem Mandanten und als unabhängiges Organ der Rechtspflege ist der Rechtsanwalt einseitiger Partei- und Interessenvertreter mit dem Recht und der Pflicht zur Subjektivität. Dies findet seinen Niederschlag im einseitigen Sachvortrag im Anwaltsschriftsatz unter Ausschöpfung aller zugunsten des Mandanten sprechenden tatsächlichen und rechtlichen Möglichkeiten. Es wäre pflichtwidrig, zweifelhafte Sach- oder Rechtsfragen zulasten des Mandanten aus dem Sachvortrag auszuklammern, denn nicht der Anwalt als Parteivertreter, sondern der Richter hat in Zweifelsfällen zugunsten oder zulasten der Partei zu entscheiden. Aus dem Prinzip der Parteilichkeit folgt daher, daß in Zweifelsfällen zugunsten der eigenen Partei vorzutragen ist, sofern der Tatsachenvortrag im Rahmen der Wahrheitspflicht und der Rechtsvortrag im Rahmen des wissenschaftlichen Meinungsstandes vertretbar ist. Eine solche subjektive Darstellung und Würdigung des Sachvortrags sowie des Beweisergebnisses, bei der die für die Partei sprechenden Umstände besonders hervorgehoben werden, ist daher zulässig und im Parteiinteresse geboten. In gleicher Weise liegt es im berechtigten Parteiinteresse, bei einer streitigen Rechtsfrage die der Partei günstige Auffassung zu vertreten, auch wenn der Anwalt in einem anderen Verfahren auf grund der dort gegebenen Sachlage und Parteistellung die gegenteilige Rechtsansicht vertreten hat.

4. Die Richtigkeit

Die Parteilichkeit des Sachvortrags wird begrenzt durch das Prinzip der Vollständigkeit und durch die prozessuale Wahrheitspflicht (§ 138 I). Die Wahrheitspflicht verbietet einen Sachvortrag wider besseres Wissen, nicht jedoch den Vortrag solcher Umstände, die zwar objektiv ungewiß sind, von deren Richtigkeit die Partei aber subjektiv überzeugt ist. Schwieriger abzugrenzen ist, inwieweit eine Partei ihr bekannte Tatsachen verschweigen darf, weil sie ihr ungünstig sind. Solche Tatsachen, die Einwendungen, Einreden oder Gegenansprüche begründen können, braucht die Partei von sich aus nicht vorzutragen, sondern kann abwarten, ob sich der Gegner hierauf beruft. Tatsachen, die die Entstehung des geltend gemachten Anspruches ausschließen oder ihn vernichten, dürfen hingegen bei voller Kenntnis nicht verschwiegen werden.

Beispiel: Der Kläger klagt den vollen Kaufpreis ein, verschweigt aber eine ihm bekannte Teilzahlung.

Problematisch sind komplexe Sachverhalte, wenn nur einzelne Faktoren negativ zulasten der Partei sich auswirken können. Hier wird man im Zweifel davon ausgehen können, daß die Partei nicht alle möglicherweise sich ungünstig auswirkenden Umstände vortragen muß, sondern sich darauf beschränken kann, die ihr günstigen auszuwählen.

Beispiel: Kündigung eines Dauerschuldverhältnisses aus wichtigem Grund. Der wichtige Grund wird hergeleitet aus einer Vielzahl negativer Verhaltensweisen des Vertragspartners. Nicht vorgetragen werden einzelne Fakten, die sich positiv für den Gegner auswirken könnten.

Die Wahrheitspflicht findet ihre Grenzen am schutzwürdigen Bereich des Parteiinteresses, insbesondere, wenn sich die Partei oder nahe Angehörige durch Vorbringen von Tatsachen der Gefahr strafrechtlicher Verfolgung aussetzen oder sich unehrenhafter Handlungen bezichtigen würden,[4] ferner, wenn sie schutzwürdige Betriebs- oder Geschäftsgeheimnisse offenbaren müßte. Widersprüche im Parteivortrag können, aber müssen nicht die Wahrheitspflicht verletzen. Sie können ihre Ursache in einem vorangegangenen widersprüchlichen Verhalten haben, auf Erinnerungslücken beruhen oder sich aus einer unklaren Beweissituation ergeben. Kann eine Partei ihre eigene Behauptung nicht beweisen, kann sie ohne Verstoß gegen die Wahrheitspflicht sich das gegensätzliche Vorbringen der Gegenseite hilfsweise zu eigen machen und daraus Hilfsansprüche herleiten.

Beispiel:[5] Der Kläger behauptet, es sei ein Grundstückskaufpreis von 15 000 DM vereinbart worden. Der Beklagte habe zwecks Ersparung der Grunderwerbsteuer die Protokollierung von nur 5500 DM unter Anrechnung der zu übernehmenden Hypotheken vorgeschlagen, sei jedoch von Anfang an nicht bereit gewesen, den Differenzbetrag zu zahlen. Der Kläger hat den Kaufvertrag wegen arglistiger Täuschung angefochten. Der Beklagte hat den Vortrag des Klägers bestritten und behauptet, es sei ein Kaufpreis von 5500 DM vereinbart worden. Der Verkehrswert wurde durch Einholung eines Gutachtens mit 18 000 DM ermittelt. Hilfsweise hat sich der Kläger den Vortrag des Beklagten zu eigen gemacht und sich darauf berufen, in diesem Falle sei der Kaufvertrag wegen Wuchers nichtig. Der *BGH* führt aus, ein Verstoß gegen die Wahrheitspflicht liege nicht vor. Der Kläger behauptet zwar, seine in erster Linie gebrachte Darstellung (vereinbarter Kaufpreis von 15 000 DM) sei richtig, der Hilfsvortrag (vereinbarter Kaufpreis 5500 DM) unrichtig; daraus könne sich auch ergeben, daß er die Hilfsdarstellung im Bewußtsein ihrer Unrichtigkeit gegeben habe. Daß sie aber tatsächlich unrichtig sei, habe durch die Beweisaufnahme nicht geklärt werden können, somit auch nicht, daß die Hilfsdarstellung bewußt der Wahrheit zuwider abgegeben sei. „Es wäre widerspruchsvoll, wollte das Berufungsgericht gleichzeitig das Hauptvorbringen als nicht erwiesen behandeln, andererseits aber doch als der Wirklichkeit entsprechend, indem es das Hilfsvorbringen des Klägers wegen Verstoßes gegen die Wahrheitspflicht unbeachtet ließe".

Für den Anwalt gelten der Vollständigkeitsgrundsatz und die Wahrheitspflicht in dem Umfang, wie sein eigenes Wissen reicht. Von ihm erkannte unwahre Behauptungen der Partei darf er ebensowenig vortragen wie er bekannte ungünstige Tatsachen unterdrücken darf. Stellt er Widersprüche fest, hat er sie mit dem Mandanten aufzuklären. Beharrt der Mandant auf einem unrichtigen Sachvortrag oder ist er nicht bereit, an der Aufklärung von Widersprüchen mitzuwirken, muß der Anwalt notfalls das Mandat niederlegen.

---

[4] *RGZ* 156, 269.
[5] Vgl. den Sachverhalt in *BGHZ* 19, 387.

5. Die Zweckmäßigkeit

Im Rahmen der Vollständigkeits- und Wahrheitspflicht kann und muß der Sachvortrag unter dem Gesichtspunkt der Zweckmäßigkeit der Prozeßführung erfolgen. Zur Zweckmäßigkeit gehört nicht nur ein überzeugender, sondern vor allem ein dem Prozeßzweck der Partei förderlicher Sachvortrag. Dieser wird in erster Linie durch prozeßtaktische Erwägungen bestimmt. Sie sind in den Grenzen der ZPO ein legitimes Anliegen der Partei. Auch die Prozeßförderungspflicht der Parteien zwingt diese nicht – wie das *BVerfG*[6] ausdrücklich festgestellt hat – zu einem Verzicht auf jegliche Prozeßtaktik. Bei Beachtung der Prinzipien der Erforderlichkeit, Vollständigkeit, Richtigkeit und Rechtzeitigkeit ist daher auch unter prozeßtaktischen Überlegungen zu entscheiden, wann, was, in welchem Umfang und mit welchem Ziel vorgetragen wird. Ebenso ist unter prozeßtaktischen Gesichtspunkten zu entscheiden, welche von mehreren möglichen Parteien verklagt, welche Ansprüche ganz oder teilweise geltend gemacht, welche Ansprüche zurückgestellt werden, ob ein bestimmter Anspruch mögliche Gegenansprüche auslösen kann oder umgekehrt, ob eine Einwendung im weiteren Sinne zwar den zunächst geltend gemachten Anspruch zu Fall bringen, u. U. aber einen weitergehenden Alternativanspruch begründen kann. Je nach Fallgestaltung ist es eine Frage der Prozeßtaktik, ob es zweckmäßig ist, vorprozessuale Einwendungen oder Einreden des Gegners schon selbst vorzutragen und zu widerlegen oder erst abzuwarten, ob und inwieweit sich der Gegner im Prozeß überhaupt noch auf diese Umstände beruft. Durch die jeweils eingeschlagene Prozeßtaktik werden Ziel und Gang des Verfahrens maßgebend beeinflußt. Bei umfangreichen komplizierten Verfahren kann es daher geboten sein, gleich zu Anfang eine umfassende Prozeßstrategie zu entwickeln.

6. Die Rechtzeitigkeit

Erforderlichkeit, Vollständigkeit und Zweckmäßigkeit des Parteivortrages stehen unter dem Zwang zur Rechtzeitigkeit des Vorbringens nach Maßgabe der durch die Vereinfachungsnovelle verschärften Prozeßförderungspflicht. Hiernach sind Angriffs- und Verteidigungsmittel grundsätzlich so zeitig vorzubringen, wie es nach der Prozeßlage einer sorgfältigen und auf Förderung des Verfahrens bedachten Prozeßführung entspricht (§§ 282 I). Sind Fristen für die Klageerwiderung (§ 275 I 1, III, 276 I 2) oder zur Stellungnahme auf eine Klageerwiderung (§ 275 IV) gesetzt, so wird durch sie nur der Zeitpunkt festgelegt, bis zu

[6] NJW 1980, 1738 (unter 3 a).

dem Vorbringen schriftsätzlich mitgeteilt werden soll.[7] Was innerhalb der Frist mitzuteilen ist, wird gem. § 277 I wiederum durch den Maßstab der sorgfältigen und auf Förderung des Verfahrens bedachten Prozeßführung bestimmt. Der Anwalt muß daher bei der Schriftsatzvorbereitung sorgfältig überlegen, wann er den nach Prozeßlage erforderlichen Prozeßstoff vortragen muß bzw. was zu diesem gehört.

Primärer Prozeßtstoff ist das gesamte tatsächliche Vorbringen, das unmittelbar der Klagebegründung bzw. Klageerwiderung dient, also nach Maßgabe einer sorgfältigen Schlüssigkeits- bzw. Erheblichkeitsprüfung erforderlich ist; er muß so rechtzeitig wie möglich und grundsätzlich innerhalb der gesetzten Fristen vorgetragen werden. Das gilt auch für Hilfstatsachen und die auf sie bezogenen Beweisangebote, wenn sie dem Nachweis des primären Prozeßstoffes dienen.

Anders ist es beim *sekundären* Prozeßstoff, wie z. B. in den Fällen alternativer Klagebegründung bzw. der Geltendmachung alternativer Anspruchsgrundlagen mit oder ohne Hilfsanträgen. Mit Einschränkung gehören hierzu auch die Fälle, in denen bei sehr komplexem Sachverhalt Grund und Höhe des Anspruchs streitig sind und mit hinreichender Sicherheit vorausgesagt werden kann, daß der Rechtsstreit zunächst allein wegen des Grundes durch mehrere Instanzen geführt werden wird. In all diesen Fällen wäre ein alle möglichen Streitpunkte umfassender vollständiger Sachvortrag vor der mündlichen Verhandlung nicht nur prozeßunökonomisch, er würde auch den Prozeßstoff unnötig aufblähen und unübersichtlich machen.

Von einem umfangreichen Eventualvortrag kann nach Prozeßlage abgesehen werden, wenn zunächst die eventuellen Angriffs- oder Verteidigungsmittel kurz skizziert und das Gericht unter ausdrücklichem Hinweis auf §§ 139 I, 278 I gebeten wird, bei Erheblichkeit des angekündigten Eventualvorbringens durch Auflagenbeschluß Gelegenheit zu ergänzendem Sachvortrag zu geben.

7. Die Sachlichkeit

Das Gebot der Sachlichkeit leitet sich ab aus der allgemeinen Prozeßförderungspflicht und dem Berufsrecht des Rechtsanwalts. Nur ein nach Form und Inhalt sachlicher Vortrag ist geeignet, den Prozeß zu fördern. Unnötiges Beiwerk bläht den Prozeßstoff auf und führt zur Unübersichtlichkeit. Der schriftsätzliche Vortrag ist auch nicht dazu bestimmt, der Selbstdarstellung der Parteien zu dienen, noch weniger der des Anwaltes. Eine langatmige Darstellung prozeßhistorischer Begebenheiten

---

[7] Einen ausgezeichneten Überblick über das Fristensystem und die Rechtsprechung zur Zurückweisung verspäteten Vortrags im Zivilprozeß gibt *Hermisson,* NJW 1983, 2229 ff.

ist ebensowenig geeignet, den Prozeß zu fördern wie eine „Stimmungsmache“ gegenüber dem Gegner oder wie dessen Verunglimpfung.

Dem Rechtsanwalt ist es auch durch das Berufsrecht untersagt, unsachliche Schriftsätze einzureichen. Nach § 43 I BRAO hat er seinen Beruf gewissenhaft auszuüben, wozu gemäß § 1 I StRiL gehört, daß er die ihm anvertrauten Interessen sachlich zu vertreten hat; das gilt sowohl für Form als auch Inhalt der Schriftsätze. Leider zeigt die Praxis, daß dies allzu oft nicht beachtet wird. Als unabhängiger Parteivertreter muß der Anwalt dem aus der Sicht des Laien allzu verständlichen Wunsch nach einem kolorierten Sachvortrag widerstehen und eigenverantwortlich nach kritischer Prüfung entscheiden, welche Tatsachen er vorträgt und wie er dies tut. Hierin liegt eine wesentliche Aufgabe des Anwalts als unabhängiges Organ der Rechtspflege. Der Anwalt muß gegenüber seinem Mandanten die innere Freiheit und den Mut haben, auf überflüssigen Prozeßvortrag des Gegners entweder überhaupt nicht oder nur mit dem Hinweis einzugehen, daß er nicht entscheidungserheblich ist. Es ist oft viel Überzeugungskraft erforderlich, einem Mandanten klarzumachen, daß derjenige am schlechtesten beraten ist, der sich auf ein unsachliches Niveau des Gegners einläßt. Nur ausnahmsweise kann es erforderlich und im Interesse des Mandanten geboten sein, sich mit dem persönlichen Beiwerk eines Schriftwerks auseinanderzusetzen, dann nämlich, wenn dem Mandanten strafbares Verhalten vorgeworfen wird, wenn es um die Glaubwürdigkeit der Partei oder eines Zeugen geht oder wenn prozeßhistorische Begebenheiten zur tatrichterlichen Würdigung entscheidungserheblicher Vorgänge notwendig sind.

Nach den vorstehend aufgezeigten Prinzipien muß der Anwaltsschriftsatz im System des Zivilprozesses sehr unterschiedlichen, teils sich gegenseitig bedingenden, teils sich gegenseitig einschränkenden Funktionen gerecht werden. All diesen Anforderungen Rechnung zu tragen, erfordert viel praktische Erfahrung und ein feines Gespür dafür, „worauf es jeweils ankommt“. Wer auf dieser Klaviatur zu spielen vermag, beherrscht die Kunst der Schriftsatzfertigung und damit eine ganz wesentliche Voraussetzung für eine erfolgreiche Prozeßführung.

§ 3. Die Fertigung des Schriftsatzes

I. Die Schriftsatzvorbereitung

Die Erfahrung zeigt: ein gut vorbereiteter Schriftsatz ersetzt viele unvorbereitete und unüberlegt abdiktierte Schriftsätze; die in die Vorbereitung investierte Zeit wird im späteren Ablauf des Verfahrens eingespart; diese Erkenntnis wird jedoch in der Alltagspraxis meistens aus vermeintlichem Zeitmangel nicht beachtet. Solche Unterlassungssünden führen dazu, daß das Versäumte unter erheblich größerem Zeit- und Arbeitsaufwand nachgeholt werden muß, sofern dies noch prozessual möglich ist, daß Akten und Prozeßstoff unübersichtlich werden mit der Gefahr, daß der Richter wesentliche Fakten oder Zusammenhänge nicht mehr erkennt oder falsch würdigt.

1. Die Beratung des Mandanten

Die Vorbereitung des Schriftsatzes beginnt mit der Frage, welches Ziel der Mandant erreichen will. Danach richtet sich die Ermittlung des Sachverhalts und die rechtliche Prüfung. Beide müssen Hand in Hand gehen. Die Prüfung des vom Mandanten unterbreiteten Materials kann ergeben, daß das von ihm angestrebte Ziel aus rechtlichen Gründen nicht oder nur beschränkt zu erreichen ist oder daß die für die begehrte Rechtsfolge erforderlichen Tatsachen nicht oder nur zum Teil bewiesen werden können. Je nachdem muß die Zielrichtung geändert, eingeschränkt oder das Prozeßbegehren aufgegeben werden.

Die Schriftsatzvorbereitung ist daher zwangsläufig verbunden mit einer kritischen Beratung des Mandanten über die Erfolgsaussichten des Prozesses, über die einzuschlagende Prozeßtaktik und je nach Anlaß auch über das Kostenrisiko. Hierbei können sich konfliktsträchtige Situationen ergeben aus der Stellung des Anwalts einerseits als Mandatsträger und einseitiger Interessenvertreter, andererseits als unabhängiges Organ der Rechtspflege und als unabhängiger Berater. Im Rahmen des Auftragsverhältnisses unterliegt der Rechtsanwalt grundsätzlich den sachlichen Weisungen des Mandanten. Dieser ist Herr des Verfahrens; er bestimmt Inhalt und Umfang des erteilten Prozeßauftrags, ob und welche Klage erhoben werden soll, ob Anerkenntnis- oder Versäumnisurteil ergehen soll, ob trotz aussichtsreicher Prozeßlage aus wirtschaftlichen oder persönlichen Gründen ein Vergleich abgeschlossen werden und welchen Inhalt er ggf. haben soll, ob ein Rechtsmittel eingelegt oder zurückgenommen werden soll. Demgegenüber muß der Anwalt Kraft seiner persönlichen und wirtschaftlichen Unabhängigkeit zu einer kritischen Prüfung in der Lage sein; er muß dem Mandanten im Rahmen der Beratung die in seinem Interesse liegende erforderliche Entscheidungshilfe geben, er darf aber, auch im richtig verstandenen Interesse des Mandanten, dessen Informationen nicht kritiklos übernehmen. Die Auflösung dieses unterschwelligen dialektischen Spannungsverhältnisses zwischen Anwalt und Mandant bei der Schriftsatzvorbereitung erfordert Geschick, Einfühlungsvermögen und Überzeugungskraft. Zumindest gedanklich muß der Anwalt bei der Information zur Schriftsatzvorbereitung auch die Position des advocatus diaboli, also die des Gegners, beziehen, dadurch die gegenseitigen Positionen in tatsächlicher und rechtlicher Hinsicht abstecken, um dann auf dem so vorbereiteten Boden sich auch im Zweifel „auf die Seite des Mandanten zu schlagen". Dieses gedankliche Spiel muß im Grundsatz in jeder Lage des Verfahrens fortgesetzt werden.

2. *Das Informationsgespräch*

Grundsätzlich erfordert jede Schriftsatzvorbereitung ein Informationsgespräch mit dem Mandanten. Schriftliche Information genügt nur bei Routinesachen und bei solchen Sachverhalten, die durch gezielte schriftliche Fragen vollständig aufgeklärt werden können, vorausgesetzt, der Mandant ist in der Lage, sich klar und sachbezogen schriftlich zu äußern. Gleichwohl besteht immer die Gefahr, daß wesentliche Fakten bei schriftlicher Informationserteilung nicht oder nicht rechtzeitig mitgeteilt werden. Die genaue Aufklärung des Sachverhalts durch Anhörung und Befragung des Mandanten ist eine wichtige Pflicht des Anwalts aus dem Mandatsvertrag. Nur bei vollständiger Kenntnis des Sachverhalts und Klärung aller damit zusammenhängenden tatsächlichen Einzelheiten kann er seiner Pflicht zur gewissenhaften Wahrnehmung der Interessen des Mandanten genügen und gleichzeitig den Anforderungen der Verfahrensvorschriften an eine sachgemäße Prozeßführung Rechnung tragen. Deshalb muß der Anwalt das Informationsgespräch grundsätzlich persönlich führen und darf es nicht allein dem Bürovorsteher oder einem Referendar überlassen,[1] wohl aber einem in der Praxis angestellten Volljuristen. Beim Informationsgespräch muß sich der Anwalt auf die Persönlichkeit und auf die Mentalität des Mandanten einstellen. Er muß versuchen, sich in dessen Lage zu versetzen, damit er aus dieser Position heraus das Begehren und die Sachverhaltsschilderung des Mandanten

---

[1] *BGH,* NJW 1981, 2741, und *Borgmann-Haug,* Anwaltspflichten-Anwaltshaftung, S. 62

nachvollziehen kann. Die Kunst des Informationsgesprächs liegt darin, den Mandanten zum richtigen Sprechen zu bringen, also zu erkennen, worauf es ankommt, und den Mandanten zu veranlassen, genau dies mitzuteilen. Dies ist immer dann schwierig, wenn der Mandant infolge rechtlicher Unkenntnis selbst nicht weiß, worauf es ankommt und deshalb am Kern der Sache vorbeiredet. In solchen Situationen muß der Anwalt durch geduldiges, verständnisvolles Zuhören, durch vorsichtige, lenkende Fragen mit Spürsinn und Kombinationsgabe den prozeßerheblichen Sachverhalt aufklären. All dies kann nur gelingen, wenn der Mandant im Verlauf des Informationsgesprächs durch die Art und Weise, wie es geführt wird, das notwendige Vertrauensverhältnis zu „seinem" Anwalt findet. Erst wenn eine solche Vertrauensbasis geschaffen ist, wird es dem Anwalt auch möglich sein, die sogenannten „Schwachstellen" im Sachverhalt oder bei der Informationserteilung durch den Mandanten aufzudecken. Meist sind es sehr vielschichtige psychologische Gründe, die den Mandanten zunächst zögern lassen, seinem Anwalt all das mitzuteilen, was für die Prozeßführung ungünstig sein könnte. Nicht selten ist es eine bewußte oder unbewußte „Prozeßeuphorie", mit der der Mandant diese Schwachstellen umgeht. Nichts wäre verkehrter, als sich hierbei in die Gefolgschaft des Mandanten zu begeben. Je eher und je vollständiger der gesamte prozeßerhebliche Sachverhalt mit allen positiven und negativen Fakten aufgeklärt wird, um so besser kann der Anwalt seinem Mandanten den nach Sach- und Rechtslage gebotenen Rat erteilen und hiernach die Prozeßführung und die Prozeßtaktik abstimmen.

Der Pflicht des Anwalts, den Sachverhalt aufzuklären, entspricht die ebenfalls im Anwaltsvertrag begründete Verpflichtung des Mandanten, dem Anwalt alle von ihm für erforderlich gehaltenen Informationen zu erteilen. Bei erkennbar lückenhafter oder oberflächlicher Information durch den Mandanten muß daher der Anwalt auf deren Vervollständigung dringen und den Mandanten darüber aufklären, welche prozessualen Nachteile aus einer unvollständigen oder verspäteten Informationserteilung und damit aus einer Verletzung der allgemeinen oder besonderen Prozeßförderungspflicht entstehen können.[2]

3. Problempunkte bei der Information

a) Vorlage von Urkunden

Der Anwalt sollte grundsätzlich darauf bestehen, daß ihm alle schriftlichen Unterlagen vorgelegt werden. Urkunden haben einen höheren Beweiswert als Zeugenaussagen.[3] Auch soweit kein formeller Urkunden-

---

[2] Zur beiderseitigen Informationspflicht aus dem Anwaltsvertrag sehr anschaulich *BGH,* NJW 1982, 437, mit grundsätzlichen Ausführungen zur Beweislast wegen schlechter Prozeßführung durch den Rechtsanwalt.

[3] Der Hinweis auf das Vorhandensein einer Urkunde und die Einreichung einer Ablichtung führen in der Regel dazu, daß die durch die Urkunde belegten Tatsachen vom Gegner nicht bestritten werden und nicht des Beweises bedürfen (§§ 138 III, 288 I).

beweis geführt wird, dienen Schriftstücke der Klarstellung und Vereinfachung der Sachverhaltsschilderung. Die Auswahl der zu übergebenden Schriftstücke darf nicht dem Mandanten überlassen bleiben. Der Anwalt muß auch bei umfangreichem Schriftverkehr selbst prüfen, was er hiervon für die Prozeßführung benötig.[4] Häufig ergibt sich erst aus den in Verträgen oder Schreiben in Bezug genommenen weiteren Schriftstükken der entscheidende Gesichtspunkt. Deshalb sind auch alle Bezugsschreiben zu überprüfen, selbst wenn der Mandant erklärt, sie enthielten nichts Wichtiges. Bleibt dem Mandanten die Auswahl der schriftlichen Unterlagen überlassen, besteht die Gefahr, daß dem Anwalt wichtiges Material vorenthalten wird, welches für den Mandanten entweder positiv oder negativ ist. Beides ist für den Mandanten ungünstig. Beim positiven Material leuchtet dies ohne weiteres ein; bei Schriftstücken mit negativem Inhalt muß damit gerechnet werden, daß sie der Gegner vorlegt und der Mandant dann in eine schlechte Prozeßsituation gerät, die bei rechtzeitiger Vorlage durch den Mandanten und entsprechender Beratung hätte vermieden werden können.

Die wichtigsten Unterlagen sind:

- Vertragsurkunden mit allen dazugehörigen Anlagen;
- vollständiger Schriftwechsel einschließlich etwaiger Fernschreiben;
- Angebote, Bestätigungsschreiben, Lieferscheine und Rechnungen;
- Kontoauszüge, Quittungen, sonstige Zahlungsbelege;
- Prospekte und sonstiges Werbematerial;
- Bilanzen und Steuerbescheide;
- Abbildungen, Fotografien, Pläne und Handskizzen;
- Personenstandsurkunden;
- behördliche Bescheide und Urteile, die mit dem Sachverhalt im Zusammenhang stehen[5]

b) Auswahl der Zeugen

Die Frage nach Zeugen muß gezielt gestellt werden: Welcher Zeuge was bekunden kann, wie der Zeuge zum Mandanten oder Gegner steht, ob der Zeuge glaubwürdig und am Ausgang des Rechtsstreits interessiert ist. Je nach dem Ergebnis ist die Auswahl unter den namhaft gemachten Zeugen zu treffen. Zu vermeiden ist die generelle Frage, ob der Mandant eine Behauptung durch „Zeugen" beweisen kann. Diese Frage wird oft zu Unrecht verneint, weil noch immer die Auffassung weit verbreitet ist, Ehepartner oder nahe Verwandte seien als Zeugen nicht zugelassen. Deshalb die konkrete Frage, wer bei dem zu beweisenden Geschehensablauf zugegen war.

---

[4] Nach der Rechtsprechung besteht eine persönliche Pflicht des Anwalts zur Beiziehung und Lektüre der Korrespondenz, von Gerichtsakten und sonstigen schriftlichen Unterlagen, vgl. *OLG Düsseldorf*, NJW 1971, 1614; *BGH*, NJW 1981, 2741 (2743) und *Borgmann-Haug* (o. Fußn. 1), S. 64

[5] Vgl. hierzu *Commichau*, Die anwaltliche Praxis in Zivilsachen, Rdnr. 106

c) Vorprozessuale Zeugenbefragung

Die vorprozessuale Zeugenbefragung durch den Anwalt ist grundsätzlich prozessual[6] und standesrechtlich zulässig, sofern sie zur pflichtgemäßen Sachaufklärung notwendig ist und der Anschein unzulässiger Zeugenbeeinflussung vermieden wird (§ 4 StRiL). Sie ist notwendig, wenn die Partei eine juristische Person ist oder eine Körperschaft des öffentlichen Rechts und die vertretungsberechtigten Organe aus eigener Kenntnis keine Informationen erteilen können. Der jeweilige Sachbearbeiter und zukünftige Zeuge ist ein besserer Informant als der über die Details nicht unterrichtete gesetzliche Vertreter. Bei dessen Einschaltung als Mittelsperson besteht die Gefahr, daß trotz genauer Instruktionen des gesetzlichen Vertreters durch den sachbearbeitenden Zeugen wesentliche Tatumstände nicht aufgeklärt werden. Der Anwalt muß immer damit rechnen, daß Instruktionen nicht voll verstanden oder bei der Befragung nicht voll ausgeschöpft werden. Weiterhin besteht die Gefahr, daß die von dem zukünftigen Zeugen erteilten Auskünfte nicht vollständig weitergegeben werden, und schließlich begibt sich der Anwalt, der eine Befragung nicht selber durchführt, der Möglichkeit, auf Grund der erhaltenen Informationen sofort weitere Fragen zu stellen, die zur vollständigen Sachaufklärung beitragen können.[7]

d) Sachverständigenfragen

Geht es um Sachverständigenfragen, muß der Anwalt abschätzen, ob er sich auf den Sachverstand seines Mandanten verlassen kann oder ob es angeraten ist, eine sachverständige Informationsperson hinzuzuziehen, gegebenenfalls vorprozessual ein Gutachten einzuholen.[8]

e) Augenscheinseinnahme

Nicht verpflichtet ist der Anwalt, außerhalb seiner Kanzlei eine Augenscheinseinnahme vorzunehmen,[9] etwa ein Bauwerk auf den vom Mandanten geltend gemachten Mangel zu besichtigen oder sich an der Unfallstelle von deren besonderen Gefahrensituation zu unterrichten. Gleichwohl kann dies in besonders gelagerten Fällen durchaus zweckmäßig sein, insbesondere dann, wenn sich der Anwalt aus der Schilde-

---

[6] Ein vorprozessualer Kontakt kann allenfalls Bedenken gegen die Glaubwürdigkeit des Zeugen (Beeinflussung durch den Prozeßbevollmächtigten der Parteien) begründen. Derartige Bedenken sind bei der Beweiswürdigung zu berücksichtigen. Die Zulässigkeit der Vernehmung eines Zeugen wird dadurch nicht in Frage gestellt.

[7] Diese Überlegungen gelten auch für die Durchführung der Beweisaufnahme. Der Prozeßbevollmächtigte sollte daher grundsätzlich bei jeder Zeugenvernehmung, auch einer auswärtigen, anwesend sein.

[8] Zur Frage der Erstattungsfähigkeit der dadurch entstehenden Kosten vgl. *Thomas-Putzo,* § 91 Anm. 3f.

[9] Vgl. *BGH,* NJW 1981, 2741 (2743).

rung des Mandanten keinen rechten Eindruck zu verschaffen vermag. Dies ist ein untrügerisches Indiz dafür, daß dann auch die entsprechende Sachverhaltsschilderung im Schriftsatz beim Gericht „nicht richtig ankommen wird". Je nach dem Umfang und der Bedeutung der Sache sollte sich daher der Anwalt in solchen Fällen entschließen, eine vorgerichtliche Ortsbesichtigung durchzuführen. Andererseits kann es aber auch ausreichend sein, wenn der Anwalt den Mandanten bittet, entweder Fotografien vom Beweisobjekt oder Skizzen, Pläne usw. beizubringen, wenn deren Vorlage bei Gericht erkennbar der Veranschaulichung und dem besseren Sachverständnis dient.

f) Aktennotizen

Bei umfangreichen und technisch komplizierten Sachverhalten sollte der Anwalt, wenn immer es die Zeit erlaubt, die Informationen in Gegenwart des Mandanten als Aktennotiz abdiktieren und anschließend dem Mandanten eine Kopie der Aktennotiz zusenden. Dies empfiehlt sich aus mehreren Gründen:

– Durch die Aktennotiz wird sichergestellt, daß wichtige Detailinformationen bei der späteren Schriftsatzfertigung nicht vergessen werden.
– In der Aktennotiz können zugleich die rechtlichen Überlegungen, die im Verlauf des Informationsgesprächs angestellt werden, kurz skizziert und festgehalten werden.
– Die Aktennotiz dient der Kontrolle, daß der Anwalt die Informationen des Mandanten richtig verstanden hat und damit auch der Absicherung des Anwalts, falls später streitig wird, ob und welche Informationen der Mandant erteilt hat.
– Ergibt sich im Verlauf des Informationsgesprächs, daß der Mandant weitere Informationen nachliefern muß, können diese in der Aktennotiz genau bezeichnet werden. Teilt der Anwalt dem Mandanten nur mündlich mit, welche Informationen er noch benötigt, besteht die Gefahr, daß der Mandant dies nicht richtig erfaßt und wiederum unvollständige Unterlagen nachreicht. Selbst eigene Notizen des Mandanten über noch nachzureichende Informationen sind erfahrungsgemäß oft unzureichend und geben Anlaß zu unnötigen Rückfragen.
– Schließlich kann im späteren Verlauf des Rechtsstreits immer wieder auf einzelne in der Aktennotiz aufgenommene, zunächst noch nicht verwertete Details zurückgegriffen werden.

II. Die Schriftsatzförmlichkeiten

Bei allen Schriftsätzen sind bestimmte Förmlichkeiten einzuhalten und sollten bestimmte Gesichtspunkte formaler Gestaltung beachtet werden.

1. Das Schriftsatzrubrum

Die Sollvorschrift des § 130 über Form und Inhalt der vorbereitenden Schriftsätze gilt ihrem Wortlaut nach für alle bestimmenden und einfachen Schriftsätze. Sie wird ergänzt durch zusätzliche zwingende Formvorschriften für einzelne bestimmende Schriftsätze, die zum Teil ausdrücklich auf die allgemeinen Vorschriften über die vorbereitenden Schriftsätze Bezug nehmen, so §§ 253 IV, 518 IV, 519 V, 553 II und 554 II. Die Regelung des § 130 Nr. 1 ist bezüglich des Rubrums undifferenziert, teilweise zu weitgehend, teilweise unvollkommen. Sie unterscheidet nicht zwischen den einen Verfahrensabschnitt einleitenden Schriftsätzen und solchen, die im laufenden Verfahren eingereicht werden. Für letztere ist nach jahrzehntelanger Praxis nicht erforderlich, die Parteien und ihre gesetzlichen Vertreter nach Namen, Stand oder Gewerbe, Wohnort und Parteienstellung zu bezeichnen. Es genügt eine Kurzbezeichnung der Parteien, wenn gleichzeitig unter der Bezeichnung des Gerichts das Aktenzeichen angegeben wird, das wiederum in § 130 überhaupt nicht genannt ist. Es ist daher zwischen vollständigem und abgekürztem Schriftsatzrubrum zu unterscheiden.

a) *Vollständiges Schriftsatzrubrum*

aa) *Bezeichnung des Gerichts*

Der Schriftsatz beginnt üblicherweise mit der Bezeichnung des Gerichts. Zur Beschleunigung des Postgangs innerhalb des Justizbereiches empfiehlt sich die Angabe des Spruchkörpers.

Beispiele:

An das *Landgericht*
– *3. Kammer für Handelssachen* –
6000 Frankfurt am Main

An das *Amtsgericht*
– *Familiengericht* –
6380 Bad Homburg v. d. H.

Handelt es sich um einen nicht am Sitz des Gerichts residierenden Spruchkörper, sollte auch dies klargestellt werden.

Beispiele:

An das *Oberlandesgericht*
Frankfurt am Main
– *22. Zivilsenat* – in
6100 Darmstadt

An das *Landesarbeitsgericht*
Baden-Württemberg
– *7. Senat* – in
6800 Mannheim

bb) *Bezeichnung der Parteien*

Sie ist aus mehreren Gründen so genau wie möglich vorzunehmen. Sie bestimmt, wer Kläger und wer Beklagter[10] ist. Bei ungenauer Parteibezeichnung ist grundsätzlich diejenige Person als Partei anzusehen, die erkennbar durch die Parteibezeichnung betroffen sein soll. Zur Ermittlung der richtigen Parteibezeichnung kann im Wege der Auslegung auf den gesamten Inhalt des Schriftsatzes zurückgegriffen werden.[11]

---

[10] Vgl. dazu *Rosenberg-Schwab*, ZPR, § 41 II 1; *Thomas-Putzo*, Vorb. § 50 Anm. III 1; *Baumbach-Lauterbach*, Grdz. § 50 Anm. 2 A; *Deubner*, JuS 1974, 659 f. – Ob die als Partei bezeichnete Person aktiv oder passiv legitimiert ist, ist für die Parteieigenschaft belanglos.

[11] Vgl. hierzu das instruktive Beispiel in *BGH*, NJW 1983, 2448: Die am 12. 8. 1980 beim *LG* eingegangene Klage war gerichtet gegen die handelsregisterlich nicht einge-

Die Geschäftsverteilung richtet sich im allgemeinen nach der Parteibezeichnung des Beklagten.[12] Ist die Zustellung des Schriftsatzes an die Partei oder an Dritte erforderlich, z.B. bei der Klage (§ 270 II), dem Beitritt des Nebenintervenienten (§ 70 I 2) oder der Streitverkündung (§ 73 S. 2), gewährleistet nur eine vollständige Parteibezeichnung, daß die Zustellung an den richtigen Adressaten und rechtzeitig bewirkt werden kann und damit die Rechtsfolgen der Zustellung eintreten (§§ 261, 270 III).[13]

Da die Parteibezeichnung nach § 313 I Nr. 1 in das Urteilsrubrum zu übernehmen ist, richtet sich nach ihr auch die persönliche Rechtskraftwirkung (§§ 325–327). Vor allem kann eine Vollstreckung aus dem Urteil oder den dieselbe Parteibezeichnung tragenden Kostenfestsetzungsbeschluß (§ 104) nur durchgeführt werden, wenn keine Zweifel an der Identität bestehen (§ 750 I). Schließlich verlangt die Umschreibung der Vollstreckungsklausel (§§ 727 ff.), daß anhand der genauen Parteibezeichnung die Rechtsnachfolge nachgewiesen werden kann:

(1) Bei *natürlichen Personen* sind anzugeben der Vor- und *Zu*name, bei verheirateten Frauen möglichst der Geburtsname. Führt die Partei gem. § 1355 BGB einen Doppelnamen, sollte auch dieser angegeben werden. Um bei häufig vorkommenden Namen eine Verwechslung mit gleichen Namensträgern auszuschließen, empfiehlt sich, soweit bekannt, die zusätzliche Angabe des Geburtsdatums oder üblicher Zusatzbezeichnungen, die besonders in ländlichen Gebieten verwendet werden.

---

tragene Firma „*Josef B., EWG-Versandschlächterei, G.*“ – *Josef B.* hatte die Firma bereits am 1. 1. 78 auf seine Söhne *Hans* und *Edmund B.* übertragen, die aber unter der alten Firma *Josef B., EWG-Versandschlächterei, G.* weiter firmierten. Die Klage wurde *Josef B.* persönlich zugestellt, gelangte aber in den Besitz seiner Söhne *Hans* und *Edmund B.* und des schon außergerichtlich für die Firma aufgetretenen Prozeßbevollmächtigten. Dieser rügte, nachdem zunächst Versäumnisurteil ergangen war, im Termin vom 11. 12. 1980, *Josef B.* sei nicht der richtige Beklagte, worauf die Klägerin die Parteibezeichnung änderte in Firma *Josef B., EWG-Versandschlächterei, Inhaber Hans und Edmund B., G.* Die Beklagten rügen unzulässige Parteiänderung. In der mündlichen Verhandlung vom 19. 2. 1981 erklärte der Prozeßbevollmächtigte der Beklagten, daß auch eine Firma *Josef B., EWG-Versandschlächterei, Inhaber Hans und Edmund B., G.* nicht bestehe, sondern nur Rechtsvorgängerin der inzwischen am 17. 11. 1980 im Handelsregister eingetragenen Firma *Josef B. GmbH* sei. Daraufhin nahm die Klägerin auch die GmbH ins Rubrum auf. Der BGH führt im einzelnen aus, daß sich aus den Gesamtumständen und der Begründung der Klage ergebe, daß die nicht eingetragene Firma *Josef B., EWG-Versandschlächterei, Inhaber Hans und Edmund B.,* verklagt sei und durch Klageerweiterung auch die nach § 25 HGB haftende neu gegründete GmbH.

[12] Ihre Änderung (eine unvollständige Firmenbezeichnung wird etwa vervollständigt) kann dazu führen, daß die zunächst mit dem Prozeß befaßte Abteilung oder Kammer die Sache an eine andere abgibt, wodurch die Verfahrensdauer verlängert werden kann.

[13] „Demnächst“ erfolgt die Zustellung grundsätzlich dann, wenn sie nicht durch ein Verhalten der Partei, für die zugestellt wird, verzögert worden ist. Vgl. *Thomas-Putzo,* § 270 Anm. 3 d; *Baumbach-Lauterbach,* § 270 Anm. 4.

Beispiele: Karl Müller III oder *Heinrich Wenzel,* genannt *Schimmelbauer.*

Akademische Titel sind Namensbestandteil und daher ebenfalls mit anzugeben.

Die Bezeichnung des *Standes* oder *Gewerbes* dient der Identifizierung und ist notwendig zur Abgrenzung der funktionellen Zuständigkeit (Kaufmannseigenschaft – Kammer für Handelssachen, §§ 93 ff. GVG). Für die Frage, ob jemand Kaufmann ist, kommt es allerdings nicht auf die Bezeichnung an, sondern darauf, ob die in den §§ 1 ff. HGB genannten Voraussetzungen tatsächlich erfüllt sind.[14] Die Bezeichnung von Stand und Gewerbe ist auch von Bedeutung für die tatrichterliche und rechtliche Beurteilung des Streitstoffs; in tatsächlicher Hinsicht, wenn es darum geht, welche subjektiven Anforderungen an das Verhalten einer Partei gestellt werden können, in rechtlicher Hinsicht wegen der Sondervorschriften für den Kaufmann (§§ 373 ff. HGB) oder für Angehörige eines besonderen Berufsstandes (Arzt, Rechtsanwalt, Steuerberater, Architekt usw.).

Ist der Kaufmann im Handelsregister eingetragen und betrifft der Rechtsstreit ein Handelsgeschäft (§ 343 ff. HGB), ist es zweckmäßig, den Kaufmann mit seiner Firma zu bezeichnen. Handelt es sich um eine sog. abgeleitete Firma (§§ 22 ff. HGB), so ist auch der Inhaber anzugeben.[15]

Beispiel: Firma *Manfred Bürger,* Inhaber *Werner Marx.*

Die Zwangsvollstreckung kann dann ohne Schwierigkeiten in das Firmenvermögen und das Privatvermögen betrieben werden.

Gesetzliche Vertretung bei natürlichen Personen kommt in Betracht bei Minderjährigen und bei Personen, die unter Pflegschaft oder Vormundschaft stehen. Bei Minderjährigen ist das Geburtsdatum anzugeben, nicht nur, wenn damit zu rechnen ist, daß die Volljährigkeit während der Prozeßdauer eintreten kann. Tritt Volljährigkeit erst nach Rechtskraft ein, kann die Zwangsvollstreckung ohne weiteren Nachweis für oder gegen die früher minderjährige Partei betrieben werden.

Der *Wohnort* ist zum Zwecke der Zustellung entsprechend den postalischen Vorschriften zu bezeichnen, also zuerst Straßenangabe, dann Postleitzahl und Gemeinde, ggf. der Ortsteil. Hat das Haus, was in ländlichen Gemeinden noch vorkommt, keine Hausnummer, sollte dies zur Vermeidung unnötiger Rückfragen ausdrücklich angegeben werden.

Beispiel: Am Wingert o. Nr., 6390 Usingen.

---

[14] Auch die Unterscheidung in Voll- und Minderkaufleute ist für das Prozeßrecht bedeutsam. Uneingeschränkt prorogationsfähig sind nur Vollkaufleute (§ 38 I), Kaufmann i. S. des § 95 I GVG ist auch der Minderkaufmann.

[15] Unrichtig ist die in der Praxis gelegentlich vorkommende Formulierung „Firma *X* vertreten durch ihren Inhaber den Kaufmann *Y*". Sie erweckt den unzutreffenden Eindruck, daß die Firma ein vom Inhaber zu unterscheidendes Rechtssubjekt darstellt.

Oft übersehen wird, daß bei gesetzlicher Vertretung sowohl für die Partei als auch für den gesetzlichen Vertreter Name, Stand oder Gewerbe und Wohnort anzugeben sind.

Beispiel: Klage der minderjährigen *Cornelia Martens*, geboren am 7.9. 1975, wohnhaft Unter den Akazien 1, 6000 Frankfurt am Main 70, gesetzlich vertreten durch ihre Mutter, die medizinisch-technische Assistentin *Hannelore Martens* geb. *Wolf*, wohnhaft daselbst.

(2) *Juristische Personen und Gesellschaften.* Bei der Bezeichnung juristischer Personen und Gesellschaften des Handels- und bürgerlichen Rechts ist besondere Sorgfalt geboten. Ungenaue Angaben führen oft zu prozessualen oder sonstigen Nachteilen, z.B. Unmöglichkeit der rechtzeitigen Zustellung zwecks Fristunterbrechung.

Angaben des Mandanten über die Parteibezeichnung des Gegners sind, wenn es sich um Gesellschaften handelt und schriftliche Unterlagen (z.B. Briefbogen) nicht vorliegen, oft nicht zuverlässig und daher zu überprüfen. So wird in Laienkreisen häufig nicht genügend unterschieden zwischen der Stellung als (Mit)Gesellschafter, Geschäftsführer und Inhaber.[16]

Sofern auch nur der geringste Zweifel an der genauen Parteibezeichnung besteht, sollte dieser jedenfalls durch Einblick in das entsprechende Register oder durch Anforderung eines Registerauszugs behoben werden. Ist die Gesellschaft nicht im Handelsregister eingetragen, gibt regelmäßig eine Auskunft des zuständigen Gewerbeamtes die notwendigen Informationen.

Obwohl die oHG und die KG nicht rechtsfähig sind, können sie unter ihrer Firma klagen und verklagt werden (§§ 124 I, 161 I HGB). Sie sind also parteifähig und die Firma ist die gebotene Parteibezeichnung. Nur aus einem gegen die Gesellschaft ergangenen Titel kann in das Gesellschaftsvermögen vollstreckt werden (§ 124 II HGB).

Werden Ansprüche geltend gemacht, die zum Vermögen einer bürgerlichrechtlichen Gesellschaft oder zu einem ungeteilten Nachlaß gehören oder die sich gegen solche Gesamthandgemeinschaften richten, so müssen die Gesellschafter bzw. die Erben als Kläger oder Beklagte bezeichnet werden. Für diese Gesamthandgemeinschaften fehlt eine dem § 124 I HGB entsprechende Vorschrift. Dementsprechend bestimmen auch die §§ 736, 747, daß für die Zwangsvollstreckung in das Gesamthandvermö-

[16] Das hat gar nicht selten zur Folge, daß eine falsche Partei verklagt wird, etwa dann, wenn die Klage gegen den Geschäftsführer persönlich und nicht gegen die von ihm vertretene GmbH gerichtet wird: Wird ein solcher Mißgriff durch einen Parteiwechsel korrigiert (vgl. dazu *Thomas-Putzo*, Vorb. § 50 Anm. IV 3), so muß der Kläger in entsprechender Anwendung des § 269 III 2 dem ausgeschiedenen Beklagten dessen Kosten erstatten.

gen ein gegen alle Gesellschafter bzw. alle Erben ergangenes Urteil erforderlich ist.[17]

Beispiel: Es soll ein Anspruch geltend gemacht werden, der sich gegen den am 18. 11. 1979 verstorbenen *Dieter Berg* richtet, der von seinen Söhnen *Hans Werner* und *Friedrich* beerbt worden ist. Die Parteibezeichnung muß lauten:

Klage des ...
gegen
1. den Kaufmann *Hans Werner Berg,* Lindenstr. 15, 7000 Stuttgart,
2. den Regierungsamtmann *Friedrich Berg,* Bahnhofstr. 87, 6368 Bad Vibel.

Die gesetzlichen Vertreter juristischer Personen oder parteifähiger Handelsgesellschaften werden häufig ungenau bezeichnet.

Beispiel: Fleisch-Import-Export GmbH, gesetzlich vertreten durch ihren Geschäftsführer.

Anzugeben ist die nach der Satzung erforderliche Zahl der vertretungsberechtigten Geschäftsführer bzw. Vorstandsmitglieder mit Vor- und Zunamen. Bei Alleinvertretungsmacht eines Organs ist dies ausdrücklich anzugeben. – Ist eine juristische Person Organ, wie z. B. bei der GmbH & Co. KG,[18] so ist zunächst die juristische Person und dann deren Organe zu bezeichnen.

Beispiel: Getränke-Vertriebs GmbH & Co. KG, Neherstraße 12, 8000 München, vertreten durch ihre alleinvertretungsberechtigte Komplementärin, die *Getränke-Vertriebs GmbH,* diese vertreten durch ihre Geschäftsführer *Ludwig Maurer* und *Franz Hohenwan,* daselbst.

cc) Parteistellung

Sie braucht grundsätzlich nur angegeben zu werden in der Klageschrift, bei nachträglichem Parteienwechsel, in der Widerklage und in der Rechtsmittelschrift.

dd) Prozeßbevollmächtigte

Nicht vorgeschrieben ist die Angabe des Prozeßbevollmächtigten. Auf sie sollte jedoch nur verzichtet werden, wenn sich aus dem Briefkopf des Schriftsatzes unzweideutig ergibt, wer Prozeßbevollmächtigter ist. Das ist der Fall beim Einzelanwalt, bei Sozietäten, wenn alle Sozien bei demselben Gericht zugelassen sind, oder wenn es sich um einen Gerichtsbezirk mit Simultanzulassung handelt und dies im Briefkopf zum Ausdruck kommt. Sind die Sozien bei verschiedenen Gerichten zugelassen oder handelt es sich nur um eine auch nach außen kenntlich gemachte Büro-

---

[17] Ein einziger Titel ist nicht erforderlich, es können auch mehrere Titel sein (*Thomas-Putzo,* § 736 Anm. 1 a, § 747 Anm. 3). Mit Rücksicht auf die Kostenlast ist es aber meist sinnvoll, den Titel in einem Prozeß gegen sämtliche Mitglieder der Gesamthand zu erwirken.

[18] Gesellschafter einer KG oder oHG können auch Aktiengesellschaften oder Personengesellschaften sein.

gemeinsschaft, müssen schon aus standesrechtlichen Gründen nach § 21 II StRiL der oder die Anwälte besonders bezeichnet werden, die bei dem betreffenden Gericht zugelassen sind und als Prozeßbevollmächtigte auftreten können. In jedem Fall ist die Angabe aber auch zweckmäßig wegen der von Amts wegen oder von Anwalt zu Anwalt zu bewirkenden Zustellung.

Sind am Gericht für die Anwaltspost gesonderte Briefkästen eingerichtet, empfiehlt sich zusätzlich die Angabe des Gerichtsfachs.

ee) Streitgegenstand

Die Angabe des Streitgegenstands ist mit Ausnahme der Klageschrift überflüssig, bei ihr aber zweckmäßig,[19] wenn die sachliche oder funktionelle Zuständigkeit von der Art des Streitgegenstandes abhängt, z. B. in den Fällen des § 23 Nr. 2 a, 23 b, 71 II und 95 GVG oder wenn nach dem Geschäftsverteilungsplan Zuständigkeiten einzelner Kammern für bestimmte Streitsachen begründet sind, z. B. Fiskussachen, unlauterer Wettbewerb, Patentsachen usw.

ff) Verdeutlicht werden soll das bisher Gesagte am Beispiel eines *vollständigen* Rubrums:

Dr. F. Bauer/H. Meier/Dr. A. Lepper
Rechtsanwälte

An das *Landgericht*
– Kammer für Handelssachen –
6000 Frankfurt am Main

Klage
1. des Redakteurs *Walter Bergmann,* Parknerstr. 15, 6000 Frankfurt am Main,
2. des minderjährigen *Thomas Bergmann,* geboren am 15. 8. 1972, geseztlich vertreten durch seine Eltern, den Kläger zu 1. und dessen Ehefrau *Ulrike Bergmann* geb. *Steuber,* wohnhaft daselbst,

– Kläger –

Prozeßbevollmächtigte: Rechtsanwälte *H. Meier* und *Dr. A. Lepper,* Frankfurt am Main, Gerichtsfach 212

gegen

die *Verlagsgesellschaft Bergmann & Haueisen KG,* Gutleutstr. 58, 6000 Frankfurt am Main, vertreten durch ihre persönlich haftenden Gesellschafter *Anton Helfenbein* und *Richard Hartwig,* daselbst,

– Beklagte –

wegen Streites über das Bestehen eines Gesellschaftsverhältnisses.

---

[19] Die Angabe des Streitgegenstands erleichtert für die Eingangsstellen der Gerichte, die die Klage nicht prüfen, die Weiterleitung der Klage an die nach der Geschäftsverteilung zuständige Abteilung oder Kammer. Für diese ist der sog. Betreff nur ein Hinweis. Gelangt das Gericht zu dem Ergebnis, daß die Betreffangabe unrichtig ist, wird die Sache an den zuständigen Spruchkörper weitergegeben. – Zur Recht schreibt § 130 Nr. 1 daher die Angabe des Streitgegenstands nicht zwingend vor, sondern zählt auch sie nur unter den „Sollbestandteilen" des vorbereitenden Schriftsatzes auf.

b) Abgekürzte Schriftsatzrubrum

Es reicht aus, wenn die Instanz durch einen Schriftsatz mit vollem Rubrum eröffnet und das Aktenzeichen des Gerichts bekannt ist, auch wenn in der Folge weitere bestimmende Schriftsätze eingereicht werden, z. B. Widerklage, Einspruch gegen Versäumnisurteil usw. Etwas anderes gilt nur für Schriftsätze, die Dritten zugestellt werden müssen, wie z. B. die Streitverkündung.

Beim abgekürzten Rubrum ist besonders auf die richtige Angabe des Aktenzeichens zu achten. Gelangt nämlich ein Schriftsatz wegen ungenügender Beachtung der Sollvorschrift des § 130 nicht rechtzeitig zu den Akten, trägt die Partei bzw. der Anwalt die Folgen verspäteten Zugangs oder verspäteter Zustellung.[20]

Wird ein Schriftsatz kurz vor einem Verkündungs- oder Verhandlungstermin eingereicht, empfiehlt sich, den Termin rechts oben besonders zu vermerken, damit die Geschäftsstelle den Schriftsatz sofort vorlegen kann.

Beispiel:

An das *Landgericht*
– *4. Zivilkammer* –
6000 Frankfurt am Main

Frankfurt am Main ...
Termin: 9. Februar 1980

In Sachen

Haber – RA *Dr. Wagner* – 185 –
./.
Burgmüller – RAe *Stein* u. *Ober* – 91 –
– 2/4 O 187/80 –

2. *Die Anträge*

Nach § 130 Nr. 2 sollen die vorbereitenden Schriftsätze die Anträge enthalten, welche die Parteien in der Sitzung zu stellen beabsichtigen. Hier sollen zunächst nur die Prozeßanträge behandelt werden, die Sachanträge werden bei der Klageschrift bzw. der Klageerwiderung im einzelnen erörtert.

a) Verweisung

Eine Verweisung kann nach § 281 I nur vom Kläger und nach dem Wortlaut des Gesetzes nur für den Fall der örtlichen oder sachlichen Unzuständigkeit des zunächst angerufenen Gerichts beantragt werden.[21]

---

[20] *BGH,* LM § 41 p PatG Nr. 25.

[21] Trotz der Zuständigkeit des Gerichts kann der Kläger Verweisung beantragen, wenn die Sache gem. § 696 I an das im Mahnbescheid gem. § 692 I Nr. 1 bezeichnete Gericht (sachlich zuständiges Gericht bei dem der Antragsgegner seinen allgemeinen Ge-

Unterläßt es der Kläger, einen solchen Antrag zu stellen, wird die Klage durch Prozeßurteil abgewiesen, wenn das Gericht seine Unzuständigkeit annimmt. Der Kläger trägt dann die Kosten des Verfahrens, regelmäßig vier Anwaltsgebühren nach § 31 I Nrn. 1 und 2 BRAGO und drei Gerichtsgebühren nach Kostenverzeichnis GKG Nr. 1010 und 1016. Um diesem Risiko zu begegnen, wird der Verweisungsantrag häufig als Hilfsantrag gestellt, was zulässig ist.[22] Der Kläger trägt dann zwar im Falle der Verweisung die durch die Anrufung des unzuständigen Gerichts entstandenen Kosten (§ 281 III 2), diese sind jedoch immer niedriger als bei einer Klageabweisung. Es entfällt jedenfalls die doppelte Urteilsgebühr. Die Verhandlungsgebühr kann erspart werden, wenn bei rechtzeitiger Antragsstellung die Verweisung ohne mündliche Verhandlung erfolgt. Nach inzwischen überwiegender Praxis ist dies zulässig, auch wenn das Verfahren an sich eine mündliche Verhandlung erfordert,[23] jedenfalls, wenn der Beklagte einer Entscheidung ohne mündliche Verhandlung zustimmt.

Im Verweisungsantrag braucht das zuständige Gericht nicht bezeichnet zu werden. Das verweisende Gericht hat es selbst zu bestimmen. Nur wenn mehrere andere Gerichte zuständig sind, muß der Kläger zwischen ihnen wählen und das gewählte Gericht im Antrag bezeichnen (§ 35). – Den Verweisungsantrag schließt man an den Sachantrag an, da so am besten sichergestellt wird, daß er beim Lesen des Schriftsatzes nicht übersehen wird.

Beispiel:
In Sachen ...
werde ich beantragen,
die Beklagte zu verurteilen, an den Kläger 6550,45 DM nebst 12% Zinsen seit dem 23. 1. 1981 zu zahlen,
hilfsweise, die Sache an das zuständige Gericht zu verweisen.

§ 281 findet keine Anwendung im Verhältnis zwischen einzelnen Abteilungen, Kammern oder Senaten eines Gerichts. Hier erfolgt von Amts wegen, ggf. auf entsprechende Anregung, Abgabe an den nach der Ge-

---

richtsstand hat) abgegeben worden ist und auch ein anderes Gericht zuständig ist (besonderer Gerichtsstand, vereinbarter Gerichtsstand). So etwa *BGH*, NJW 1979, 984; *BayObLG*, MDR 1979, 145; *Stein-Jonas-Schumann*, § 25 Rdnr. 3; *Zöller-Vollkommer*, § 696 Anm. II 3; *Thomas-Putzo*, § 696 Anm. 6b; a. A. *Baumbach-Lauterbach*, § 696 Anm. 5 Cb. In diesen Fällen dient der Verweisungsantrag nicht dazu, eine Abweisung der Klage wegen Unzuständigkeit des Gerichts zu verhindern, sondern der Ausübung des Wahlrechts aus § 35 (vgl. *Deubner*, JuS 1981, 52 f.).

[22] Voraussetzung dafür, daß über den Hilfsantrag entschieden werden soll, ist, daß das Gericht zu dem Ergebnis gelangt, daß es nicht zuständig ist. – Ein solcher Hilfsantrag ist allerdings wegen der Unanfechtbarkeit der Verweisung (§ 281 II 1) eine Versuchung für das Gericht, Zweifel an seiner Zuständigkeit vorschnell nachzugeben, um so die Sache arbeitssparend zu erledigen.

[23] Zutreffend *Baumbach-Lauterbach*, § 281 Anm. 2 D; *OLG Frankfurt*, AnwBl 1978, 314; a. A. *Stein-Jonas*, § 281 Anm. III und *Zöller*, § 281 Anm. 3 a.

schäftsverteilung zuständigen Spruchkörper. Dasselbe gilt im Verhältnis zwischen Prozeßgericht und Familiengericht.[24]

Im Verhältnis zwischen Zivilkammer und Kammer für Handelssachen kann gem. §§ 97 I, 98 I GVG nur der Beklagte einen Antrag[25] auf Verweisung an die Zivilkammer oder die Kammer für Handelssachen stellen. Lediglich bei einer nachträglich von der Kammer für Handelssachen erhobener Widerklage, die keine Handelssache ist, kann auch der Kläger gem. § 99 I GVG Verweisung an die Zivilkammer beantragen.[26]

b) Unterbrechung und Aussetzung des Verfahrens

Die Vorschriften über die Unterbrechung und Aussetzung des Verfahrens sind etwas kompliziert und nicht leicht eingängig. Bei gegebenem Anlaß sollten sie daher immer genau überprüft werden.

aa) Unterbrechung des Verfahrens

Sie tritt kraft Gesetzes unabhängig von einer etwaigen Kenntnis des Gerichts oder der Partei mit dem Zeitpunkt ein, in dem die Voraussetzungen eines der Unterbrechungstatbestände der §§ 239 (Tod der Partei), 240 (Konkurs), 241 (Prozeßunfähigkeit), 242 (Nacherbfolge), 244 (Anwaltsverlust) oder 245 gegeben sind. Die entsprechende Mitteilung an das Gericht hat nur Unterrichtsfunktion.

Die Fortsetzung des unterbrochenen Verfahrens ist für die einzelnen Unterbrechungstatbestände unterschiedlich geregelt. Sie erfolgt entweder mittels Aufnahmeerklärung, Antrag oder Anzeige in Form der Zustellung eines bei Gericht einzureichenden Schriftsatzes (§ 250). Die Aufnahmeerklärung ist abzugeben bei Tod der Partei von deren Rechtsnachfolger (§ 239 I), im Falle des Konkurses gem. § 240 vom Konkursverwalter (§§ 10, 11 KO), vom Gemeinschuldner (§ 10 II KO) oder vom Gegner (§ 11 KO). Beim Verlust der Prozeßfähigkeit oder Wegfall des gesetzlichen Vertreters (§ 241) und bei Anwaltsverlust (§ 244) genügt die Anzeige des (neuen) gesetzlichen Vertreters bzw. des neu bestellten Anwalts.

Werden die Aufnahmeerklärung oder die Anzeige verzögert, so sind in den Fällen des §§ 239, 244 und § 10 KO auf Antrag des Gegners die von ihm zu bezeichnenden Rechtsnachfolger, bzw. der Konkursverwalter bzw. die Partei zur Aufnahme und zur Verhandlung zur Hauptsache zu laden. Im Falle des § 241 hat der Gegner seine Absicht, das Verfahren fortzusetzen, dem Gericht anzuzeigen.

---

[24] *BGHZ* 71, 272, str. Übersicht bei *Baumbach-Lauterbach*, § 281 Anm. 1 B.

[25] Anders als im Fall des § 281, wo die Verweisung stets einen Antrag des Klägers erfordert, kann, wenn eine Sache nicht vor die Kammer für Handelssachen gehört, diese auch von Amts wegen an die Zivilkammer verweisen (§ 97 II GVG).

[26] Verwiesen wird grundsätzlich der ganze Rechtsstreit. Eine Verweisung der Widerklage allein kommt nur in Frage, wenn die Kammer für Handelssachen gem. § 145 trennt (*Thomas-Putzo*, § 100 GVG Anm. 2 c).

bb) Aussetzung des Verfahrens

Sie erfolgt im Gegensatz zur Unterbrechung nur durch richterliche Anordnung, die entweder auf Antrag oder von Amts wegen ergeht. Ist die Partei in den Fällen der §§ 239, 241, 242 durch einen Prozeßbevollmächtigten vertreten, so tritt keine Unterbrechung ein, das Gericht hat vielmehr nur auf Antrag des Prozeßbevollmächtigten, im Falle des Todes oder der Nacherbfolge auch auf Antrag des Gegners die Aussetzung des Verfahrens anzuordnen (§ 246 I). Die Dauer der Aussetzung und die Aufnahme des Verfahrens richten sich wiederum nach den Vorschriften der §§ 239, 241–243. Der Antrag lautet in allen Fällen gleich. Der Anlaß des Antrags ergibt sich aus der Begründung.

Beispiel:
In Sachen ...
beantrage ich, das Verfahren (den Rechtsstreit) auszusetzen.

cc) Folgen

Unterbrechung und Aussetzung haben einmal zur Folge, daß während ihrer Dauer Prozeßhandlungen einer Partei ohne rechtliche Wirkung sind, zum anderen, daß jede Frist zu laufen aufhört und erst mit Beendigung der Unterbrechung oder der Aussetzung von neuem zu laufen beginnt (§ 249 I und II). Dies wird leicht übersehen. Für den Anwalt ist es wichtig, den jeweiligen Zeitpunkt des Endes der Unterbrechung bzw. Aussetzung rechtzeitig und genau festzustellen und von diesem Zeitpunkt an Fristen neu zu notieren. Wann dieser Zeitpunkt eintritt, ist wiederum davon abhängig, wodurch die Beendigung der Unterbrechung oder Aussetzung erfolgt:

- *Aufnahmeerklärung:* In diesem Falle ist maßgebend der Zeitpunkt der Zustellung an den Gegner. Hat für den Vorgänger des Aufnehmenden die Frist zu laufen aufgehört, muß der Anwalt über das Gericht oder den Gegner ermitteln, wann die Zustellung erfolgt ist.
- *Anzeige:* Auch hier ist maßgebend der Zeitpunkt der Zustellung der Anzeige an den Gegner (§§ 241 I, 244 I).
- *Beim Antrag* ist zu unterscheiden: Im Falle des § 239 II endet die Unterbrechung entweder mit der nach der Ladung erklärten Aufnahme oder mit der gem. Abs. IV unterstellten Aufnahme. §§ 239 II, IV gelten entsprechend auch bei § 10 I KO. Ist im Falle des § 244 II die Partei geladen, so endet die Unterbrechung mit Zugang der Ladung; ist sie aufgefordert, binnen einer neuen Frist einen Anwalt zu bestellen, endet die Unterbrechung entweder mit der innerhalb der Frist erfolgten Bestellung des neuen Anwalts, andernfalls mit Fristablauf. Auch hier bedarf es jeweils besonderer Erkundigungen über den Zeitpunkt der Beendigung und damit des neuen Fristbeginns.

c) *Ruhen des Verfahrens*

Es ist nach § 251 anzuordnen, wenn *beide* Parteien es beantragen und anzunehmen ist, daß dies entweder wegen schwebender Vergleichsverhandlungen oder aus sonstigen wichtigen Gründen zweckmäßig ist. Da es sich um eine gebundene Ermessensentscheidung des Gerichts handelt, ist der Antrag entsprechend zu begründen. Für den Fall von Vergleichsverhandlungen genügt es, wenn beide Parteien übereinstimmend erklären, daß Vergleichsverhandlungen geführt werden. Im übrigen sind die wichtigen Gründe von beiden Parteien im einzelnen darzulegen, wobei jede Partei unterschiedliche Gründe geltend machen kann.[27] In Betracht kommen etwa: vorgreifliche Beweisaufnahme in einem Parallelverfahren; bevorstehende rückwirkende Gesetzesänderung; zu erwartende Veränderung der tatsächlichen Verhältnisse, die für die Entscheidung von Bedeutung sind; die Möglichkeit zur Bezifferung des endgültigen Schadens innerhalb überschaubarer Zeit nach Erlaß eines Grund- bzw. Feststellungsurteils.

Das Ruhen des Verfahrens hat grundsätzlich dieselbe Wirkung wie die Aussetzung, jedoch wird der Lauf der in *§ 233 bezeichneten* Fristen nicht berührt, es laufen also alle Notfristen (Rechtsmittelfristen, Rechtsmittelbegründungsfristen und Wiedereinsetzungsfristen) weiter. Vorsicht ist also geboten.

d) *Terminsverlegung*

Die Aufhebung oder Verlegung eines Termins erfolgt nach § 227 nur aus erheblichen Gründen von Amts wegen, ggf. nach entsprechendem Antrag einer Partei. Die in Abs. 1 Nrn. 1–3 aufgeführten Fälle sind zwingende Beispiele für nicht erhebliche Gründe, so insbesondere das Einvernehmen der Parteien bzw. die nicht genügend entschuldigte mangelnde Vorbereitung einer Partei. Mit dieser Regelung soll einerseits den Parteien durch Ausschluß einer gegenseitigen Absprache die Herrschaft über die Terminierung entzogen werden, andererseits soll aber den Parteien und den Anwälten die erforderliche Vorbereitung des Termins und die Teilnahme am Termin gewährleistet werden entsprechend dem Grundrecht auf rechtliches Gehör (Art. 103 I GG). § 227 ist eine Quelle häufiger Auseinandersetzungen zwischen Gerichten und Anwälten über die

---

[27] Begehren beide Parteien die Anordnung des Ruhens des Verfahrens, pflegen die Gerichte dem Antrag ohne nähere Prüfung der Gründe stattzugeben. Die Gerichte respektieren den übereinstimmenden Parteiwillen, weil das dem den Zivilprozeß beherrschenden Verfügungsgrundsatz entspricht und kein Richter sich gerne unnötige Arbeit macht. Deswegen spielt auch die Entscheidung nach Lage der Akten (§ 251 a I, II) in der Praxis nur in den Fällen des § 331 a (Ersatz für ein Versäumnisurteil) eine gewisse Rolle. Sind beide Parteien säumig, wird in aller Regel das Ruhen des Verfahrens gem. § 251 a III angeordnet.

Erheblichkeit von Gründen zur Terminsänderung, insbesondere in Fällen der Terminskollission beim Anwalt oder der Partei.

Hat die Partei gleichzeitig einen anderen Gerichtstermin wahrzunehmen, besteht die Gefahr, daß jedes Gericht seinen Termin als den wichtigeren ansieht, insbesondere, wenn es ein höherrangiges Gericht ist. Für die Partei kann aber u. U. ein Termin vor einem *AG* wegen einer einstweiligen Verfügung von einschneidenderen Konsequenzen sein als ein Termin vor einem *OLG* im Berufungsverfahren. Da kein Gericht mangels Kenntnis der Aktenlage des anderen Gerichts die Bedeutung des jeweiligen Verfahrens für die Partei zu beurteilen vermag, muß es grundsätzlich der persönlichen Entscheidung der Partei überlassen bleiben, welchen Termin mit seinen jeweiligen Auswirkungen sie für sich wichtiger hält. Würde ein Gericht trotz Terminskollision der Partei eine Terminsänderung ablehnen, würde es sich ohne eigene Bewertungskompetenz eine Beurteilung der Prozeßsituation der Partei in dem vor einem anderen Gericht anhängigen Verfahren anmaßen und damit zu Lasten der Partei in jenem Verfahren das Grundrecht auf rechtliches Gehör verletzen. Dieses Grundrecht findet seinen Niederschlag in § 278 I, wonach die erschienenen Parteien im Haupttermin zu der Einführung des Gerichts in den Sach- und Streitstand persönlich gehört werden sollen.

Noch differenzierter ist die Situation bei Terminskollision des Anwalts. Die Auffassung von *Baumbach-Lauterbach,*[28] ein Anwalt, der ohne Sozius arbeitet, müsse für seine Vertretung sorgen, und die Pflicht des Anwalts, gleichzeitig andere Termine wahrnehmen zu müssen, sei kein erheblicher Grund i. S. des § 227, entbehrt jeder sachbezogenen Grundlage. Sie ist in dieser Absolutheit weder vereinbar mit der Stellung des Rechtsanwalts als Organ der Rechtspflege (§ 1 BRAO), noch mit dem Recht des Bürgers, sich in Rechtsangelegenheiten aller Art durch einen Rechtsanwalt *seiner Wahl* vor Gericht vertreten zu lassen (§ 3 III BRAO). Solange und soweit sich Gerichte für berechtigt halten, von Amts wegen aus vom Anwalt nicht nachprüfbaren „innerdienstlichen Gründen" – die nach der Gesetzeslage nur erhebliche Gründe im Sinne von § 227 sein können – eine Terminsänderung anzuordnen, solange und soweit müssen auch „innerbetriebliche Gründe" eines Rechtsanwalts – sprich Terminskollision – grundsätzlich als erhebliche Gründe für eine Terminsverlegung anerkannt werden. Jede andere Auslegung würde die Funktion des Rechtsanwalts im System der Rechtspflege und das von Verfassungs wegen gebotene „fair trail[29] zu einer Farce denaturieren. Der Anwalt ist auch grundsätzlich nicht verpflichtet, bei Terminskollisionen einen Vertreter zu bestellen. Nach § 53 BRAO muß er nur für seine Vertretung sorgen, wenn er länger als eine Woche gehindert ist, seinen Beruf auszu-

[28] § 227 Anm. 3 B b.
[29] *BVerfGE* 46, 202 (210).

üben oder sich länger als eine Woche von seiner Kanzlei entfernen will. In allen anderen Fällen *kann* der Rechtsanwalt gem. § 52 BRAO einen Vertreter bestellen, muß es aber nicht. Der Rechtsanwalt ist auch kraft seines Mandats nicht ohne weiteres und in jedem Falle berechtigt, eine Terminsvertretung zu substituieren, jedenfalls dann nicht, wenn er dadurch das gem. § 3 III BRAO verbriefte Recht des Mandanten vereiteln würde, sich durch einen Anwalt seiner Wahl vor Gericht vertreten zu lassen. Ebensowenig kann und darf ein Gericht durch Ablehnung einer Terminsänderung dieses Bürgerrecht beeinträchtigen oder vereiteln, wenn der Mandant aufgrund des besonderen Vertrauensverhältnisses zum Anwalt seiner Wahl es für notwendig hält, daß der von ihm persönlich beauftragte Rechtsanwalt und kein Vertreter den Termin wahrnimmt.

Die Entscheidung, wie Terminskollisionen aufzulösen sind, kann daher grundsätzlich nur beim Mandanten und Anwalt liegen, nicht aber bei diesem oder jenem Gericht, bei dem sich für den Rechtsanwalt oder die Partei die Terminskollision ergibt. Unter Berücksichtigung dieser Erwägungen wird daher der Rechtsanwalt im Falle von Terminskollisionen seinen Antrag auf Terminsänderung begründen. Da jeder Rechtsanwalt permanent derselben Situation ausgesetzt ist, sollte es grundsätzlich auch dem Prinzip kollegialer Rücksichtnahme (vgl. § 16 StRiL) entsprechen, daß der Gegenanwalt einen unter diesem Gesichtspunkt gestellten Antrag auf Terminsänderung nicht widerspricht, es sei denn, daß ausnahmsweise vorrangige Interessen seines Auftragsgebers dem zwingend entgegenstehen.

e) Die Prozeßtrennung, -verbindung und -aussetzung

Die Prozeßleitungsbeschlüsse gem. §§ 145, 147–149 können von Amts wegen gefaßt werden, entsprechende Anträge der Parteien sind demgemäß nur Anregungen. Gleichwohl wird das Gericht meist nur aufgrund von Anregungen der Parteien diese Beschlüsse fassen. Eine Begründung des Antrags ist nicht notwendig, aber zweckmäßig.

aa) Prozeßtrennung

Eine Prozeßtrennung nach § 145 erfolgt selten.[30] Sie kann beschlossen werden, wenn mit einer Klage mehrere Ansprüche geltend gemacht werden oder wenn der Beklagte mit Widerklage einen Anspruch geltend macht, der mit dem Klageanspruch in keinem rechtlichen Zusammen-

---

[30] Das gilt erst recht für die der Prozeßtrennung verwandten Maßnahmen der Anordnung der getrennten Verhandlung über Klage und Aufrechnung (§ 145 III) und der einer skuzessiven Verhandlung über einzelne Angriffs- und Verteidigungsmittel (§ 146). Diese Anordnungen führen nicht zu einer Aufspaltung in selbständige Prozesse (vgl. *Thomas-Putzo*, § 145 Anm. 3 d), und dort wo sie angebracht wären, läßt sich ein vergleichbarer Erfolg durch vernünftige Verhandlungsführung ohne besondere Trennungsanordnung erreichen.

hang steht. Sinn der Trennung ist es, die Übersichtlichkeit des Prozesses zu erhalten oder zu vermeiden, daß das Verfahren wegen des noch bestehenden Streits über einzelne Teile verzögert wird. Da durch die Prozeßtrennung die getrennten Teile in selbständigen Verfahren jeweils mit eigenem Streitwert fortgeführt werden, führt dies immer zu einer zusätzlichen Kostenbelastung der Parteien. Sie wirkt sich zweifach aus: die Rechtsanwaltsgebühren und die Gerichtskosten fallen nach der Trennung in jedem Verfahren getrennt, also doppelt an, außerdem sind sie wegen der Streitwertspaltung und der Gebührenprogression auch noch höher.

Beispiel: Werden in einem Verfahren zwei Ansprüche mit einem Wert von 10000 DM und 5000 DM, also einem Gesamtwert von 15000 DM, geltend gemacht, beträgt die Prozeßgebühr des Anwalts 677 DM, die Gerichtsgebühr 217 DM. Werden die Verfahren in zwei Prozesse mit Streitwerten von 10000 DM und 5000 DM getrennt, fällt im ersten Verfahren eine Anwaltsgebühr von 489 DM, im zweiten Verfahren eine solche von 265 DM an, zusammen 754 DM. Die beiden Gerichtsgebühren betragen zusammen 298 DM.

Deshalb wird auch der Anwalt, bevor er einen entsprechenden Antrag stellt, immer prüfen, ob dies sinnvoll ist oder ob nicht derselbe Effekt billiger durch ein Teilurteil gem. § 301 erreicht werden kann. Ergeht ein Teilurteil, ergibt sich, wenn Berufung eingelegt wird, für die Berufungsinstanz eine Prozeßtrennung, da das Berufungsgericht nur mit dem durch das Teilurteil erledigten Verfahrensteil befaßt wird. – Im landgerichtlichen Verfahren mit vermögensrechtlichen Ansprüchen kann sowohl eine Prozeßtrennung als auch ein Teilurteil dazu führen, daß durch die Streitwertspaltung die Revisionsgrenze unterschritten wird. Hierauf muß je nach der Bedeutung der Sache rechtzeitig geachtet und das Gericht unter Umständen ausdrücklich auf diesen für die Partei nachteiligen Effekt hingewiesen werden.

bb) Prozeßverbindung

Die Verbindung mehrerer bei demselben Gericht (wenn auch bei verschiedenen Spruchkörpern) *anhängiger Verfahren* derselben oder verschiedener Parteien gem. § 147 hat hinsichtlich der Kosten und der Erreichung der Revisionsgrenze die umgekehrte Wirkung wie die Trennung. Sie führt auch insgesamt zu einer Vereinfachung und Prozeßbeschleunigung, wenn es sich im wesentlichen um gleichartige Verfahren handelt. Sind auf Kläger- oder Beklagtenseite mehrere verschiedene Parteien beteiligt, werden diese durch die Verbindung Streitgenossen. Können sie sich nach der Verbindung auf eine einheitliche Prozeßtaktik nicht einigen, kann sich dies für den einen oder anderen Streitgenossen nachteilig auswirken. Eine weitere Gefahr besteht darin, daß wegen der Gleichartigkeit der Ansprüche „alles über einen Leisten geschlagen" wird, geringfügige, aber mitunter wesentliche Detailunterschiede unberücksichtigt bleiben und sich zum Nachteil des einen oder anderen Streitgenossen auswirken.

cc) Prozeßaussetzung

Um die *Aussetzung eines Rechtsstreits wegen Vorgreiflichkeit* eines anderen Rechtsstreits oder Verwaltungsverfahrens gem. § 148 wird häufig hart gerungen. Sie ist jedoch ein zweischneidiges Schwert. Vorgreiflichkeit ist nur gegeben, wenn die Entscheidung des Rechtsstreits zumindest teilweise vom Bestehen oder Nichtbestehen eines Rechtsverhältnisses abhängt, das Gegenstand eines anderen Verfahrens ist. Eine Partei wird deshalb nur dann die Aussetzung begehren, wenn sie erwarten kann, daß sie die Entscheidung des anderen Verfahrens als für sie günstige Vorentscheidung in den Prozeß wird einführen können. Fällt dann aber diese Entscheidung zu ihren Ungunsten aus, gerät sie in eine zwiespältige Situation. Sie muß jetzt entgegen ihren früheren Ausführungen argumentieren, die Entscheidung sei unrichtig oder für das laufende Verfahren unbeachtlich, weil das Gericht nicht an sie gebunden sei.[31] Der Prozeßvortrag verliert dadurch an Überzeugungskraft. Noch schlechter wird die Situation, wenn die negative vorgreifliche Entscheidung Rechtskraftwirkung entfaltet.

Beispiel: Beim *LG X* ist wegen einer fristlosen Kündigung eine Feststellungsklage über den Fortbestand eines Eigenhändlervertrages anhängig. Beim *LG Y* ist die Klage des Eigenhändlers auf Erteilung eines Buchauszuges für die Zeit nach der Kündigung anhängig.

Der Anwalt muß daher genau die Chancen des vorgreiflichen Verfahrens abwägen, ehe er für seine Partei Aussetzung beantragt oder einem Aussetzungsantrag des Gegners widerspricht. Je nach Sachlage werden die Parteien über die Frage der Vorgreiflichkeit streiten, entweder, um die Aussetzung zu erreichen oder zu verhindern.

Anders ist die Situation bei einer Aussetzung nach § 149 wegen des Verdachtes einer Straftat, deren Begehung auf die Entscheidung von Einfluß ist. Zu unterscheiden ist, ob sich der Verdacht gegen eine Partei oder einen Zeugen richtet. Ist eine Partei betroffen, wird der Gegner auf Aussetzung dringen, weil sich bei der strafgerichtlichen Verurteilung der anderen Partei, wenngleich das Zivilgericht an das Strafurteil nicht gebunden ist, seine Prozeßstellung wesentlich verbessert. Ein Freispruch ist für das Zivilverfahren gleichfalls nicht verbindlich und kann mit dem Hinweis auf die Bereitschaft der Strafgerichte nach dem Grundsatz in dubio pro reo zu verfahren,[32] bekämpft werden. – Ist ein Zeuge betrof-

---

[31] *Baumbach-Lauterbach,* § 148 Anm. 1 C.

[32] Der Grund dafür liegt darin, daß ein Freispruch niemanden benachteiligt. Die Verkürzung des Strafanspruchs des Staats wird keinen Richter belasten. Der Zivilrichter steht dagegen bei seiner Entscheidung vor dem Problem, daß er das, was er einer Partei gibt, der anderen nehmen muß.

fen und damit dessen Glaubwürdigkeit, muß der Beweisführer darauf bedacht sein, entweder den Beweis durch andere Beweismittel zu führen oder, wenn dies nicht möglich ist und eine Verurteilung des Zeugen droht, eine vergleichsweise Regelung anstreben.

f) Wiedereintritt in die mündliche Verhandlung

Auch er erfolgt gemäß § 156 von Amts wegen, ist also durch Antrag nur anzuregen. Die Wiedereröffnung der mündlichen Verhandlung steht nach dem Wortlaut des § 156 im Ermessen des Gerichts. Sie ist aber geboten, wenn durch sie ein Verfahrensfehler des Gerichts korrigiert werden soll, vor allem dann, wenn sich aus dem nachträglichen Vorbringen ergibt, daß das Gericht seine Hinweispflicht (§§ 139 I, 273 I, 278 III) nicht erfüllt hat.[33] Im übrigen haben die Parteien kein Recht auf einen Wiedereintritt in die mündliche Verhandlung. Das Gericht kann ihn aber anordnen.

Fällt nach Schluß der mündlichen Verhandlung neuer Prozeßstoff an (Sachvortrag und Beweismittel), so sollte der Rechtsanwalt auf jeden Fall den Wiedereintritt in die mündliche Verhandlung beantragen. Die Fortsetzung der mündlichen Verhandlung bietet erhebliche Vorteile gegenüber der Berufung. Im Berufungsverfahren ist neues Vorbringen durch § 528 I, II erheblich eingeschränkt. Das Gericht erster Instanz kann dagegen, soweit es sich nicht durch Fristsetzung in Zurückweisungszwang (vgl. § 296 I) gebracht hat, auch verspätetes Vorbringen jederzeit zulassen (vgl. § 296 II „können zurückgewiesen werden ...“) und wird das häufig auch tun, wenn das Vorbringen Erfolg verspricht. Durch die Wiedereröffnung der mündlichen Verhandlung wird ein erhebliches Kostenrisiko vermieden, das die Partei wegen § 97 II selbst dann trifft, wenn das neue Vorbringen im Berufungsverfahren zum Erfolg führt. Schließlich erwachsen der Partei keinerlei Nachteile, wenn das Gericht der Anregung zum Wiedereintritt in die mündliche Verhandlung nicht folgt. Das Vorbringen, wegen dessen der Wiedereintritt nicht erfolgt, wird nicht i.S. des § 296 zurückgewiesen. Es fällt folglich nicht unter § 528 III[34] und kann im Berufungsverfahren genau so geltend gemacht werden, wie wenn der Versuch, die Wiedereröffnung des Verfahrens zu erreichen, unterblieben wäre.

In dem Schriftsatz, mit dem die Wiedereröffnung des Verfahrens beantragt wird, sind nicht nur die neuen Tatsachen und Beweismittel mitzuteilen. Notwendig ist vor allem, im einzelnen darzulegen und ggf. auch unter Beweis zu stellen, warum das Vorbringen erst nach Schluß

---

[33] Vgl. hierzu etwa *Rosenberg-Schwab,* ZPR, § 107 III 9; *Thomas-Putzo,* § 156 Anm. 1 a; *Baumbach-Lauterbach,* § 156 Anm. 2.

[34] *BGH,* NJW 1979, 2109.

der mündlichen Verhandlung und nicht früher vorgetragen werden konnte, z. B. weil die Partei erst nach Schluß der mündlichen Verhandlung von einer entscheidungserheblichen Tatsache durch einen Dritten Kenntnis erlangt hat.

3. Die äußere Form

Die äußere Form des Schriftsatzes ist dem Anwalt freigestellt. Im Interesse der Übersichtlichkeit und des besseren Verständnisses setzen sich jedoch einige seit langem bewährte Praktiken immer mehr durch:

a) Gliederung

Jeder Schriftsatz sollte nach sachlogischen Gesichtspunkten aufgebaut und *gegliedert* werden. Bei umfangreichen Sachverhalten zwingt die Gliederung zur Konzentration und erleichtert das Verständnis. Art und Umfang der Gliederung ergeben sich aus dem Sachzusammenhang. Von untergeordneter Bedeutung und mehr eine Geschmacksfrage ist es, welches Gliederungssystem man wählt, Buchstaben und Ziffern (A I 1.) oder Dezimalgliederung (1.22.3). Wenn sich aber die eine Partei für ein bestimmtes System entschieden hat, sollte die andere Partei sich desselben Systems bedienen, auch wenn es ihr nicht sympatisch ist. Zwei unterschiedliche Gliederungssysteme in einem Verfahren führen nur zur Verwirrung.

Unerläßlich ist eine Gliederung bei sogenannten Punktesachen, z. B. in Bauprozessen oder Verfahren mit vielen Schadenspositionen. Bei sehr umfangreichem Sachverhalt empfiehlt es sich u. U., eine Grobgliederung dem Schriftsatz voranzustellen.

Hat der Gegner zu einzelnen Gliederungsgesichtspunkten nichts oder nichts mehr zu erwidern, werden sie einfach ausgelassen.

b) Anlagen und Urkunden

Die nach § 130 Nr. 1 für das Rubrum geforderte Angabe der Zahl der Anlagen ist überflüssig und wird auch in der Praxis nicht befolgt. Wichtiger ist es, der Vorschrift des § 131 zu entsprechen und die Urkunden, auf die bei der Sachdarstellung Bezug genommen wird, in Urschrift oder Abschrift beizufügen. Das gilt auch dann, wenn die Urkunde nicht zu Beweiszwecken nach Maßgabe der Vorschriften über den Urkundenbeweis vorgelegt wird. Im Rahmen der Sachverhaltsschilderung wird regelmäßig auf Schriftstücke als Teil des Sachvortrags Bezug genommen, insbesondere auf Schriftwechsel, Rechnungen, Quittungen, Verträge usw. Der bloße Hinweis auf solche Schriftstücke ohne deren Vorlage nützt dem Gericht im allgemeinen nichts, denn meistens kommt es für die tatrichterliche Gesamtwürdigung auf die Einzelheiten der Urkunden an. Wenn es z. B. in einem Schriftsatz heißt,

„Der Kläger erhob mit Schreiben vom 2.9. 1978 Mängelrüge“ oder „Der Beklagte bestätigte mit Schreiben vom 7.10. 1976 die bei der Besprechung vom 5.10. 1976 getroffene Vereinbarung“,

so ist dieser Vortrag nicht ausreichend, weil nur anhand des genauen Wortlautes der Schreiben entschieden werden kann, ob die einzelnen Mängel hinreichend bestimmt bezeichnet sind oder wie die getroffene Vereinbarung mit oder ohne Vorbehalte, Ergänzungen usw. bestätigt wurde.

Töricht wäre es, eine in Bezug genommene Urkunde nur deshalb nicht vorzulegen, weil sie für die Partei auch ungünstige Passagen enthält, oder gem. § 131 II nur eine auszugsweise Abschrift vorzulegen. Der Gegner wird sofort das Versäumte nachholen und sich hierauf berufen. Richtiger ist es, derartige Passagen mit der Vorlage der Urkunde sogleich zu erläutern und darzutun, daß und warum aus ihnen keine negativen Schlüsse für die Partei gezogen werden können.

Dem Gegner sind die Anlagen nicht in Abschrift mitzuteilen, wenn sie ihm in Urschrift oder Abschrift vorliegen (§ 133 I 2). Urkunden, die dem Gegner zwar nicht vorliegen, aber bekannt sind, sowie Urkunden besonderen Umfangs brauchen gem. § 131 III nicht vorgelegt zu werden. Es genügt das Anerbieten, entsprechend § 134 durch Niederlegung auf der Geschäftsstelle Einsicht zu gewähren. Von dieser Möglichkeit wird in der Praxis aus kollegialer Rücksicht im allgemeinen nur Gebrauch gemacht, wenn es sich um sehr umfangreiche oder schlecht kopierbare Unterlagen handelt. Im Interesse der Verfahrensbeschleunigung empfiehlt es sich, die Niederlegung auf der Geschäftsstelle nicht erst nach Anforderung durch das Gericht gem. § 134 I vorzunehmen, sondern zugleich mit der Einreichung des Schriftsatzes zu bewirken.

Macht der Gegner von seinem Einsichtsrecht keinen oder verspäteten Gebrauch, kann er aus der Unkenntnis vom Inhalt der Urkunde keine Rechte herleiten. Einwendungen gegen die Urkunden können u. U. gem. § 296 als verspätet zurückgewiesen werden.[35]

Die als Anlagen überreichten und im Schriftsatz in Bezug genommenen Urkunden sollten im Text besonders hervorgehoben und numeriert werden. Weit vertreiteter Übung entsprechend empfiehlt es sich, die Anlagen zumindest während einer Instanz fortlaufend durchzunumerieren und als solche des Klägers (K) oder des Beklagten (B) zu kennzeichnen.

Beispiel: Der Kläger teilt dem Beklagten mit
Schreiben vom 18.4. 1979
– Anlage K 2 –
mit, daß er auf die Lieferung der bestellten Ware nicht länger warten könne.

---

[35] *Baumbach-Lauterbach,* § 134 Anm. 3.

Bezüglich hinterlegter Anlagen teilt man am Ende des Schriftsatzes zweckmäßigerweise mit:

Die Anlagen K 2, 8–15 und 29 werden gem. §§ 131, 134 auf der Geschäftsstelle niedergelegt mit der Bitte, sie dem Prozeßbevollmächtigten des Gegners zur Einsicht zu überlassen.

4. Die Unterschrift

a) Notwendigkeit der Unterschrift

Die gesetzliche Regelung über die Notwendigkeit der Anwaltsunterschrift unter Schriftsätzen im Anwaltsprozeß ist unklar, die herrschende Auffassung jedoch eindeutig. Nach ständiger Rechtsprechung müssen grundsätzlich alle bestimmenden Schriftsätze unterschrieben werden.[36] Aus dem Gesetzeswortlaut ergibt sich dies nicht unmittelbar, denn § 130 Nr. 6 enthält nur eine Sollvorschrift für alle vorbereitenden Schriftsätze. Die Verweisung in §§ 253 IV, 518 IV, 519 V, 553 II und 554 V besagen aber, daß die allgemeinen Vorschriften über die vorbereitenden Schriftsätze anzuwenden *sind*, insoweit wird also § 130 Nr. 6 zur Mußvorschrift. Für alle übrigen bestimmenden Schriftsätze fehlt eine entsprechende Regelung (Verweisung). Die Notwendigkeit der Unterschrift ergibt sich jedoch für die bestimmenden Schriftsätze daraus, daß sie Prozeßhandlungen enthalten. Im Anwaltsprozeß wird aber allein durch die Unterschrift des Anwalts klargestellt, daß er eine entsprechende prozessuale Erklärung abgeben will und dafür die Verantwortung übernimmt. Mit der Unterschrift übernimmt er die Verantwortung für den Inhalt. Er muß selbst prüfen, ob der Schriftsatz allen Erfordernissen Rechnung trägt. Dies gilt insbesondere bei Rechtsmitteleinlegung hinsichtlich der richtigen Angabe des Gerichts und des Rubrums.

b) Unterschrift des zugelassenen Anwalts

Soweit Anwaltszwang besteht (§ 78 I), muß ein beim Prozeßgericht zugelassener bevollmächtigter Anwalt unterschreiben, denn nur er kann mit Wirkung für die Partei Prozeßhandlungen vornehmen (§ 85 I). Ein nicht bevollmächtigter, beim Prozeßgericht zugelassener Anwalt kann nur unterschreiben, wenn er vom Bevollmächtigten gem. § 81 zum Vertreter im Einzelfall bestellt ist (Substitut). In gleicher Weise kann unterschreiben der Praxisabwickler gem. § 55 BRAO und der gem. § 53 BRAO bestellte Vollvertreter, wobei zu unterscheiden ist zwischen dem von der Justizverwaltung auf Antrag bestellten Vertreter (gem. Abs. II 2 und dem vom Rechtsanwalt selbst im Rahmen des Abs. II 1 bestellten Vertreter. Die Vertretereigenschaft braucht im Schriftsatz nicht besonders hervorgehoben zu werden.[37]

---

[36] Nachw. bei *Baumbach-Lauterbach*, § 129 Anm. 1 b.

[37] *BGH*, VersR 1973, 470.

c) Individuelle Unterschrift

Die Unterschrift muß eigenhändig vollzogen und individualisierbar, wenn auch nicht eindeutig lesbar sein.[38] Eine bloße gekrümmte Linie ohne individuellen Charakter genügt nicht.[39] Nicht ausreichend ist ein Faksimile Stempel oder eine Origninalunterschrift auf der Matrize, wenn nur der Abzug bei Gericht eingereicht wird. Ist die Urschrift versehentlich nicht unterschrieben, genügt es, wenn die bei Gericht eingereichte beglaubigte Abschrift die eigenhändige Unterschrift im Beglaubigungsvermerk trägt.[40]

d) Telegrafische Einreichung

Die Rechtsprechung läßt kraft Gewohnheitsrecht auch bei bestimmenden Schriftsätzen telegrafische Einreichung genügen, wobei eine fernmündliche Telgrammaufgabe ausreicht,[41] sofern das Telegramm innerhalb der Frist entweder durch Zustellung eingeht oder fernmündlich vom Zustellungspostamt einer zur Entgegennahme und Beurkundung des Zeitpunktes befugten Person des Gerichts durchgegeben wird.[42]

e) Unterschriftskontrolle

Um die folgenreiche Versäumung der Unterschrift zu vermeiden, sind aus Gründen der Wiedereinsetzung in den vorigen Stand und aus haftungsrechtlichen Gründen besondere büro-organisatorische Maßnahmen notwendig. Das Büropersonal ist besonders und in regelmäßigen Abständen anzuweisen, die ausgehende Post darauf zu kontrollieren, ob sie richtig unterschrieben ist.[43]

5. Die Zustellung

a) Form der Zustellung

Nicht alle Schriftsätze, auch nicht alle bestimmenden Schriftsätze, sind zuzustellen. Förmlich zugestellt werden nur

- die Klage, Schriftsätze mit Sachanträgen und die Klagerücknahme (§ 270 II 1)
- der Beitritt des Nebenintervenienten (§ 70 I 2)
- die Streitverkündung (§ 73 S. 2)
- der Einspruch gegen das Versäumnisurteil (§ 340a S. 1)

---

[38] Umstr.: Entzifferbarkeit verlangen *BGH,* LM § 130 Nr. 7; *BAG,* BB 1977, 889; a. A. *BSG,* NJW 1975, 1800; *Baumbach-Lauterbach,* § 129 Anm. 1 B.

[39] *BGH,* NJW 1976, 2263.

[40] *BGH,* LM § 519 Nrn. 14 u. 63; a. A. *BAG,* BB 1978, 1537, das eine ohne Urschrift eingereichte beglaubigte Abschrift nicht für ausreichend ansieht.

[41] *BVerfGE* 36, 304; *BGH,* NJW 1974, 1090.

[42] *Baumbach-Lauterbach,* § 129 Anm. 1 c.

[43] *BAG,* BB 1974, 651.

- der Antrag auf Urteilsberichtigung und Ergänzung (§§ 320 III 2 und 321 III 2)
- die Berufungs- und Berufungsbegründungsschrift (§ 519a S. 1)
- die Revisionsschrift (§ 553a II 1).

Zu den Schriftsätzen mit Sachanträgen gehören Klageänderung, Klageerweiterung, Widerklage und Zwischenklage. Ob die Anträge auf Klageabweisung und Zurückweisung von Berufung und Revision zu den Sachanträgen zu zählen sind, ist streitig. In der Praxis werden Schriftsätze mit Zurückweisungsanträgen im allgemeinen nicht von Amts wegen förmlich zugestellt, sondern von Anwalt zu Anwalt mitgeteilt.

Die förmliche Zustellung erfolgt grundsätzlich von Amts wegen (§ 270 I) nach Maßgabe der §§ 208–213a. Im Anwaltsprozeß können jedoch alle Schriftsätze, die von Amts wegen zuzustellen sind, auch von Anwalt zu Anwalt gem. § 198 gegen Empfangsbekenntnis zugestellt werden, sofern nicht gleichzeitig dem Gegner eine gerichtliche Anordnung mitzuteilen ist. Da bei der Klage der Beklagte mit der Zustellung gem. § 271 III aufzufordern ist, einen beim Prozeßgericht zugelassenen Rechtsanwalt zu bestellen und sich zu äußern, ob der Übertragung der Sache an den Einzelrichter Gründe entgegenstehen, ist diese stets von Amts wegen zuzustellen.

Von der Zustellung von Anwalt zu Anwalt wird jedoch in der Praxis in Fällen, in denen eine förmliche Zustellung notwendig ist, im allgemeinen abgesehen. Soweit jedoch eine solche Zustellung erfolgt, haben die Parteien gem. § 133 II sofort nach der Zustellung eine für das Prozeßgericht bestimmte Abschrift ihres vorbereiteten Schriftsatzes und der Anlagen auf der Geschäftsstelle niederzulegen.

Soweit keine förmliche Zustellung erforderlich ist, genügt formlose Mitteilung entweder gem. § 270 II 2 über das Gericht oder von Anwalt zu Anwalt. Aber auch wenn eine formlose Mitteilung genügt, sollte eine förmliche Zustellung von Anwalt zu Anwalt gewählt werden, wenn es auf den Nachweis des rechtzeitigen Zugangs beim Gegner ankommt. Dies ist insbesondere notwendig, wenn der Nachweis der Einhaltung der Wochenfrist des § 133 I oder der 3-Tagesfrist des § 133 II geführt werden muß. Generell ist die Zustellung bzw. Mitteilung von Anwalt zu Anwalt derjenigen über die Geschäftsstelle vorzuziehen, weil sie Zeit spart. Die Zustellung über die Geschäftsstelle dauert im allgemeinen mindestens drei Tage, manchmal acht oder zehn Tage und hindert häufig daran, eine erforderliche Schriftsatzfrist gegenüber dem Gegenanwalt einzuhalten. Kann dieser sich deshalb zum Termin nicht vorbereiten, hat er Anspruch auf Schriftsatznachlaß.

Wird von Anwalt zu Anwalt zugestellt oder mitgeteilt, ist der Urschrift des Schriftsatzes, die bei Gericht einzureichen ist, der Vermerk beizufügen, daß von Anwalt zu Anwalt zugestellt ist. Dazu genügt der Stempel „*Gegner hat Abschrift*".

b) Abschriften und Anlagen

Nach § 133 I sollen dem bei Gericht eingereichten Schriftsatz die für die Zustellung erforderliche Zahl von Abschriften der Schriftsätze und deren Anlagen beigefügt werden. Entgegen dem Wortlaut der §§ 271 I, 519 a, 553 a II 1 wird nämlich nicht die Klageschrift bzw. Rechtsmittel- oder Rechtsmittelbegründungsschrift im Original zugestellt, sondern gem. §§ 170 I, 210 eine beglaubigte Abschrift des zuzustellenden Schriftsatzes. Zwar soll die zuzustellende Abschrift bei der Zustellung von Amts wegen nach § 210 vom Urkundsbeamten der Geschäftsstelle beglaubigt werden, abweichend hiervon wird jedoch entsprechend § 170 II wie bei der auf Betreiben der Partei bewirkten Zustellung verfahren, d. h., im Anwaltsprozeß genügt auch eine vom Rechtsanwalt beglaubigte Abschrift, die dann vom Gericht zugestellt wird. Demgemäß werden jeweils vom Rechtsanwalt beglaubigte Abschriften zugestellt, sei es von Amts wegen oder von Anwalt zu Anwalt.

Die nach § 133 I für die Zustellung *erforderliche* Zahl der Abschriften ergibt sich aus §§ 169, 189, die sinngemäß auch für die Zustellung von Amts wegen gelten. Hiernach ist mit der Urschrift eine der Zahl der Personen, denen zuzustellen ist, entsprechende Zahl von (beglaubigten) Abschriften nebst Anlagen einzureichen, für einen Vertreter mehrerer Beteiligter oder für mehrere Vertreter eines Beteiligten jedoch nur eine Abschrift. Sind also vier Personen im Wege subjektiver Klagehäufung verklagt, davon zwei minderjährige Kinder, vertreten durch ihre Eltern, genügt die Beifügung von drei beglaubigten Abschriften.

Nicht vorgeschrieben, aber im Anwaltsprozeß allgemein üblich, ist die Übergabe je einer weiteren einfachen Abschrift, damit Partei und Prozeßbevollmächtigter über je eine Abschrift verfügen. Ist ein Korrespondenzanwalt eingeschaltet, entspricht es anwaltlicher Übung, den Gegner unter Hinweis hierauf um Übersendung je einer weiteren dritten Abschrift für den Korrespondenzanwalt zu bitten und dieser Bitte auch zu entsprechen.

§ 4. Die Schriftsatzfristen

Eine erfolgreiche Prozeßführung steht und fällt mit der Einhaltung materieller und prozessualer Fristen für die Einreichung von Schriftsätzen.

I. Die Fristen für den Kläger

Für die Klage*erhebung* gibt es keine prozessualen Fristen. Es liegt prozessual ausschließlich in der Hand des Klägers, wann er die Klage einreicht. Dagegen kann er aufgrund materiellrechtlicher Fristen, insbesondere der Ausschluß- und Verjährungsfrist, gezwungen sein, die Klage rechtzeitig vor Fristablauf einzureichen.

1. Ausschlußfristen

Sie besagen, daß ein Recht nur innerhalb der gesetzlich bestimmten Frist ausgeübt werden kann.[1] Soweit es sich um Gestaltungsrechte handelt, wie z. B. die Anfechtungsfristen nach §§ 122, 124 BGB, die Widerrufsfrist für eine Schenkung nach § 532 BGB oder die außerordentliche Kündigungsfrist nach § 626 II BGB, genügt zur Fristwahrung die außerprozessuale Gestaltungserklärung. Soweit dagegen Ansprüche der Ausschlußfrist unterliegen, bedarf es zu deren Erhaltung der gerichtlichen Geltendmachung innerhalb der Ausschlußfrist, so beim Vermieterpfandrecht gemäß § 561 II, bei den Besitzentziehungs- und Besitzstörungsansprüchen nach §§ 861, 862, 864 I BGB, beim Verwendungsanspruch des Besitzers gemäß § 1002 BGB, vor allem aber bei allen Ansprüchen nach §§ 6, 12 NTS-AG.

2. Verjährungsfristen

Die Unterbrechung der Verjährung kann gemäß § 209 I BGB durch Klage auf Befriedigung oder Feststellung des Anspruchs erfolgen. Je nach Sachlage wird aber der Anwalt zu prüfen haben, ob anstelle der Klageerhebung eine der in §§ 209 II Nrn. 1–5 und 210 BGB genannten Maßnahmen ausreicht, um eine ablaufende Verjährungsfrist zu unterbrechen. Dies gilt insbesondere für die Geltendmachung des Anspruchs

---

[1] Palandt-*Heinrichs*, Vorb. § 194, Anm. 4 a.

durch Aufrechnung im Prozeß gemäß § 209 II Nr. 3 BGB und für die Streitverkündung gemäß Nr. 5.

Zu beachten ist, daß Arrest und einstweilige Verfügung als solche keine Vollstreckungshandlungen im Sinne von § 209 II Nr. 5 BGB sind, sondern nur die in Vollziehung des Arrests oder der einstweiligen Verfügung durchgeführten Vollstreckungsmaßnahmen. Auch der Antrag auf Beweissicherung unterbricht grundsätzlich nicht die Verjährung. Nur wenn der Käufer oder der Werkvertragsbesteller wegen ihrer Gewährleistungsansprüche Beweissicherungsantrag stellen, wird die Verjährung durch diesen Antrag gemäß §§ 477 II, 639 BGB unterbrochen. Keine Unterbrechung tritt dagegen ein, wenn der Verkäufer oder der Unternehmer den Beweissicherungsantrag stellen! Schließlich unterbricht auch ein ohne gleichzeitige Klageerhebung gestellter Antrag auf Prozeßkostenhilfe nicht die Verjährung.

3. *Die Wahrung der Ausschluß- und Verjährungsfristen*

a) *Fristwahrung durch demnächst erfolgende Zustellung*

Die Klage ist erst mit Zustellung der Klageschrift an den Beklagten wirksam erhoben (§ 253 I). Zur Wahrung von Ausschluß- oder Verjährungsfristen genügt jedoch gemäß § 270 III die Einreichung der Klageschrift bei Gericht, wenn die Zustellung „demnächst" erfolgt.[2] Da der Kläger auf die von Amts wegen vorzunehmende Zustellung der Klageschrift keinen unmittelbaren Einfluß hat, gilt nach ständiger Rechtsprechung die Zustellung immer dann als demnächst erfolgt und demgemäß die materielle Klagefrist als gewahrt, wenn der Kläger seinerseits alle Voraussetzungen dafür geschaffen hat, daß die Zustellung auch demnächst erfolgen kann, einerlei, wann die Zustellung tatsächlich erfolgt. Demnach sind vom Kläger oder seinem Prozeßbevollmächtigten nicht zu vertretende Verzögerungen im Zustellungsbetrieb stets unschädlich, auch wenn die Zustellung erst nach Monaten erfolgt.[3]

b) *Sorgfaltspflichten*

Zulasten des Klägers geht jedoch jede nicht unerhebliche Verzögerung bei der Zustellung, wenn sie von ihm oder seinem Prozeßbevollmächtigten zu vertreten ist. Je nach Lage des Falles kann nach std. Rspr. schon eine Zustellungsverzögerung von 4–14 Tagen erheblich sein;[4] zu vertreten ist schon jede Art leichte Fahrlässigkeit.[5] Demgemäß treffen den Anwalt, wenn er die Klage erst kurz vor Ablauf einer materiellen Frist einreicht, besondere Sorgfaltspflichten, die um so größer sind, je

---

[2] Für die Vererblichkeit des Schmerzensgeldanspruches genügt eine erst nach dem Tode des Erblassers erfolgte Zustellung nicht, die Klage muß gemäß § 847 BGB vorher „rechtshängig" geworden, also zugestellt sein, vgl. *Palandt-Thomas,* § 847 Anm. 5c.

[3] *BGH,* LM § 246 AktG 65 Nr. 2.

[4] *BGH,* VersR 1974, 1107; *BAG,* NJW 1976, 1422; *BGH,* NJW 1972, 1950.

[5] *BGH,* LM § 261 ZPO a. F. Nr. 9; NJW 1972, 1948.

kürzer der Zeitraum zwischen der Einreichung der Klage bei Gericht und Ablauf der Frist ist.[6]

aa) Richtiges Beklagtenrubrum

Voraussetzung für eine unverzügliche Zustellung ist die genaue Bezeichnung des Beklagten und die Angabe der richtigen zustellungsfähigen Anschrift. Die Erfahrung zeigt, daß die Angaben des Mandanten hierzu oft unvollständig oder unrichtig sind. Deshalb darf sich der Anwalt nicht unkritisch auf solche Angaben oder auf ihm übergebene Unterlagen verlassen. Er muß vor allem darauf achten, ob in letzter Zeit Änderungen in der Parteibezeichnung, z. B. bei im Handelsregister eingetragenen Firmen oder Gesellschaften oder in der Anschrift erfolgt sind. Oft ergeben sich solche Änderungen aus der vorgelegten Korrespondenz.

Beispiel: Der Klage geht vorprozessualer Schriftverkehr voraus. Auf dem letzten Schreiben des Beklagten an den Anwalt des Klägers ist durch roten Stempel eine Anschriftenänderung mitgeteilt. Übersieht dies der Anwalt, gibt er im Rubrum die alte Anschrift an und wird dadurch die Zustellung um mehr als einige Tage verzögert, ist sie nicht mehr „demnächst" erfolgt und Fristunterbrechung tritt nicht ein.

bb) Einzahlung des Gerichtskostenvorschusses

Die Zustellung der Klage erfolgt gemäß § 65 I GKG grundsätzlich erst nach Einzahlung des Gerichtskostenvorschusses in Höhe einer Prozeßgebühr (GKG Kostenverz. Nr. 1010) und der Zustellungskosten in Höhe von 5 DM je beklagter Partei (Kostenverz. Nr. 1902). Um insoweit jedes Risiko zu vermeiden, empfiehlt sich die gleichzeitige Einzahlung des Gerichtskostenvorschusses entweder durch Gebührenmarken oder durch Gebührenstempler. Entgegen weit verbreiteter Ansicht ist jedoch die Einzahlung zusammen mit der Klageeinreichung nicht gesetzlich vorgeschrieben. Nach § 65 I GKG soll die Klage erst nach Zahlung der „erforderten" Gebühr zugestellt werden. Daraus folgert die Rechtsprechung, daß der Kostenvorschuß vom Gericht anzufordern ist und demgemäß der Kläger diese Anforderung abwarten darf.[7] Allerdings muß er dann, um keine Verzögerung bei der Zustellung aufkommen zu lassen, die angeforderten Kosten innerhalb kürzester Frist einzahlen.[8] Verzögerungen im Überweisungsweg vom Mandanten zum Anwalt oder vom Anwalt zum Gericht, mit denen bei der heute üblichen Überweisungsdauer von Bank zu Bank immer gerechnet werden muß, gehen voll zulasten des Klägers. Will daher der Anwalt die Anforderung der Gerichtskosten ab-

---

[6] Das gilt insbesondere, wenn die Klage erst am Tage des Fristablaufs bei Gericht eingereicht wird, was zur Fristwahrung genügt, sofern nur die Zustellung demnächst erfolgen kann.

[7] *BGH,* LM § 261 b ZPO a. F. Nr. 12.

[8] Weniger als 18 Tage, *BGH,* NJW 1961, 1627.

warten, ist dringend zu empfehlen, zuvor den Eingang eines entsprechenden Vorschusses durch den Mandanten sicherzustellen.

Auf die Anforderung der Gerichtskosten darf nur gewartet werden, wenn die Klage alle zur Kostenanforderung notwendigen Angaben enthält, insbesondere zur Streitwertberechnung. Hierbei wird häufig übersehen, daß die Wertberechnungsvorschriften der §§ 1–9 in erster Linie für die Bestimmung der sachlichen Zuständigkeit gelten (§ 2), für die Berechnung der Gerichtskosten gemäß § 12 I GKG jedoch nur, soweit die §§ 12–22 GKG nichts anderes bestimmen. Demgemäß kann der Zuständigkeitswert vom Kostenwert abweichen.

Beispiel: Der Zuständigkeitswert bei Streit über das Bestehen oder die Dauer eines Pacht- oder Mietverhältnisses beläuft sich nach § 8 ZPO auf den Betrag des auf die gesamte streitige Zeit fallenden Mietzinses, höchstens jedoch auf den fünfundzwanzigfachen Jahresbetrag. Der Kostenwert gemäß § 16 I GKG beträgt jedoch höchstens einen Jahreswert.

Ausnahmsweise ist die Klage auch ohne Einzahlung eines Gerichtskostenvorschusses zuzustellen unter den in § 65 VII GKG genannten Voraussetzungen, insbesondere, wenn dem Kläger bereits Prozeßkostenhilfe gewährt ist (Nr. 1), wenn ihm die alsbaldige Zahlung der Kosten mit Rücksicht auf seine Vermögenslage oder aus sonstigen Gründen Schwierigkeiten bereiten würde (Nr. 3) oder wenn ihm eine Verzögerung einen schwer zu ersetzenden Nachteil bringen würde (Nr. 4). Die entsprechenden Voraussetzungen sind in der Klageschrift *glaubhaft* zu machen, wozu regelmäßig eine eidesstattliche Versicherung erforderlich ist.

c) Neuer Fristbeginn bei Verfahrensstillstand

Die Unterbrechung der Verjährung durch Klageerhebung dauert gemäß § 211 I BGB fort, bis der anhängige Prozeß rechtskräftig entschieden oder anderweitig erledigt ist. Hierbei wird leicht übersehen, daß nach § 211 II BGB die Unterbrechung der Verjährung vorzeitig endet, wenn der Prozeß aufgrund einer Vereinbarung der Parteien in Stillstand gerät oder weil er von ihnen nicht weiterbetrieben wird, also zum Ruhen kommt (vgl. § 251, 251 a III). Das Ende der Unterbrechung tritt dann bereits mit der letzten Prozeßhandlung der Parteien ein; von da ab beginnt die Verjährung erneut zu laufen, im Falle des § 251 II allerdings erst nach Ablauf der dreimonatigen Sperrfrist.[9] Kommt daher ein Rechtsstreit auf solche Weise zum Stillstand, ist es zur Vermeidung späterer Regresse dringend geboten, den neu beginnenden Lauf der Verjährungsfrist im Fristenkalender zu notieren.

---

[9] *Baumbach-Lauterbach,* § 211 Anm. 2, und *BGH,* NJW 1968, 693.

4. Klagebegründungsfrist

Da die Klage nach § 253 II Nr. 2 bereits in der Klageschrift begründet werden muß,[10] gibt es insoweit auch keine besondere Klagebegründungsfrist. Wenn dem Kläger keine Frist nach § 276 III zur Stellungnahme auf die Klageerwiderung gesetzt ist, richtet sich die Zurückweisung verspäteten Vorbringens ausschließlich nach §§ 296 II, 282, also danach, ob der Kläger mit dem verspäteten Vorbringen seine allgemeine oder besondere Prozeßförderungspflicht verletzt hat. Versäumt der Kläger dagegen die Frist zur Stellungnahme auf die Klageerwiderung, findet § 296 I Anwendung.

Nur beim Übergang vom Mahnverfahren zum streitigen Verfahren nach Einlegung des Widerspruchs ist dem Kläger gemäß § 697 I eine Frist von 2 Wochen zur Klagebegründung zu setzen. Bei Versäumung dieser Frist unterliegt verspätetes Vorbringen allerdings auch nicht den zwingenden Sanktionen des § 296 I; es kann ebenfalls nur nach §§ 296 II, 282 zurückgewiesen werden.[11] Entsprechendes gilt nach Einspruch gegen ein gegen den Kläger ergangenes Versäumnisurteil (vgl. unten IV).

II. Die Fristen für den Beklagten

1. Übertragung auf den Einzelrichter

Der Beklagte hat sich, einerlei, ob schriftliches Vorverfahren oder früher erster Termin anberaumt wird, gemäß § 271 III binnen einer vom Vorsitzenden zu bestimmenden Frist von mindestens 2 Wochen durch den zu bestellenden Rechtsanwalt zu äußern, ob einer Übertragung der Sache auf den Einzelrichter Gründe entgegen stehen. Die Frist dient der Gewährung rechtlichen Gehörs. Ihre Versäumung hat keine unmittelbaren Rechtsnachteile zur Folge; sie kann nur insofern nachteilig sein, als die Übertragung oder Nichtübertragung auf den Einzelrichter gemäß § 348 II 2 unanfechtbar ist.

Im übrigen ist bei der Klageerwiderung streng zu unterscheiden, welche Verfahrensart das Gericht einschlägt, schriftliches Vorverfahren oder Anberaumung eines frühen ersten Termins.

---

[10] Im Gegensatz hierzu enthält z. B. § 82 II 1 VwGO nur eine Sollvorschrift für die Begründung der Klage in der Klageschrift.

[11] Vgl. *BGH*, NJW 1982, 1533; *Hermisson*, NJW 1983, 2230, und *Baumbach-Lauterbach*, § 697 Anm. 2 A.

2. Die Fristen im schriftlichen Vorverfahren

Bestimmt der Vorsitzende keinen frühen ersten Termin, ist damit das schriftliche Vorverfahren eingeleitet. Dem Beklagten sind mit der Zustellung der Klage nach § 276 I zwei Fristen zu setzen:

a) Verteidigungserklärung

Der Beklagte hat sich binnen einer Notfrist von 2 Wochen zu erklären, ob er sich gegen die Klage verteidigen will – Verteidigungserklärung. Die Frist kann nicht verlängert werden. Sinn der Frist ist, das schriftliche Vorverfahren nicht unnötig hinzuziehen, wenn sich der Beklagte gar nicht verteidigen will. In diesem Falle kann nach Fristablauf auf einen schon in der Klage gestellten Antrag Versäumnisurteil im schriftlichen Verfahren gemäß § 331 III ergehen. Auf die Einhaltung dieser Frist muß deshalb der Anwalt besonders achten.

Wird die Frist zur Verteidigungserklärung versäumt, darf ein Versäumnisurteil gleichwohl nicht ergehen, wenn die Verteidigungserklärung zwar verspätet eingeht, aber noch bevor das vom Richter unterschriebene Urteil der Geschäftsstelle übergeben ist (§ 331 III 1, 1. Halbs.). Gleichgültig ist hierbei, ob die Verspätung entschuldigt ist oder nicht. Es kommt allein darauf an, daß sie vor dem unterschriebenen Versäumnisurteil auf der Geschäftsstelle eingeht.[12] Da ein Eingang bei der Posteingangsstelle den Erlaß des Versäumnisurteiles nicht hindert, ist es geboten, im Falle der Fristversäumung die Verteidigungserklärung auf der Geschäftsstelle abzugeben, um so dem Eingang des vom Richter unterschriebenen Versäumnisurteils zuvorzukommen.

Die Verteidigungserklärung unterliegt im Anwaltsprozeß dem Anwaltszwang, worüber der Beklagte gemäß § 276 II bei Fristsetzung ebenso zu belehren ist wie über die Folgen einer Fristversäumung. Ob es zur Fristwahrung genügt, wenn sich der Anwalt lediglich für den Beklagten bei Gericht meldet, z. B. mit dem Satz „zeige ich an, daß ich den Beklagten vertrete“, kann zumindest zweifelhaft sein.[13] Es empfiehlt sich des-

---

[12] So auch *Baumbach-Lauterbach,* § 331 Anm. 4 B b. Die Überschreitung der Notfrist des § 276 I 1 wird in § 331 III 1, 2. Halbs. unter den dort beschriebenen Voraussetzungen für unerheblich erklärt, so daß es nach der ausdrücklichen Bestimmung des Gesetzes einer Wiedereinsetzung in den vorigen Stand wegen Versäumung der Notfrist nicht bedarf. – Die Einführung einer gemäß § 233 I wiedereinsetzungsfähigen Notfrist durch § 276 I 1 hat auch sonst kaum praktische Bedeutung. Eine Wiedereinsetzung kommt nämlich, wie *Kramer,* ZZP 91, 72 ff. überzeugend nachgewiesen hat, lediglich für den Zeitraum zwischen der Übergabe des Versäumnisurteils an die Geschäftsstelle und der Zustellung an den Beklagten (§ 310 III) in Betracht. Ist das Versäumnisurteil durch Zustellung erlassen, kann es auch bei unverschuldeter Versäumung der Frist des § 276 nur mit dem Einspruch angefochten werden.

[13] *Bergerfurth,* JZ 1978, 299, hält dies zwar für ausreichend. Die Legitimation bei Gericht kann jedoch auch nur zu dem Zwecke der Akteneinsicht erfolgen oder mit der Absicht, sich nur teilweise gegen die Klage zu verteidigen, einen Teil dagegen anzuerkennen.

halb jedenfalls, zur Klarstellung ausdrücklich zu erklären

„Der Beklagte wird sich gegen die Klage verteidigen."

b) Klageerwiderungsfrist

Mit der Frist zur Verteidigungserklärung ist dem Beklagten gleichzeitig eine Frist von mindestens 2 *weiteren* Wochen zur schriftlichen Klageerwiderung zu setzen. Sie ist eine der wichtigsten prozessualen Fristen überhaupt. Verstreicht diese ungenutzt, sind später vorgebrachte Angriffs- und Verteidigungsmittel nur noch zuzulassen, wenn nach der freien Überzeugung des Gerichts ihre Zulassung die Erledigung des Rechtsstreits nicht verzögern würde oder wenn die Verspätung genügend entschuldigt wird (§ 296 I). Die Klageerwiderungsfrist muß daher eingehalten werden, will man der Gefahr entgehen, daß nach Fristablauf Vorgetragenes zurückgewiesen wird. Damit ist die früher vielfach übliche Methode, die Klageerwiderung erst in der ersten mündlichen Verhandlung zu überreichen, abgeschafft. Wer so vorgeht, riskiert, den Prozeß allein aus diesem Grunde zu verlieren.[14]

3. Die Fristen im Verfahren mit frühem ersten Termin

Findet kein schriftliches Vorverfahren statt, ist gemäß § 272 II ein früher erster Termin anzuberaumen. Eine gesonderte Frist zur Verteidigungserklärung wird nicht gesetzt; § 276 I 1 gilt nur für das schriftliche Vorverfahren. Die Verteidigungserklärung ist entbehrlich im Hinblick darauf, daß bereits im frühen ersten Termin Versäumnisurteil ergehen kann.

a) Klageerwiderungsfrist

Abweichend vom schriftlichen Vorverfahren ist bei Anberaumung eines frühen ersten Termins eine Klageerwiderungsfrist nicht zwingend vorgeschrieben; sie kann, muß aber nicht gesetzt werden (§ 275 I 1). Gleichwohl ist es fast einhellige Praxis aller Gerichte, bei Anberaumung eines frühen ersten Termins eine Klageerwiderungsfrist zu setzen. Geschieht dies, dann sind die Rechtsfolgen dieselben wie beim schriftlichen Vorverfahren. Allerdings ist noch nicht abschließend geklärt, ob und inwieweit bereits ein verspätetes Vorbringen vor dem frühen ersten Termin überhaupt zu einer Verzögerung des Rechtsstreits führen kann und ob

---

[14] Die in § 296 I genannten Zulassungsvoraussetzungen werden meistens nicht erfüllt sein. Die Zulassung fristwidrigen Vorbringens verzögert die Erledigung des Rechtsstreits, wenn sie einen neuen Termin erforderlich macht, und eine Vertagung wird meist unvermeidbar sein, wenn infolge des fristwidrigen Vorbringens Beweise zu erheben sind. Die Nichteinhaltung der Klageerwiderungsfrist ist nur entschuldigt, wenn weder der Partei noch ihrem Anwalt ein Vorwurf zu machen ist.

demgemäß schon aufgrund der mündlichen Verhandlung im frühen ersten Termin verspätetes Vorbringen zurückgewiesen werden darf. Die Unsicherheiten in der Rechtsprechung gehen zurück auf das immer noch nicht eindeutig geklärte Funktionsverhältnis zwischen dem frühen ersten Termin und dem Haupttermin:

Nach der Konzeption der Beschleunigungsnovelle soll der Haupttermin den Kernpunkt des Verfahrens bilden (§ 278) und entweder durch ein schriftliches Vorverfahren oder durch einen – wie schon der Name sagt – frühen *ersten* Termin vorbereitet werden. Stellt man wie z.B. das *OLG München* und der *13. Senat* des *OLG Karlsruhe*[15] allein hierauf ab, dann kann eine Verzögerung nicht vom frühen ersten Termin her begründet werden, sondern allein damit, daß ein verspätetes Vorbringen vor dem frühen ersten Termin entweder zugleich auch den Haupttermin verzögern oder einen weiteren Zwischentermin erforderlich machen würde. Demgegenüber wird aus der amtlichen Begründung[16] gefolgert,[17] daß auch der frühe erste Termin bereits vollwertiger Termin zur mündlichen Verhandlung und damit Termin zur Schlußverhandlung sein könne, also nicht allein das weitere Verfahren vorbereiten solle, wenn und soweit bereits in hierzu geeigneten einfach gelagerten Fällen abschließend entschieden werden kann. Dementsprechend könne und müsse das Gericht auch schon entsprechende Vorbereitungsmaßnahmen nach § 273 II zum frühen ersten Termin treffen. Hiernach soll es im Ermessen des Gerichts liegen, ob es den frühen ersten Termin unter Wegfall des Haupttermins zu einem Schlußtermin umfunktioniert. Dementsprechend nimmt das *OLG Hamm*[18] an, ein verspätetes Vorbringen könne wegen Verzögerung zurückgewiesen werden, wenn die Sache ohne umfangreiche Sachaufklärung und Beweisaufnahme zur sofortigen Entscheidung reif sei bzw. wenn – so das *OLG Stuttgart*[19] – der frühe erste Termin bereits so umfassend vorbereitet worden sei, daß er für die Parteien erkennbar auch die Funktion eines Haupttermins erfülle.

Demgegenüber stellt der *BGH*[20] im Anschluß an den *8. Senat* des *OLG Karlsruhe*[21] darauf ab, daß der frühe erste Termin grundsätzlich *vollwertiger* Termin zur mündlichen Verhandlung sei, wie sich schon aus der ausdrücklichen Bezugnahme des § 276 I auf § 275 I 1 ergebe. Die Verpflichtung zum rechtzeitigen Vorbringen bestehe unabhängig davon,

---

15 NJW 1983, 402 und NJW 1980, 296; vgl. auch *KG,* NJW 1980, 2362 m. Anm. *Deubner;* NJW 1981, 2255 und *OLG Frankfurt,* HessJMBl 1980, 778.

16 BT-Dr 7/2729, S. 68 und 142 und Bericht mit Antrag des Rechtsausschusses des Bundestages, BT-Dr 7/5250, S. 4.

17 So insb. *BGH,* NJW 1983, 557 m. w. Nachw.

18 NJW 1983, 401.

19 Als Berufungsgericht in dem von *BGH,* NJW 1983, 575 entschiedenen Fall.

20 NJW 1983, 575.

21 NJW 1983, 403.

ob das Gericht durch die Art und Weise der Fristsetzung oder sonstige Maßnahmen zu erkennen gegeben habe, daß es eventuell schon im frühen ersten Termin zum Urteilsspruch kommen wolle und unabhängig davon, ob die Parteien diese Absicht des Gerichts zu erkennen vermögen. Nur wenn umgekehrt klar ersichtlich sei, daß das Gericht den frühen ersten Termin als sogenannten Durchlauftermin behandeln wolle, könne eine Verspätung unerheblich sein.

Diese Entscheidung des *BGH* gibt den Parteien, insbesondere aber den beteiligten Anwälten, Steine statt Brot und nur Anlaß zu neuen Unsicherheiten darüber, wann für sie eindeutig erkennbar nur ein sogenannter Durchlauftermin in Betracht kommt.[22]

Die im Zuge der Terminsvorbereitung u.U. wechselnden Absichten des Gerichts zu erforschen, ist für die Anwälte und Parteien schlechterdings unmöglich. Die Auffassung des *BGH* führt letztlich zu einer Art „Umkehr der Beweislast" über die Funktion des frühen ersten Termins zugunsten des Gerichts und zulasten des Beklagten. Sie fördert nur die ohnehin schon bedenkliche Tendenz fast aller Instanzgerichte, nur noch in ganz seltenen Fällen überhaupt einen umfassend vorbereiteten Haupttermin entsprechend der unrsprünglichen Konzeption des Gesetzgebers nach Art des „Stuttgarter Modells" durchzuführen. Steht es im freien, nicht vorausschaubaren Ermessen des Gerichts, ob es – etwa erst aufgrund der Beurteilung nach dem frühen ersten Termin – diesen unter Wegfall des Haupttermins nachträglich zu einem Schlußtermin umfunktioniert, verliert der frühe erste Termin seine ihm zugedachte Funktion und wird noch mehr als bisher zum Vehikel einer „Überbeschleunigung"[23] des Verfahrens. Damit wird aber auch zugleich die vom *BVerfG* und vom *BGH* für erforderlich gehaltene Belehrungspflicht über die Fristenfolgen erneut dahin problematisiert, ob und wann das Gericht die Parteien darauf hinweisen muß, daß es beabsichtige, den frühen ersten Termin als Haupttermin durchzuführen.

Wie dem auch sei, die Parteien (soweit sie diese differenzierte Rechtsprechung überhaupt einzusehen vermögen) und vor allem die Anwälte müssen sich auf diese Rechtsprechung einstellen, andernfalls drohen ihnen erhebliche prozessuale Nachteile bzw. dem Anwalt ein Regreß.

b) Unterbliebene Fristsetzung

Sieht der Vorsitzende von einer Fristsetzung ab, ist der Beklagte lediglich aufzufordern, seine Verteidigungsmittel *unverzüglich* in einem Schriftsatz mitzuteilen. In diesem Falle kann[24] Vorbringen gemäß § 296 II i.V. mit § 282 I, II wegen Verstoßes gegen die dort normierte all-

---

[22] Überzeugend hierzu *Hermisson*, NJW 1983, 2229 Ziff. IV.
[23] Vgl. hierzu *Deubner*, NJW 1983, 1027.
[24] Die Zurückweisung gemäß § 296 II steht also im Ermessen des Gerichts.

gemeine Prozeßförderungspflicht als verspätet zurückgewiesen werden. Eine Belehrungspflicht über die Folgen einer etwaigen Säumnis besteht nicht, da § 276 II und § 277 II nicht anwendbar sind.[25]

Unverzüglich bedeutet ohne schuldhaftes Verzögern. Was hiernach als unverzüglich anzusehen ist, richtet sich im einzelnen nach den Zeiträumen zwischen Klagezustellung und Termin und der Verpflichtung, Angriffs- und Verteidigungsmittel vor der mündlichen Verhandlung so rechtzeitig vorzutragen, daß der Gegner etwa noch erforderliche Erkundigungen einziehen kann (§ 282 II). Wann das Vorbringen in diesem Sinne noch rechtzeitig mitgeteilt ist, regelt die ZPO nicht bei den Vorschriften über die Vorbereitung der Termine, sondern unter den Vorschriften für Inhalt und äußere Form der Schriftsätze. § 132 bestimmt, daß ein vorbereitender Schriftsatz, der neue Tatsachen oder ein anderes neues Vorbringen enthält, so rechtzeitig einzureichen ist, daß er mindestens 1 Woche vor der mündlichen Verhandlung zugestellt werden kann und daß derjenige vorbereitende Schriftsatz, der eine Gegenerklärung enthält, so rechtzeitig eingereicht werden muß, daß er mindestens 3 Tage vor der mündlichen Verhandlung zugestellt werden kann.

Eine Zurückweisung nach § 276 i. V. mit § 282 II wegen Verletzung der allgemeinen Prozeßförderungspflicht ist an strengere Voraussetzungen geknüpft als die Nichtzulassung gemäß § 296 I wegen Verletzung der besonderen Prozeßförderungspflicht durch Nichteinhaltung von Schriftsatzfristen. Zurückgewiesen werden kann ein Vorbringen nur wenn die Erledigung des Rechtsstreits verzögert *und* die Verspätung auf grober Nachlässigkeit der Partei oder des Anwalts (§ 85 II) beruht.

Da der frühe erste Termin in erster Linie der Erörterung des erheblichen Tatsachenstoffes dient, dieser aber gemäß § 282 I nach Maßgabe des Mündlichkeitsgrundsatzes in der mündlichen Verhandlung vorzubringen ist und dem Beklagten, der sich nicht geäußert hat, gemäß § 275 III eine Frist zur Klageerwiderung zu setzen ist bzw. dem Gegner ein Schriftsatznachlaß gemäß § 283 zu gewähren ist, wenn er sich zu einem nicht rechtzeitig vor dem Termin mitgeteilten Vorbringen nicht erklären kann, käme grundsätzlich eine Zurückweisung verspäteten Vorbringens gemäß § 276 II im frühen ersten Termin nicht in Betracht. Dies gilt insbesondere für Beweisanträge, denn der Gesetzgeber geht davon aus, daß während des frühen ersten Termins nicht bereits eine Beweisaufnahme stattfindet, dieser vielmehr der Vorbereitung einer etwa notwendigen Beweiserhebung im Haupttermin dient.[26] All dies gilt aber nur, wenn den Parteien vor dem frühen ersten Termin *keine* Schriftsatzfristen gemäß §§ 275 I, 277 IV gesetzt wurden!

Ist dem Beklagten keine Klageerwiderungsfrist gesetzt und hat er bis

---

[25] *Baumbach-Lauterbach*, § 275 Anm. 1 B.
[26] Vgl. hierzu Fußn. 15.

zum Termin noch nicht oder nicht ausreichend auf die Klage erwidert, so ist ihm im Termin gemäß § 275 III eine Frist zur schriftlichen Klageerwiderung von mindestens 2 Wochen zu setzen (§ 277). Diese Fristsetzung steht anders als im Falle des §§ 275 I 1 bei Anberaumung des frühen ersten Termins nicht im Ermessen des Gerichts, sie ist ebenso zwingend wie ihre Folge bei Fristversäumung.

III. Die Frist zur Stellungnahme auf die Klageerwiderung

Für die Stellungnahme auf die Klageerwiderung kann das Gericht sowohl im schriftlichen Vorverfahren (§ 276 III) als auch bei Anberaumung eines frühen ersten Termins (§ 275 IV) eine Frist setzen. Bei ihrer Versäumung ist das Vorbringen gemäß § 276 I nur zuzulassen, wenn der Rechtsstreit dadurch nicht verzögert wird oder die Verspätung genügend entschuldigt ist. Dabei ist zu beachten, daß die Frist zur Stellungnahme auf die Klageerwiderung keine Klagebegründungsfrist ist. Als fristwidrig kann daher nur Vorbringen angesehen werden, das sich auf die Klageerwiderung bezieht, wie das Bestreiten von einredebegründenden Tatsachen, der Antritt von Gegenbeweisen zu diesen Tatsachen und das Vorbringen von Tatsachen, die Gegeneinreden begründen können (sogenannte Repliken).[27] Die Ergänzung der Klagebegründung oder der Antritt von Beweisen zu klagebegründenden Tatsachen sind dagegen keine Stellungnahme zur Klageerwiderung und daher insoweit nicht fristgebunden. Insoweit gelten die §§ 282 II und 296.

IV. Die Einspruchsbegründungsfrist

1. Die Funktion der Einspruchsbegründungsfrist

In der Einspruchsbegründungsfrist[28] gegen ein Versäumnisurteil sind nach § 340 III alle Angriffs- und Verteidigungsmittel vorzutragen, soweit dies nach der Prozeßlage einer sorgfältigen und auf Förderung des Verfahrens bedachten Prozeßführung entspricht.[29] Bei Fristversäumung

---

[27] Zu diesem Begriff *Rosenberg-Schwab,* ZPR, S. 604.

[28] Ist der Einspruch ohne Begründung eingelegt worden, so kann das Vorbringen zu seiner Begründung innerhalb der Einspruchsfrist nachgeholt werden, *Baumbach-Lauterbach,* § 340 Anm. 3 A.

[29] Die Einspruchsfrist hat also eine doppelte Funktion. Sie ist Rechtsmittelfrist und Frist zum Vorbringen. Verlängern kann das Gericht nur die Frist zum Vorbringen. Der Einspruch in der Form des § 340 II muß in jedem Falle innerhalb der Frist des § 339 I eingelegt werden.

ist das Vorbringen nur unter den Voraussetzungen des § 296 I zuzulassen.[30]

Was im einzelnen in der Einspruchsfrist vorgetragen werden kann und muß, richtet sich nach dem Stand des Verfahrens zum Zeitpunkt des Erlasses des Versäumnisurteils. War der Rechtsstreit bereits vor dem versäumten Termin schriftsätzlich vorbereitet, bedarf es keiner Einspruchsbegründung, es sei denn, das bisherige Vorbringen erweist sich als ergänzungsbedürftig. Hat der Beklagte vor dem von ihm versäumten Termin noch nicht auf die Klage erwidert, so wird die Einspruchsfrist zur Klageerwiderungsfrist. Ist das Versäumnisurteil gegen den Kläger ergangen, wird die Einspruchsfrist zu einer Klagebegründungsfrist.

2. *Die Einspruchsbegründungsfrist und verspätetes Vorbringen*

Wird die Einspruchsbegründungsfrist aus § 340 III 1 von der säumigen Partei gewahrt, so stellt sich oft die Frage, ob das in ihr enthaltene Vorbringen gemäß § 296 I, II zurückgewiesen werden muß oder darf, wenn die Voraussetzungen dieser Vorschrift erfüllt sind. Mit dem *BGH*[31] ist von folgendem auszugehen:

Vorbringen, das im Zeitpunkt der Terminsäumnis verspätet war, bleibt es weiterhin, auch wenn Einspruch gegen das Versäumnisurteil eingelegt wird. Wird das vor dem Säumnistermin unterlassene oder verspätete Vorbringen in der Einspruchsbegründung gemäß § 296 I genügend entschuldigt,[32] ist das Vorbringen zuzulassen. Wird es nicht entschuldigt, werden aber die Angriffs- und Verteidigungsmittel in der Einspruchsschrift oder später noch so rechtzeitig vorgetragen, daß sie vom Gericht in der gemäß § 341 a anberaumten mündlichen Verhandlung berücksichtigt werden können, so sind sie gleichfalls zuzulassen, da ihre Zulassung die Erledigung des Rechtsstreits nicht verzögert.[33] Sind keine ausreichenden Entschuldigungsgründe gegeben, muß der Anwalt versuchen, den Sach- und Streitstoff so zu konzentrieren, daß eine Erledigung des Rechtsstreits in dem gemäß § 341 a anzuberaumenden Termin erfolgen kann; er sollte dann insbesondere auf vorbereitende Maßnahmen des Gerichts gemäß § 273 drängen.[34]

---

[30] Der Hinweis auf § 296 I als Sanktion für die Versäumung der Frist zum Vorbringen stellt klar, daß das Unterbleiben von Vorbringen nicht zur Unzulässigkeit des Einspruchs und damit seiner Verwerfung führt (so auch *BGH*, NJW 1980, 1103). Die Frist ist also keine echte Begründungsfrist wie etwa die des § 519 II 2.

[31] NJW 1980, 1102 und 1105.

[32] Die Entschuldigung muß sich auf das Unterlassen oder die Verspätung des Vorbringens beziehen. Die Versäumung des Termins bedarf keiner Entschuldigung.

[33] Eingehend zu diesen Fragen *Deubner*, JuS 1982, 174.

[34] Zu derartigen Maßnahmen ist das Gericht verpflichtet, vgl. *BGH*, NJW 1979, 1988; *BGHZ* 76, 133 = NJW 1980, 1102; *Lüke*, JuS 1981, 504 f. Bleiben die Maßnahmen erfolglos – ein gemäß § 273 II Nr. 4 geladener Zeuge erscheint etwa nicht –, tritt

V. Spezielle Erklärungsfristen

Das Gericht kann gemäß § 273 II Nr. 1 den Parteien – also dem Kläger und dem Beklagten gleichermaßen – Fristen zur Erklärung über bestimmte erklärungsbedürftige Punkte[35] setzen. Diese Fristen sind in § 296 I erwähnt. Vorbringen zu den in der fristsetzenden Verfügung bezeichneten Punkten, das nach Fristablauf erfolgt, darf also nur unter den engen Voraussetzungen des § 296 I zugelassen werden.

VI. Der Schriftsatznachlaß

Für jede Partei kommt eine Frist gemäß § 283 in Betracht, wenn sie sich im Termin auf das Vorbringen des Gegners nicht erklären kann, weil es ihr nicht rechtzeitig[36] vor dem Termin mitgeteilt worden ist. Diese Frist wird nur auf Antrag gewährt! Das wird in der Praxis ebenso oft übersehen wie die Notwendigkeit, den Antrag in das Protokoll aufnehmen zu lassen (§ 160 III Nr. 2). Wird nämlich dem Antrag zu Unrecht nicht entsprochen, bildet nur ein protokollierter Antrag die Grundlage für eine Verfahrensrüge in der II. Instanz. Der Berufungsanwalt muß immer wieder feststellen, daß die notwendige Einführung neuen Vorbringens in der II. Instanz daran scheitert, daß der Prozeßbevollmächtigte I. Instanz es verabsäumt hat, einen Schriftsatznachlaß gemäß § 283 zu beantragen.

Innerhalb der vom Gericht gesetzten Frist kann die Partei die Erklärung auf das nicht rechtzeitig mitgeteilte Vorbringen des Gegners nachholen. Eine fristgemäße nachgeholte Erklärung muß, eine verspätet eingereichte Erklärung kann das Gericht bei der Entscheidung berücksichtigen (§ 283 S. 2). Die in der Gewährung eines Schriftsatznachlasses liegende Durchbrechung des Mündlichkeitsprinzips gilt also nur für die Erklärung auf das Vorbringen des Gegners. Vorbringen, das darüber hinausgeht, bleibt gemäß § 296 a unberücksichtigt, sofern es dem Gericht nicht Anlaß gibt, gemäß § 156 die Wiedereröffnung der mündlichen Verhandlung anzuordnen.

---

wieder die Zurückweisungsreife ein und das Gericht muß oder kann gemäß § 296 I oder II zurückweisen, vgl. hierzu *LG Koblenz,* NJW 1982, 289 mit Rezension *Deubner,* JuS 1982, 174.

[35] Die Fristsetzung gemäß § 273 II Nr. 1 ist eine Maßnahme im Rahmen der Ausübung der Hinweis- und Aufklärungspflicht aus § 139 I.

[36] Wann ein Vorbringen rechtzeitig mitgeteilt ist, wird durch § 132 bestimmt, vgl. *Thomas-Putzo,* § 132 Anm. 2 b.

VII. Maßnahmen zur Verhinderung der Zurückweisung

Die Rechtsprechung zur Zurückweisung verspäteten Vorbringens, insbesondere wegen Versäumung der Klageerwiderungsfrist, ist kaum noch zu übersehen.[37] Sie zeigt, daß die durch die Beschleunigungsnovelle eingeführte Fristenregelung nach wie vor in der Praxis ganz erhebliche Schwierigkeiten bereitet. In vielen Fällen kann jedoch die Zurückweisung vermieden werden, wenn der Anwalt die mit der Fristenregelung und durch die Rechtsprechung des *BGH* gegebenen prozessualen „Absicherungsrechte" rechtzeitig und vollständig ausschöpft, nämlich

- Wirksamkeitskontrolle,
- Antrag auf Fristverlängerung,
- Entschuldigung für verspätetes Vorbringen,
- Anregung auf vorbereitende Maßnahmen durch das Gericht.

Leider zeigt die Erfahrung, daß von diesen Absicherungsrechten viel zu selten und oft nur unzulänglich Gebrauch gemacht wird. Diese Rechte sind das Äquivalent für die harten, schwerwiegenden und einschneidenden Folgen der Zurückweisungsvorschriften. Wegen ihres Ausnahmecharakters sind die Zurückweisungsvorschriften einschränkend auszulegen und so zu handhaben, daß der verfassungsrechtliche Grundsatz des rechtlichen Gehörs nicht verletzt wird;[38] sie verpflichten die Gerichte, sowohl eine materiell gerechte als auch eine beschleunigte Entscheidung zu finden. Unter diesem Blickwinkel gesehen haben die Absicherungsrechte einen hohen prozessualen Rang.

1. Wirksamkeitskontrolle

Kommt der Anwalt in Fristenbedrängnis oder ist eine Frist bereits formell abgelaufen, hat er als erstes zu prüfen, ob die Frist überhaupt wirksam gesetzt ist. Der BGH stellt nämlich an die Wirksamkeit der Fristsetzung durch die Gerichte strenge Anforderungen.

a) Form der Fristsetzung

Die Fristsetzung ist dem Beklagten in einer von dem Urkundsbeamten der Geschäftstelle beglaubigten Abschrift einer vom Vorsitzenden unterschriebenen und nicht nur paraphierten Verfügung gemäß §§ 329 II 2, 209, 210, 170 I zuzustellen. Fehlt es hieran, werden die Fristen nicht in Lauf gesetzt, so daß das Vorbringen auch nicht nach § 296 I wegen Ver-

[37] Einen guten Überblick gibt *Hermisson,* NJW 1983, 2229.

[38] Vgl. *Hermisson,* NJW 1983, 2230 unter Hinweis auf *BVerfG,* NJW 1981, 271; 1982, 1453 und 1635; *BGH,* NJW 1980, 945, 1167 und 2355; 1981, 1218; 1982, 1533 und 1983, 1307.

letzung der besonderen Prozeßförderungspflicht als verspätet zurückgewiesen werden darf.[39] Eine Zurückweisung wegen Verletzung der allgemeinen Prozeßförderungspflicht nach § 296 II ist dagegen möglich.

b) Eindeutige Fristsetzung

Die Fristsetzung muß klar verständlich und darf nicht irreführend sein.[40] Wird z. B. ein falsches Ladungsformular verwendet, etwa das für einen frühen ersten Termin statt demjenigen für ein schriftliches Vorverfahren, liegt eine fehlerhafte Behandlung der Sache durch das Gericht vor mit der Folge, daß ein verspätetes Vorbringen nicht zurückgewiesen werden darf.[41] Dasselbe gilt, wenn in dem Ladungsformular die für einzelne Fristen vorgesehenen Kästchen nicht oder falsch angekreuzt sind.

c) Belehrung

Der Beklagte ist über die Folgen der Versäumung der Verteidigungserklärung (§ 276 II) und der Klageerwiderungsfrist (§ 277 II) zu belehren. Zweifelhaft ist, ob bei unterbliebener Belehrung die Fristen wirksam in Lauf gesetzt werden. *Baumbach-Lauterbach*[42] bejahen dies für die Notfrist zur Verteidigungserklärung und wohl auch für die Erwiderungsfrist unter Hinweis auf *Bischof.*[43] Dem kann nicht gefolgt werden. Die Belehrung ist zwingend vorgeschrieben. Die Folgen der Fristversäumung sind für den Beklagten einschneidend. Sie können zum Rechtsverlust führen. Es ist deshalb nicht ausreichend, den Beklagten damit zu vertrösten, daß bei unterlassener Belehrung eine Verspätung gemäß § 296 I als entschuldigt angesehen werden kann bzw. daß ihm noch eine Nachfrist gemäß § 283 gesetzt werden kann. Nach § 28 VwGO beginnt eine Frist für ein Rechtsmittel oder einen Rechtsbehelf nur zu laufen, wenn eine Rechtsbehelfsbelehrung erfolgt ist. Dies entspricht einem allgemeinen Rechtsgrundsatz des Inhalts, daß eine Frist, über die zwingend zu belehren ist, nicht zu laufen beginnt, wenn die Belehrung unterbleibt.

An den Inhalt der Belehrung sind schon unter verfassungsrechtlichen Gesichtspunkten strenge Anforderungen zu stellen. Die allein formularmäßige Wiederholung des reinen Gesetzeswortlautes genügt nicht. Dem Beklagten muß durch die Belehrung sinnfällig vor Augen geführt werden, daß er sich gegen die Klage grundsätzlich nur innerhalb der gesetzten Frist verteidigen kann und daß er bei Fristversäumung mit dem Verlust des Prozesses rechnen muß.[44] Eine unzureichende Belehrung setzt daher die Frist nicht in Lauf.

---

[39] *BGH,* NJW 1980, 1167 und 1960.
[40] *BVerfG,* NJW 1982, 1453 und *BGH,* NJW 1981, 232.
[41] Vgl. hierzu *OLG Oldenburg,* NJW 1980, 295 m. Anm. *Deubner.*
[42] § 276 Anm. 2 D.
[43] NJW 1977, 1899.
[44] So eindrucksvoll *BGH,* NJW 1983, 822.

d) Gerichtsferien

Die Klageerwiderungsfrist ist keine Notfrist. Ihr Lauf wird – sofern es sich nicht um eine Feriensache handelt – durch die Gerichtsferien gehemmt. Eine während der Gerichtsferien gesetzte Frist beginnt daher erst mit dem 16. September zu laufen. Wird der Beklagte, solange er noch nicht anwaltlich vertreten wird, hierüber nicht gesondert belehrt, wird man auch eine solche für den rechtsunkundigen Laien irreführende Fristsetzung als unwirksam ansehen müssen.[45] Hat das Gericht die Frist schematisch festgesetzt, die Hemmung während der Gerichtsferien nicht berücksichtigt und demgemäß alsbald nach Ende der Gerichtsferien Termin anberaumt, muß auf Antrag des Beklagten der Termin aufgehoben werden, wenn die Frist über den Terminstag hinaus läuft oder kurz davor endet.

Wann immer Bedenken gegen eine wirksame Fristsetzung auftreten, sollte der Anwalt diesen Mangel sogleich bei einer nach Maßgabe dieser Frist „verspäteten" Einreichung des Schriftsatzes, spätestens aber in der folgenden mündlichen Verhandlung rügen. Wird eine Frist fehlerhaft gesetzt, liegt zwar ein Verfahrensmangel vor, ob es sich hierbei aber im Hinblick auf Art. 103 GG um einen unverzichtbaren Verfahrensmangel i.S. von § 295 II handelt, kann zumindest im Einzelfall zweifelhaft sein. Ein rügeloses Verhandeln würde damit zum Verlust der Verfahrensrüge führen.

2. Antrag auf Fristverlängerung

Die Klageerwiderungsfrist kann als einfach richterliche Frist gemäß § 224 II verlängert werden, wenn erhebliche Gründe glaubhaft gemacht werden. Im Hinblick auf die Folgen einer Fristversäumung wird der pflichtbewußte Anwalt einen solchen Verlängerungsantrag immer stellen, wenn vorauszusehen ist, daß die Frist nicht eingehalten werden kann. Die Bereitschaft der Gerichte, Fristen zu verlängern, ist auch meistens größer als die, die Nichteinhaltung von Fristen für ausreichend entschuldigt anzusehen.

Der Antrag auf Fristverlängerung muß so rechtzeitig gestellt werden, daß das Gericht hierüber noch vor Fristablauf entscheiden kann. Wird die beantragte Fristverlängerung gewährt, kann zwar diese Entscheidung durch das Berufungsgericht nicht überprüft werden, wohl aber können die zur Fristverlängerung vorgebrachten Gründe alsdann zur Entschuldigung des verspäteten Vorbringens wiederholt werden.

---

[45] Soweit ersichtlich, ist diese Frage bis jetzt in der Rechtsprechung noch nicht entschieden.

3. Entschuldigung verspäteten Vorbringens

Ist die Frist bereits versäumt, muß in jedem Falle, und zwar möglichst schon in der Klageerwiderung, die Verspätung im Hinblick auf § 296 I begründet entschuldigt werden. Im Gegensatz zum Verlängerungsantrag ist jedoch Glaubhaftmachung nur erforderlich, wenn das Gericht dies nachträglich verlangt, § 296 IV. Die Entschuldigung in I. Instanz ist notwendig, da in der Berufungsinstanz eine in I. Instanz unterbliebene Entschuldigung für verspätetes Vorbringen grundsätzlich nicht nachgeholt werden kann und gemäß § 528 III nur geprüft wird, ob im ersten Rechtszug die Angriffs- und Verteidigungsmittel zu Recht zurückgewiesen wurden.[46] Dies wird in der Praxis allzu oft übersehen. Was der Prozeßbevollmächtigte I. Instanz durch nicht rechtzeitig gestellten Antrag auf Fristverlängerung bzw. durch nicht rechtzeitige Entschuldigung des verspäteten Vorbringens versäumt hat, kann der Berufungsanwalt nur noch bedingt und in engen Grenzen heilen.

4. Begründung für Fristverlängerung und Entschuldigung

Die Gründe für eine Fristverlängerung bzw. für die Entschuldigung verspäteten Vorbringens sind im wesentlichen dieselben mit einem entscheidenden Unterschied: Alle dem Anwalt bereits während des Fristenlaufes bekannten Gründe zwingen dazu, zunächst Fristverlängerung zu beantragen, denn im Zweifelsfall kann eine Fristversäumung nicht mehr ausreichend entschuldigt werden, wenn die Möglichkeit bestanden hätte, rechtzeitig Fristverlängerung zu beantragen. Der Verlängerungsantrag hat also Priorität vor der Entschuldigung, die Entschuldigung ist subsidiär gegenüber dem Verlängerungsantrag. Welche Gründe für einen Verlängerungsantrag bzw. für die Entschuldigung der Fristversäumung in Betracht kommen, hängt ganz von den Umständen des Einzelfalles ab. Die Gründe können im Bereich des Gerichts, des Anwalts oder des Mandanten liegen.

a) Gründe im Bereich des Gerichts

Eine nach Sach- und Prozeßlage zu kurz bemessene Frist gibt immer einen berechtigten Grund für eine Verlängerung.[47] Nur für die Klageerwiderungsfrist, und zwar sowohl im schriftlichen Verfahren (§ 276 I) als auch bei Anberaumung eines frühen ersten Termins (§ 275 I 1, III i. V. mit § 277 III) schreibt die ZPO eine Mindestfrist von 2 Wochen vor; alle

---

[46] *BGH,* NJW 1980, 1102. § 296 I macht nicht fehlendes Verschulden, sondern die Entschuldigung, das Vorliegen und Vorbringen von Entschuldigungsgründen, zur Zulassungsvoraussetzung.

[47] *BGH,* NJW 1983, 575 (577).

übrigen Fristen kann das Gericht frei bestimmen. Es widerspricht Sinn und Zweck dieser Vorschriften, wenn die Mindestfristen ohne Rücksicht auf Umfang und Schwierigkeit der Sache bzw. bei Anberaumung eines frühen ersten Termins ohne Rücksicht auf einen fernliegenden Verhandlungstermin als Regelfristen gehandhabt werden. Das Gericht muß von vornherein bei jeder Fristbemessung nach den jeweiligen Gegebenheiten des einzelnen Verfahrens und der Terminslage differenzieren. Eine vom Sachverhalt umfangreiche oder rechtlich schwierige Klage erfordert eine längere Erwiderungsfrist als eine von der Sach- und Rechtslage einfache Klage. Einer geschäftserfahrenen Partei, einer Handelsgesellschaft mit eigener Rechtsabteilung usw. kann eine kürzere Frist gesetzt werden als einem geschäftsunerfahrenen im Berufsleben stehenden Bürger; er benötigt mitunter schon mehrere Tage, bis er einen Anwalt seines Vertrauens gefunden hat und einen ersten Besprechungstermin bekommen kann.

Bei Fristen zur Stellungnahme auf die Klageerwiderung und zur Ausführung vorbereitender Verfügungen gemäß § 273 II Nr. 1 muß der Postlaufweg von der Geschäftsstelle über die Poststelle des Gerichts zum Anwalt, von diesem zum Mandanten und zurück über den Anwalt zum Gericht einkalkuliert werden; auch gesetzliche Feiertage sind zu berücksichtigen. In der Praxis der Gerichte wird dieser Gesichtspunkt leider allzu oft nicht beachtet, sie geben Anlaß zu von vornherein vermeidbaren Verlängerungsanträgen und haben nur unnötige Mehrarbeit für alle Beteiligten zur Folge.

b) Gründe im Bereich des Anwalts

Eine akute Arbeitsüberlastung des Anwalts ist regelmäßig als ausreichender Grund anzusehen. Der gegenteiligen Ansicht von *Baumbach-Lauterbach*[48] muß scharf widersprochen werden, wenn er meint, der Anwalt müsse für jedes einzelne Mandat alles ihm überhaupt Zumutbare tun und dürfe notfalls nur soviel Aufträge annehmen, daß er jede einzelne Sache mit der vom Gesetz und Vertrag geforderten Sorgfalt bearbeiten könne. Die Gerichte haben auch nicht indirekt darüber zu befinden, wieviel Mandate der Anwalt als unabhängiges Organ der Rechtspflege annehmen darf. Ob während der laufenden Frist Arbeitsüberlastung besteht, hängt nicht allein von der Gesamtzahl aller Mandate ab, sondern vor allem davon, wieviele gesetzliche und richterliche Fristen sich zufällig innerhalb eines bestimmten Zeitraumes überschneiden. Hierauf hat der Anwalt keinen Einfluß. Wenn und solange Arbeitsüberlastung und sonstige nicht nachkontrollierbare sogenannte „innerdienstliche Gründe" die Verlegung von Verhandlungs- und Verkündungsterminen durch die Gerichte rechtfertigen, können „innerbetriebliche Gründe" des Anwaltsbüros nicht schlechthin unerheblich sein. Allerdings soll der Anwalt

---

[48] § 296 Anm. 1.

nicht pauschal Arbeitsüberlastung geltend machen, sondern jeweils unter Darlegung der laufenden Fristen und anderer termingebundener Arbeiten die Arbeitsüberlastung substantiiert vortragen.

Auch Verhinderung des Anwalts durch vorübergehende Abwesenheit wegen Urlaubs, geschäftlicher Dienstreisen oder Krankheit können einen Verlegungsantrag bzw. eine Verspätung entschuldigen. Nach § 53 I Nr. 2 BRAO hat der Anwalt erst bei einer Verhinderung von mehr als 1 Woche für seine Vertretung zu sorgen, so daß Verhinderung bis zu 1 Woche in jedem Falle vom Gericht hinzunehmen sind. Auch bei längerer Verhinderung können es die Sachlage und das besondere Mandats- und Vertrauensverhältnis erfordern, daß nur der vom Mandanten beauftragte Anwalt persönlich und nicht sein Vertreter die Sache bearbeiten.[49]

c) Gründe im Bereich des Mandanten

Soweit die Gründe im Bereich des Mandanten liegen, hat sie der Anwalt durch eingehende Befragung unter Berücksichtigung aller persönlichen und sachlichen Umstände zu ermitteln. Pauschale Angaben genügen nicht, was in der Praxis immer wieder übersehen wird. Je mehr Einzelheiten vorgetragen werden, um so größer ist die Chance, daß einem Verlängerungsantrag stattgegeben wird bzw., daß das verspätete Vorbringen als genügend entschuldigt angesehen wird. Wenn auch nach der Beschleunigungsnovelle an die Prozeßförderungspflicht und demgemäß an die Gründe für einen Verlängerungsantrag bzw. für eine Entschuldigung verspäteten Vorbringens scharfe Anforderungen zu stellen sind, so dürfen doch vom Gericht die jeweiligen Gegebenheiten und Besonderheiten im Bereich der Parteien unter Berücksichtigung ihrer persönlichen Verhältnisse nicht außer Acht gelassen werden. Verfehlt wäre es, um des Prinzip willens schematisch zu verfahren und ohne individuelle Abstufung in eine Gleichmacherei verfallen zu wollen. Es liegt deshalb in der Hand des Anwalts, durch entsprechenden Sachvortrag einer überspitzten pauschalen Zurückweisungspraxis zu begegnen und das Gericht zu zwingen, sich mit den vorgetragenen Einzelheiten auseinanderzusetzen.

Beispiele: Nicht ausreichend wäre etwa folgende Entschuldigung:

Der Beklagte war längere Zeit krank – in Urlaub – auf Geschäftsreisen – konnte die Informationen nicht erteilen und notwendige Unterlagen nicht beschaffen.

Es ist vielmehr konkret etwa folgendes vorzutragen:

Die Klage wurde am 27.4. 1984 durch Niederlegung bei der Post zugestellt, weil der Beklagte vom 23.4. bis 12.5. 1984 auf Urlaub war. Er konnte die Zustellung erst am Montag, 14.5. 1984 kurz vor 18.00 Uhr beim Postamt abholen, da sein Dienst um 8.00 Uhr beginnt und seine Ehefrau ebenfalls berufstätig ist. Da er am 15. und 16.5. 1984 eine Dienstreise unternehmen mußte, konnte er nach telefonischer Vereinbarung erst am 17.5. 1984 seinen Prozeßbevollmächtigten aufsuchen. Beim ersten Informationsgespräch stellte sich heraus, daß zur Verteidigung gegen die Klage, die einen zum Teil Jahre zurückliegenden Sachverhalt betrifft, Unterlagen benötigt werden, die der Beklagte noch in seinem Elternhaus in Butzbach aufbewahrt. Er ist erst vor einigen Monaten nach Frankfurt gezogen. Diese Unterlagen konnte der Beklagte erst über das

---

[49] Vgl. hierzu die Ausführungen oben zu § 3 II 2 d.

Wochenende am 19./20.5. 1984 beschaffen. Da der unterzeichnete Anwalt am 21.5. 1984 einen ganztägigen auswärtigen Termin hatte, konnte die nächste Besprechung erst am 22.5. 1984 stattfinden.

5. Antrag auf vorbereitende Maßnahmen

Auch bei nicht ausreichend entschuldigtem verspäteten Vorbringen ist das Gericht nach ständiger Rechtsprechung des *BGH* verpflichtet, durch zumutbare Vorbereitungsmaßnahmen gemäß § 273 die Verspätung so weit wie möglich auszugleichen.[50] Die vom *BGH* hierzu aufgestellten Richtlinien sind eindeutig: Zumutbar sind Eilanordnungen auf Vernehmung von 2–3 Zeugen zu einem inhaltlich begrenzten Beweisthema.[51] Gleichwohl werden diese Richtlinien häufig von den Instanzgerichten nicht beachtet. Deshalb tut jeder Anwalt bei Einreichung eines verspäteten Schriftsatzes gut daran, wenn er gleichzeitig in diesem Schriftsatz unter ausdrücklicher Bezugnahme auf diese Rechtsprechung die nach Sachlage in Betracht kommenden konkreten Eilmaßnahmen gemäß § 273 beantragt. Dies zwingt das Gericht, wenn es dem Antrag nicht folgt, spätestens in den Urteilsgründen darzutun, warum Eilmaßnahmen nicht mehr möglich gewesen seien; unterbleibt eine Begründung hierzu, kann der Berufungsanwalt hierauf seine Berufungsbegründung stützen.

6. Fluchtmaßnahmen

Wenn alle vorbeschriebenen Absicherungsrechte versagen, bleibt als letzter Ausweg die Flucht in die Versäumnis, die Flucht in die Berufung oder gegebenenfalls die Flucht in die Widerklage.[52]

VIII. Fristenkontrolle

Für alle prozessualen Fristen ist dringend eine doppelte Kontrolle zu empfehlen.

1. Rechtsprechungskontrolle

Die Vorschriften über die Schriftsatzfristen und über die Zurückweisung verspäteten Vorbringens unterliegen einer sich ständig verfeinernden, teils sich ändernden, teils widersprechenden Auslegung durch die Rechtsprechung. Die jeweils neueste weitgehend unübersichtlich gewordene Rechtsprechung findet im allgemeinen erst mit einer zeitlichen Ver-

[50] *BGH,* NJW 1979, 1988; 1980, 945 und 1105 und 1983, 575.
[51] *BGH,* NJW 1980, 1102, 1105 und 1847.
[52] Einzelheiten hierzu bei *Hermisson,* NJW 1983, 2233f.

zögerung von ½ bis 1 Jahr oder mehr und dann auch nur unvollkommen ihren Niederschlag in den gängigen Handkommentaren. Zur Vermeidung von Rechtsnachteilen ist es daher erforderlich, die Rechtsprechung zu diesem Fragenkreis ständig zu verfolgen und die einschlägigen Entscheidungen sofort zur Hand zu haben. So wichtige Entscheidungen des *BGH* wie diejenigen über die Beglaubigung der Termins- und Fristenverfügung und über den Umfang der Belehrungspflicht des Gerichts können so manche in einem laufenden Verfahren versäumte Frist retten wie umgekehrt z. B. die Entscheidung über den frühen ersten Termin Anlaß gibt, sich sofort in allen laufenden Verfahren hierauf einzustellen.

2. *Fristeneintragung*

Neben der Rechtsprechungskontrolle ist die eigentliche Fristenkontrolle erforderlich. Jede Schriftsatzfrist sollte im Fristenkalender notiert werden; durch büroorganisatorische Maßnahmen ist Vorsorge zu treffen, daß sie durch rechtzeitige Aktenvorlage eingehalten werden kann (Notierung von Vorfristen). Für alle Fristen gilt, daß bei ihrer Versäumung durch den Anwalt dies der Partei zugerechnet wird (§ 85 II).

§ 5. Die Klageschrift

I. Taktische Überlegungen

Im Zusammenhang mit der jeder Klageerhebung vorausgehenden tatsächlichen und rechtlichen Überprüfung des Streitstoffes müssen auch prozeßtaktische Erwägungen angestellt werden über

(1) Art und Umfang des geltendzumachenden Anspruchs,
(2) die einzubeziehenden Parteien,
(3) den Gerichtsstand und
(4) eine etwa in Betracht kommende besondere Verfahrensart.

1. Art und Umfang des Anspruchs

a) Mehrere Anspruchsgrundlagen

Kommen mehrere Anspruchsgrundlagen in Betracht, ist es weder immer richtig, noch immer möglich, sie in einem Verfahren geltend zu machen.

Beispiel: Ein Pkw-Vermieter in Frankfurt begehrt von einem privaten Mieter mit Wohnsitz in Stuttgart Schadenersatz wegen Beschädigung des Pkw's bei einem vom Mieter in Frankfurt am Main verschuldeten Verkehrsunfall. Die Klage kann auf Mietvertrag oder unerlaubte Handlung gestützt werden. Da im Mietvertrag eine Gerichtsstandsvereinbarung gem. § 38 I nicht getroffen werden kann, kommt für beide Ansprüche das *LG Stuttgart* als allgemeiner Gerichtsstand des Wohnsitzes des Beklagten in Betracht (§ 13), das *LG Frankfurt* als Gerichtsstand der unerlaubten Handlung (§ 32). Das Interesse des Klägers und seines Anwalts, in Frankfurt am Main Klage zu erheben, liegt auf der Hand, jedoch ist zu beachten, daß dort die Klage nur auf unerlaubte Handlung gestützt werden kann und der Kläger im vollen Umfange die Beweislast trägt. Bei einer Klage aus Mietvertrag muß dagegen der Mieter beweisen, daß er die Beschädigung des Pkw's nicht zu vertreten hat.[1] Ist die Beweislage offen, wird sich der Anwalt für das *LG Stuttgart* entscheiden.

b) Mehrere alternative Ansprüche

Kommen mehrere selbständige Ansprüche alternativ in Betracht, ist zu prüfen, welcher von ihnen den Mandanten besser stellt.

Beispiel: Im Falle des Verzugs bei einem gegenseitigen Vertrag hat der Gläubiger vier Wahlmöglichkeiten, nämlich die Einrede des nicht erfüllten Vertrages, Erfüllungsverlangen und Verzugsschaden, Erfüllungsablehnung und Schadenersatz wegen Nichterfüllung oder Rücktritt vom Vertrag mit Rückgewähransprüchen.[2]

---

[1] Vgl. *Emmerich,* in: MünchKomm, Vorb. § 275 Rdnr. 303.

[2] Hier ist zu bedenken, daß die Entscheidung für den Schadensersatzanspruch zur Umwandlung des Synallagma in eine einseitige Schadensersatzbeziehung führt und da-

c) Mehrere kumulative Ansprüche

Kommen mehrere selbständige Ansprüche kumulativ in Betracht und werden sie gemeinsam eingeklagt, kann das Gericht gem. § 145 anordnen, daß die einzelnen Ansprüche in getrennten Prozessen verhandelt werden.[3] Diese Entscheidung ist nicht selbständig, sondern nur zusammen mit dem Endurteil anfechtbar, sofern nach der Trennung noch ein Rechtsmittel gegeben ist.

d) Teilklage

Bei hohen Streitwerten oder zweifelhafter Beweis- bzw. Rechtslage ist unter dem Gesichtspunkt des Kostenrisikos zu prüfen, ob eine Teilklage erhoben werden soll. Eine Teilklage ist nur sinnvoll, wenn zu erwarten ist, daß auch bezüglich des nicht eingeklagten Betrages eine Klärung der Sach- und Rechtslage erfolgen wird, obwohl das Urteil keine präjudizielle Rechtskraftwirkung entfaltet. Es muß also der eingeklagte Teilbetrag Teil eines einheitlichen Anspruches, Teil eines von mehreren Schadensposten oder wiederum aus Teilbeträgen mehrerer selbständiger Ansprüche zusammengesetzt sein.[4] Entschließt sich der Anwalt, zunächst nur einen Teilbetrag einzuklagen, sollte er versuchen, mit dem Gegner eine Vereinbarung zu treffen, die die Erhebung einer negativen Feststellungswiderklage wegen des nicht eingeklagten Restbetrags ausschließt. Ferner ist auf die Verjährung des nicht eingeklagten Restbetrages zu achten.[5] Zu diesem Zweck ist in jedem Fall die Verjährungsfrist mit einer entsprechenden Vorfrist im Fristenkalender einzutragen.

Eine Teilklage mit nur geringfügiger Überschreitung der Revisionssumme bietet nicht immer die Gewähr für eine zulässige Revision. Erläßt nämlich das *OLG* ein Teilurteil oder gibt es der Klage nur teilweise statt, ist die Revisionssumme für keine Seite erreicht und die Revision nur noch zulässig, wenn sie das *OLG* wegen grundsätzlicher Bedeutung zuläßt. Soll die Möglichkeit der Revision offengehalten werden, ist eine

---

mit auch zur Rückforderung der bereits erbrachten eigenen Leistung berechtigt. Durch Erklärung des Rücktritts begibt sich der Gläubiger daher unnötig der Möglichkeit, über die Rückforderung der eigenen Leistung hinaus Schadensersatz zu fordern.

[3] Werden die Ansprüche in verschiedenen Prozessen geltend gemacht, so kann das Gericht sie gem. § 147 verbinden.

[4] In diesem Fall muß in der Begründung dargelegt werden, welche Teilbeträge der verschiedenen Ansprüche mit dem Antrag geltend gemacht werden (vgl. *Baumbach-Lauterbach*, § 253 Anm. 5 B). Geschieht das nicht, ist der Antrag unzulässig, weil ihm die erforderliche Bestimmtheit fehlt.

[5] Gegebenenfalls ist der Gegner zu veranlassen, auf die Einrede der Verjährung zu verzichten. Dabei genügt nicht ein Verzicht bis zur Rechtskraft des anhängigen Verfahrens. Es muß eine darüberhinausgehende Frist vereinbart werden, weil die Rechtskraft in der letzten Instanz mit der Verkündung des Urteils eintritt. – Bei derartigen Abreden ist § 225 BGB zu beachten, der Ausnahmen nur für verschiedene kurze Verjährungsfristen vorsieht. Hierzu lesen: *v. Feldmann*, in: MünchKomm, § 225 Rdnr. 2, 3, u. 5.

Beschränkung auf dem Revisionswert nur sinnvoll, sofern über den eingeklagten Betrag nur einheitlich entschieden werden kann, ein Teilurteil oder eine Teilabweisung mithin aus tatsächlichen oder rechtlichen Gründen ausscheidet.

2. *Die einzubeziehenden Parteien*

Die Parteienhäufung auf Kläger- oder Beklagtenseite ist gem. § 59 unbeschadet der Zuständigkeitsfrage zulässig, wenn mehrere Personen hinsichtlich des Streitgegenstandes in Rechtsgemeinschaft stehen oder wenn sie aus demselben tatsächlichen und rechtlichen Grund berechtigt oder verpflichtet sind (z. B. Gesamthandsgemeinschaft). Parteienhäufung ist auch dann zulässig, wenn gleichartige oder auf im wesentlichen gleichartigen tatsächlichen und rechtlichen Gründen beruhende Ansprüche bzw. Verpflichtungen Gegenstand des Rechtsstreits bilden (§ 60), z. B. Klage auf Leistung gegen A und auf Duldung der Zwangsvollstrekkung gegen B.

a) Gesamt- oder Mitgläubigerschaft

Besteht Gesamt- oder Mitgläubigerschaft gem. §§ 428, 432 BGB, braucht nur einer der Gläubiger zu klagen, im Falle der Mitgläubigerschaft jedoch mit der Maßgabe, daß die Leistung an alle zu erfolgen hat. Die Beschränkung auf einen Kläger kann empfehlenswert sein, wenn die Gläubiger in Beweisnot sind, weil dann der nicht klagende Gläubiger als Zeuge in Betracht kommt. Wenn auch der Beweiswert eines materiell an der Klageforderung beteiligten Zeugen gering ist, kann es je nach Beweislage und je nach Glaubwürdigkeit dieses Zeugen auf dessen Aussage für den Ausgang des Rechtsstreits entscheidend ankommen. Als Kläger könnte er nur als Partei vernommen werden, wenn der Gegner damit einverstanden ist (§ 447)[6] oder bei Vorliegen eines Anfangsbeweises gem. § 448 von Amts wegen. Die Vernehmung als Zeuge ist dagegen zwingend geboten, wenn das Beweisthema erheblich ist. – Dieselben Erwägungen können es geboten erscheinen lassen, die einzuklagende Forderung abzutreten und den Zessionar als Kläger, den Zedenten als Zeugen auftreten zu lassen.

b) Einbeziehung von Zeugen

Umgekehrt kann zu prüfen sein, ob auch ein eventuell von der Gegenseite zu benennender Zeuge mitverklagt werden kann, um ihn als Zeugen auszuschalten. Diese Verfahrensweise ist prozessual zulässig und auch standesrechtlich nicht zu beanstanden, sofern überhaupt eine vertretbare Anspruchsgrundlage gegen den „Dritten" in Betracht kommt.

---

[6] Ein solches Einverständnis des Gegners kommt in der Praxis allerdings kaum vor.

Nur muß damit gerechnet werden, daß das Gericht die Klage gegen den einbezogenen Zeugen durch Teilurteil abweist. Wird dieses rechtskräftig, kann er im weiteren Verfahren wieder als Zeuge gehört werden.

c) Prozeßstandschaft

Je nach Sachlage kann es geboten sein, die Klage in Prozeßstandschaft zu erheben, sofern die nach der Rechtsprechung für die Prozeßstandschaft erforderlichen Voraussetzungen vorliegen oder noch geschaffen werden können, z.B. gewillkürte Prozeßstandschaft bei Sicherungsabtretung oder Sicherungsübereignung.[7]

d) Persönlich haftende Gesellschafter

Bei Klagen gegen eine oHG oder KG wird häufig vergessen, gleichzeitig den oder die persönlich haftenden Gesellschafter aufgrund ihrer sich aus § 128 HGB ergebenden Haftung mitzuverklagen. Dem Anwalt droht Regreß, wenn später die Zwangsvollstreckung gegen die Gesellschaft fruchtlos ausfällt und er dann erst gegen die Gesellschafter vorgeht.[8]

e) Musterprozeß

Wird der Anwalt von mehreren Mandanten mit der Geltendmachung gleichartiger Ansprüche aus demselben Sachverhalt beauftragt, ist zu prüfen, ob es zweckmäßig ist, zunächst einen sogenannten Musterprozeß zu führen. Da das Urteil eines Musterprozesses keine Rechtskraftwirkung zugunsten der übrigen Anspruchsberechtigten entfaltet, ist es sinnvoll, sich zuvor um eine Vereinbarung mit dem Gegner zu bemühen, daß die Entscheidung des Musterprozesses auch für die Parallelfälle präjudiziell sein soll. Eine derartige Vereinbarung ist materiellrechtlich zulässig und wirksam. Es ist jedoch bei ihrer Formulierung größte Vorsicht und Sorgfalt geboten. Abzuklären ist, ob sie sich nur auf den Grund des Anspruchs oder auch auf die Höhe beziehen soll, ob der Beklagte für den Fall des Unterliegens auf weitere im Musterprozeß nicht geltend gemachte Einreden und Einwendungen verzichtet, insbesondere solche, die möglicherweise nur in seiner Person begründet sein können. In keinem Fall darf der Verzicht auf die Einrede der Verjährung vergessen werden. Die Vereinbarung muß so abgefaßt sein, daß sie im Zusammenhang mit dem Urteil des Musterprozesses notfalls die Grundlage bildet für eine anschließende Klage im Urkundenprozeß, falls sich der Beklagte nicht an die Vereinbarung hält. Schließlich muß die Kostenfrage geregelt werden.

---

[7] Einzelheiten bei *Baumbach-Lauterbach*, Grundz. § 50 Anm. 4.
[8] In einem solchen Fall werden andere Gläubiger regelmäßig bereits das pfändbare Vermögen des oder der Gesellschafter gepfändet haben.

Beispiel: *A* bis *D* haben dem deutschen Repräsentanten *R* eines als Kommanditgesellschaft italienischen Rechts gegründeten Touristikunternehmens unterschiedlich hohe Geldbeträge gegeben und hierfür gedruckte sogenannte Anteilsscheine der Gesellschaft erhalten, die vom Repräsentanten unterschrieben sind. Die KG ist durch Tod des Komplementärs in Vermögensverfall geraten. Streitig ist, ob die KG nach italienischem Recht wirksam gegründet ist. *A* bis *D* behaupten, sie hätten Darlehen gegeben, *R* bestreitet dies und behauptet Gesellschaftsbeteiligung. *A* bis *D* nehmen *R* persönlich in Anspruch. *A* führt den Musterprozeß. Folgende Vereinbarung wäre zu treffen:

Zwischen *A* und *R* ist beim *LG Frankfurt* am Main ein Musterprozeß anhängig über Rückzahlung der an *R* gegebenen durch Anteilsscheine der X-KG verbrieften Gelder. *B* bis *D* und *R* vereinbaren für den rechtskräftigen Abschluß dieses Verfahrens folgendes:

1. Wird die Klage von *A* rechtskräftig abgewiesen, verzichten *B* bis *D* auf die Geltendmachung jeglicher Ansprüche gegen *R* wegen Hingabe der durch Anteilsscheine der X-KG verbrieften Gelder. R nimmt für diesen Fall den Verzicht an.
   B bis *D* verpflichten sich in diesem Falle, *R* die außergerichtlichen Kosten der Rechtsverteidigung durch Rechtsanwalt *Z* zu erstatten, und zwar in Höhe einer Gebühr gem. § 118 BRAGO zuzüglich Auslagenpauschale und Mehrwertsteuer aus einem Wert von 10 000 DM bei *B*, 30 000 DM bei *C* und 50 000 DM bei *D* zuzüglich einer Vergleichsgebühr aus einem Wert von 90 000 DM.
2. Wird der Klage von *A* gegen *R* rechtskräftig stattgegeben, verpflichtet sich *R*, innerhalb von zwei Wochen nach Rechtskraft folgende Zahlungen zu leisten:
   an *B* 10 000 DM
   an *C* 30 000 DM
   sowie die außergerichtlichen Kosten von *B* und *C* in Höhe von je einer Gebühr gem. § 32 BRAGO aus 10 000 DM bzw. 30 000 DM zuzüglich einer Vergleichsgebühr aus einem Wert von 40 000 DM.
3. Da die Höhe der von *D* geleisteten Zahlungen streitig ist, erkennt *R*, für den Fall, daß *A* ein obsiegendes Urteil erstreitet, den Grund des Anspruchs von *D* an.

3. Die Zuständigkeit

a) Objektive Klagehäufung

Bei objektiver Klagehäufung ist für jeden Anspruch die örtliche und sachliche Zuständigkeit gesondert zu pürfen (§ 260). Es gibt keinen Gerichtsstand des sogenannten Sachzusammenhangs außer im Falle des § 25.

b) Gemeinsamer Gerichtsstand

Sollen in einem Verfahren mehrere Beklagte mit Wohnsitz in verschiedenen Gerichtsbezirken verklagt werden, ist dies nur möglich, wenn entweder ein gemeinsamer besonderer Gerichtsstand gegeben ist oder gem. § 36 Nr. 3 das zuständige Gericht durch das im Rechtszuge zunächst höhere Gericht bestimmt wird. Für das Verfahren besteht kein Anwaltszwang.

c) Gerichtsstandsvereinbarung

Vereinbarungen über die Zuständigkeit sind nur nach Maßgabe der §§ 38–40 zulässig.

Ist streitig,[9] ob eine Gerichtsstandsvereinbarung wirksam ist, wird der Anwalt die Vor- und Nachteile einer Klage vor dem „vereinbarten" Gericht abwägen müssen, insbesondere das Kostenrisiko einer Klageabweisung bzw. einer Verweisung an das zuständige Gericht.[10] Kein echtes Kostenrisiko liegt vor, wenn mit dem Zuständigkeitsstreit zugleich inzidenter das Bestehen oder Nichtbestehen eines streitigen Rechtsverhältnisses geklärt wird, insbesondere, ob ein Vertrag mit der Gerichtsstandsvereinbarung wirksam zustande gekommen ist, und wenn der Anspruch des Klägers vom Bestehen dieses Vertrages abhängt.

Die Vereinbarung des Gerichtsstands am Wohnort des Klägers ist für diesen nicht immer günstig. Es ist zu prüfen, welche Kammer des LG und welcher Senat des OLG bei einer späteren Berufung zuständig sein würde und ob bei ihrer Spruchpraxis mit einer günstigen Entscheidung gerechnet werden kann. Je nach Lage des Einzelfalles kann die Klage bei einem auswärtigen Gericht größere Erfolgschancen haben, insbesondere, wenn es um streitige Rechtsfragen geht und eine unterschiedliche Rechtsprechung der in Betracht kommenden Gerichte bekannt ist. Unter demselben Gesichtspunkt sollte auch die Auswahl unter mehreren wahlweise gegebenen Gerichtsständen getroffen werden.

Nicht selten ist in Verträgen zwischen Kaufleuten als Gerichtsstand der Wohnsitz des Klägers vereinbart, so insbesondere in den Formularverträgen des Centralverbandes der Handelsvertreter und Handelsmakler (CDH-Muster). Kommen beiderseitige Ansprüche in Betracht, bestimmt diejenige Partei den Gerichtsstand, die zuerst Klage erhebt. In solchen Fällen kann Eile mit der Klageerhebung geboten sein.

4. Besondere Verfahrensarten

Stets ist zu prüfen, ob die Klage in einer besonderen Verfahrensart als Urkunden-, Wechsel- oder Scheckklage erhoben werden kann oder ob die Einleitung eines Mahnverfahrens angezeigt erscheint.

a) Mahnverfahren

Das Mahnverfahren ist durch die Vereinfachungsnovelle nicht vereinfacht, sondern langwieriger geworden, wenn die Parteien nicht densel-

---

[9] Streit um die Wirksamkeit entsteht vor allem dann, wenn die Vereinbarung sich aus der Geltung Allgemeiner Geschäftsbedingungen ergeben soll oder wenn der Beklagte, der nicht im Handelsregister eingetragen ist, geltend macht, er sei Minderkaufmann (§ 4 HGB). Der dem Kläger obliegende Beweis, daß der Gewerbebetrieb des Beklagten einen in kaufmännischer Weise eingerichteten Geschäftsbetrieb erfordert, ist oft schwer zu führen. – Die genannten Probleme bleiben auch dann bestehen, wenn die beklagte Partei säumig ist. Gem. § 331 I 2 gilt die aus der Säumnis abgeleitete Geständnisfiktion nicht für das Vorbringen zu den §§ 29 II, 38.

[10] Wird über die Verweisung, wie das wohl noch der überwiegenden Meinung entspricht, mündlich verhandelt, fallen auf beiden Seiten jeweils zwei Anwaltsgebühren an.

ben allgemeinen Gerichtsstand haben. Nach § 689 II 1 ist nunmehr ausschließlich das AG zuständig, bei dem der Antragsteller seinen allgemeinen Gerichtsstand hat mit der Folge, daß bei Widerspruch die Sache von Amts wegen gem. § 696 I i.V. mit §§ 692 I Nr. 1, 690 I Nr. 5 an das Gericht abzugeben ist, bei dem der Antragsgegner seinen allgemeinen Gerichtsstand hat. Dieses Empfangsgericht hat, wenn es wegen ausschließlicher Zuständigkeit eines anderen Gerichts unzuständig ist oder wenn auch ein anderes Gericht wegen mehrerer konkurrierender Gerichtsstände zuständig ist sowie bei wirksam vereinbarten Gerichtsstand eines anderen Gerichts, die Sache auf Antrag des Klägers zu verweisen,[11] wobei streitig ist, ob dies mit oder ohne mündliche Verhandlung erfolgen kann.[12] Wegen dieser umständlichen, zeitraubenden und kostspieligen Prozedur empfiehlt es sich, Mahnbescheide grundsätzlich nur zu beantragen, wenn zu erwarten ist, daß der Schuldner keinen Widerspruch erheben wird.

b) Urkunden- und Wechselprozeß

Die besondere Verfahrensart des Urkunden-, Wechsel- oder Scheckprozesses (§§ 592 ff.) ist immer zu wählen, wenn die Voraussetzungen hierfür gegeben sind. Sie bietet dem Kläger besondere Vorteile. Widerklagen sind nicht statthaft (§ 595 I). Als Beweismittel sind nur Urkunden und Parteivernehmungen zulässig. Beweisbedürftige Einwendungen des Beklagten, die nicht mit den im Urkundenprozeß zulässigen Beweismittel bewiesen werden können, sind als unstatthaft zurückzuweisen (§ 598). Im Wechsel- und Scheckprozeß gelten die abgekürzten Ladungsfristen von 24 Stunden bzw. 3 Tagen (§ 604 II).[13] Da die für Wechsel- und Scheckklagen zuständigen Kammern für Handelssachen (§ 95 I Nrn. 2 und 3 GVG) meist kurzfristig terminieren, ist die Wechsel- und Scheckklage einem Wechsel- oder Scheckmahnbescheid gem. § 703 a vorzuziehen, auch wenn mit einem Widerspruch des Schuldners nicht zu rechnen ist. Schließlich sind die Vorbehaltsurteile gem. § 708 Nr. 4 ohne Sicherheitsleistung für vorläufig vollstreckbar zu erklären.

---

[11] So die heute in Rechtsprechung und Schrifttum überwiegende Auffassung: Vgl. *BGH*, NJW 1979, 984; *BayObLG*, MDR 1979, 145; *Stein-Jonas-Schumann*, § 35 Rdnr. 3; *Zöller-Vollkommer*, § 696 Anm. IV, 3; *Thomas-Putzo*, § 696 Anm. 6 b; *Deubner*, JuS 1981, 52 f.; a. A. *Baumbach-Lauterbach*, § 696 Anm. 5 C b.

[12] S. hierzu *Baumbach-Lauterbach*, § 696 Anm. 5 B.

[13] Für die Einlassungsfrist gilt § 274 III 1. Will der Kläger eine kurzfristige Terminierung erreichen, muß er gem. § 226 I die Abkürzung der Ladungsfrist beantragen.

II. Rubrum und Anträge

1. Die Förmlichkeiten der Klage

Die Förmlichkeiten der Klage ergeben sich aus § 253. Wegen der Bezeichnung der Parteien und des Gerichts (Rubrum) wird auf die Ausführungen oben in § 3, II, 1 verwiesen.

Die weit verbreitete Eingangsfloskel

„Namens und in Vollmacht des Klägers erhebe ich Klage mit der Bitte um Anberaumung eines nahen Verhandlungstermins, in dem ich beantragen werden,"

ist überflüssig. Sie entspricht auch nicht mehr der Rechtslage, da es im Ermessen des Gerichts liegt, ob es frühen ersten Termin anberaumt oder das schriftliche Vorverfahren einleitet. Angebracht ist es allenfalls, in der Begründung darzulegen, ob und aus welchen Gründen nach Auffassung des Klägers entweder das schriftliche Vorverfahren oder die Anberaumung eines frühen ersten Termins geboten erscheint. Daß der Rechtsanwalt die Klage im Namen und in Vollmacht des Klägers erhebt, ist selbstverständlich und kommt bereits im Rubrum durch die Bezeichung als Prozeßbevollmächtigter zum Ausdruck. Es genügt, wenn sogleich nach dem Rubrum der Klageantrag angekündigt wird. Auch der Satz „Ich erhebe Klage", ist für den gewöhnlichen Zivilprozeß ohne Bedeutung, denn dies ergibt sich bereits aus der Bezeichnung des Schriftsatzes als „Klage".

Notwendig ist jedoch die Bezeichnung des besonderen Prozeßverfahrens, denn gem. §§ 593 I, 604 I und 605 a muß die Klage die Erklärung enthalten, daß im Urkunden-, Wechsel- oder Scheckprozeß geklagt wird. Diese Erklärung erfolgt entweder am Anfang mit der Bezeichnung

„Klage im Urkundenprozeß

oder nach dem Rubrum durch den Satz

„Ich erhebe Klage im Urkundenprozeß und beantrage ...".

Unterbleibt diese Erklärung, ist die Klage im gewöhnlichen Zivilprozeß erhoben und der Kläger bringt sich um die Vorteile dieser besonderen Verfahrensart. Er kann grundsätzlich nicht mehr in die besondere Prozeßart überwechseln, nur ausnahmsweise ist in entsprechender Anwendung von § 263 eine nachträgliche Überleitung in den Urkundenprozeß als sachdienlich zuzulassen.[14]

---

[14] *BGHZ* 69, 68.

2. *Die Anträge*

Die Klageschrift muß einen bestimmten Sachantrag enthalten (§ 253 II Nr. 2). Selbst bei einfachen Zahlungsklagen schleichen sich häufig Flüchtigkeitsfehler ein, die dem Kläger zum Nachteil gereichen können.

a) Gesamtgläubiger oder Gesamtschuldner

Sind die Kläger Gesamtgläubiger oder die Beklagten Gesamtschuldner, muß dies im Klageantrag zum Ausdruck kommen. Bei Gesamtgläubigerschaft kann jeder einzelne die ganze Leistung fordern (§ 428 BGB), also auch jeder Kläger allein aus dem Urteil die Zwangsvollstreckung mit der Maßgabe betreiben, daß nur an ihn zu zahlen ist. Umgekehrt kann bei Gesamtschuldnerschaft der Gläubiger nach seinem Belieben die Leistung von jedem einzelnen Schuldner ganz oder teilweise fordern (§ 421 BGB), also auch gegen jeden einzelnen Gesamtschuldner den vollen Urteilsbetrag vollstrecken.

b) Zinsen

Zinsen, auch die gesetzlichen Prozeßzinsen in Höhe von 4%[15] (§ 291 S. 1 BGB i. V. mit § 288 I 1 BGB) sind nur auf Antrag zuzusprechen (§ 308 I 2). Ein einheitlicher Zinssatz kommt nicht in Betracht, wenn der Kläger einen höheren Zinsschaden (§ 286 I BGB) durch von ihm in Anspruch genommenen Bankkredit nachweist und wenn während der Verzugszeit unterschiedliche Sollzinsen zu zahlen waren. Der Zinsantrag ist dann entsprechend dieser Zinsstaffel zu stellen.

Beispiel: ... den Beklagten zu verurteilen, an den Kläger 4000 DM zu zahlen nebst Zinsen in Höhe von 7% vom 1. 1. 1978 bis 20. 6. 1978, 6,5% vom 21. 6. 1978 bis 29. 11. 1978, 7% vom 30. 11. 1978 bis 30. 4. 1979, 7,5% vom 1. 5. 1979 bis 14. 10. 1979, 8,5% ab 15. 10. 1979.

Kann der Kläger nur in Höhe eines Teilbetrages der Klageforderung Bankkredit nachweisen, im übrigen nur die gesetzlichen Zinsen verlangen, muß auch insoweit im Antrag unterschieden werden.

Beispiel: ...den Beklagten zu verurteilen, an den Kläger 150 000 DM zu zahlen nebst Zinsen aus 50 000 DM in Höhe von 4% ab 1. 1. 1978 und aus 100 000 DM in Höhe von 7% vom 1. 1. 1978 bis 20. 6. 1978 usw.

Verzugszinsen wegen Inanspruchnahme von Bankkredit sind durch Zinsbescheinigung der Bank nachzuweisen. Sie muß genaue Angaben darüber enthalten, daß und welcher Kredit (mindestens in Höhe der Klageforderung) in Anspruch genommen wurde sowie den u. U. gestaffelten Zinssatz für den beanspruchten Zinszeitraum.

---

[15] Zu beachten ist, daß der gesetzliche Zins bei beiderseitigen Handelsgeschäften 5% beträgt (§ 352 I 1 HGB) und der Zinslauf gem. § 353 HGB mit der Fälligkeit der Forderung beginnt.

Zinsbescheinigungen, die nicht alle diese Angaben enthalten, sind nicht ausreichend.

Beispiel: Zinsbescheinigung

Wir bestätigen Herrn *Walter Bergmann*, Frankfurt am Main, daß er bei uns seit 1. 1. 1978 bis heute ununterbrochen einen Kredit von immer mindestens 4000 DM in Anspruch genommen hat und daß wir hierfür folgende Zinssätze berechnet haben:

7%	vom	1. 1. 1978	bis 20. 6. 1978
6,5%	vom	21. 6. 1978	bis 29. 11. 1978
7%	vom	30. 11. 1978	bis 30. 4. 1979
7,5%	vom	1. 5. 1979	bis 14. 10. 1979 und
8%	ab	15. 10. 1979	bis ...

Die wirtschaftliche Bedeutung der Zinsforderung wird oft unterschätzt. Zieht sich der Prozeß über mehrere Jahre hin oder kann vorerst die Vollstreckung nicht erfolgreich betrieben werden, können die Zinsen, insbesondere wenn die Verzugszinsen auch nur teilweise in die Zeit einer Hochzinspolitik fallen, 50% und mehr der Hauptsumme ausmachen. Unterläßt der Anwalt, einen gestaffelten Zinsantrag zu stellen, kann er sich schadenersatzpflichtig machen.

Hat der Beklagte vor Klageerhebung Teilzahlung geleistet, genügt es nicht, den Restbetrag einschließlich der hierauf entfallenden Zinsen einzuklagen, weil dann dem Kläger die Zinsen für die Teilzahlung bis zum jeweiligen Zahlungstag verlustig gehen. Da im Zweifel gem. § 367 BGB Zahlungen zuerst auf die Zinsen und dann erst auf die Hauptleistung anzurechnen sind, erübrigt sich eine zeitaufwendige Ausrechnung der Restschuld per Zeitpunkt der Klageerhebung, wenn folgender Antrag gestellt wird:

... den Beklagten zu verurteilen, an den Kläger 17 500 DM zu zahlen nebst Zinsen in Höhe von 7,5% vom 1. 1. 1978 bis 20. 6. 1978, 6,5% vom 21. 6. 1978 bis 29. 11. 1978, 7% vom 30. 11. 1978 bis 30. 4. 1979 und 8% ab 1. 5. 1979 abzüglich am 3. 2. 1978 gezahlter 2000 DM, am 17. 9. 1978 gezahlter 5000 DM und am 20. 12. 1978 gezahlter 500 DM.

c) *Mehrwertsteuer*

Leicht vergessen wird die Mehrwertsteuer, wenn sie nicht bereits in der Klageforderung, z. B. bei der Geltendmachung von Rechnungsbeträgen, enthalten ist. Gesondert zu berechnen ist sie z. B. beim Ausgleichsanspruch des Handelsvertreters gem. § 89b HGB, bei Provision des Handelsvertreters und Maklers, bei Lizenzgebühren, bei Schadenersatz und entgangenem Gewinn. Auf die Verzugszinsen ist nach einer Grundsatzentscheidung des EuGH keine Mehrwertsteuer zu erstatten, wohl aber ist die Mehrwertsteuer zu verzinsen.

Beispiel: ... den Beklagten zu verurteilen, an den Kläger 15 000 DM zuzüglich 14% Mehrwertsteuer nebst 8% Zinsen seit dem 1. 1. 1984 zu zahlen.

d) Kostenantrag

Kostenanträge sind überflüssig, da über die Kosten gem. § 308 II von Amts wegen auch ohne Antrag zu entscheiden ist. Dies gilt auch bezüglich der Kosten eines Nebenintervenienten (§ 101). Zu den Kosten des Rechtsstreits gehören auch die eines vorausgegangenen Beweissicherungsverfahrens, sofern Identität zwischen Parteien und dem Streitgegenstand vorliegt.[16] Nur wenn zweifelhaft sein kann, ob die Kosten eines Beweissicherungsverfahrens solche des Hauptprozesses sind, kann angeregt werden, ausdrücklich auch hierfür zu befinden:

... dem Beklagten die Kosten des Rechtsstreits einschließlich der Kosten des Beweissicherungsverfahrens beim Amtsgericht Usingen, Az. ..., aufzuerlegen.

Ebenso ist ein Antrag gem. § 96 zweckmäßig, wenn ein Verteidigungsmittel des Beklagten erfolglos geblieben und dadurch ausscheidbare Kosten entstanden sind, z. B. bei einer erfolglosen Zulässigkeitsrüge.

e) Vorläufige Vollstreckbarkeit

Zur vorläufigen Vollstreckbarkeit werden oft überflüssige Anträge gestellt und notwendige Anträge unterlassen. Grundsätzlich entscheidet das Gericht von Amts wegen über die vorläufige Vollstreckbarkeit, in den Fällen des § 708 ohne Sicherheitsleistung, bei allen anderen Urteilen gegen Sicherheitsleistung (§ 709). Der Kläger muß nur dann, und zwar vor Schluß der mündlichen Verhandlung (§ 714 I), einen Antrag gem. § 710 stellen, wenn er im Falle des § 709 die Sicherheit nur unter erheblichen Schwierigkeiten leisten kann und wenn ihm die Aussetzung der Vollstreckung einen schwer zu ersetzenden Nachteil bringen würde. Der Antrag ist besonders zu begründen und lautet wie folgt:

... das Urteil ohne Sicherheitsleistung für vorläufig vollstreckbar zu erklären.

Anträge zur *Art der Sicherheit* sind zu stellen, wenn diese nicht entsprechend § 108 I durch Hinterlegung von Geld oder Wertpapieren erbracht werden soll, sondern wie in der Regel durch Prozeßbürgschaft. Das Gericht bestimmt nach freiem Ermessen, in welcher Art die Sicherheit bzw. die Bürgschaft zu leisten ist. Dies kann zwar auch noch nach Erlaß des Urteils durch Beschluß des erkennenden Gerichts geschehen, auch wenn schon Rechtsmittel eingelegt ist. Dadurch tritt jedoch eine erhebliche Verzögerung ein, wenn das Gericht die Akten erst vom Rechtsmittelgericht anfordern muß. Eine schnelle Vollstreckung ist daher nur gewährleistet, wenn schon in der Klageschrift für den Fall des § 709 die Art der Sicherheit bezeichnet wird. Ungenügend ist die allgemeine Floskel,

---

[16] *Baumbach-Lauterbach*, Vorb. § 485 Anm. 2.

... dem Kläger nachzulassen, die Sicherheitsleistung durch selbstschuldnerische Bürgschaft einer deutschen Großbank oder einer als Zoll- und Steuerbürgin zugelassenen Bank zu erbringen.

Der Gerichtsvollzieher muß gem. § 751 II prüfen, ob die geforderte Sicherheitsleistung erbracht ist. Er ist aber überfordert, wenn er feststellen soll, ob etwa eine Bank als „Großbank" zu bezeichnen ist oder ob sie als Zoll- oder Steuerbürgin zugelassen ist. Deshalb muß die Bank namentlich bezeichnet werden,[17] also:

... dem Kläger nachzulassen, die Sicherheitsleistung durch selbstschuldnerische Bürgschaft der Bezirkssparkasse Seligenstadt zu erbringen.

f) Übertragung auf den Einzelrichter

Die Klage soll eine Erklärung darüber enthalten, ob einer Übertragung der Sache auf den Einzelrichter Gründe entgegenstehen (§ 253 III). Gem. § 348 I ist dies der Fall, wenn

- die Sache besondere Schwierigkeiten tatsächlicher oder rechtlicher Art aufweist oder
- die Rechtssache grundsätzliche Bedeutung hat.

Da die Übertragung auf den Einzelrichter bis zum Beginn der Verhandlung zur Hauptsache erfolgen kann, andererseits eine Rückverweisung an die Kammer nur noch möglich ist, wenn sich nachträglich die grundsätzliche Bedeutung der Rechtssache ergibt (Abs. 4), ist es immer geboten, rechtzeitig die zulässigen Gründe gegen eine Übertragung auf den Einzelrichter im einzelnen darzutun. Dies geschieht zweckmäßigerweise am Ende der Klageschrift unter Hinweis auf die sich aus der Begründung ergebende Besonderheit.

g) Antrag auf Versäumnis- bzw. Anerkennungsurteil

Da bei Einleitung des *schriftlichen Vorverfahrens* Versäumnisurteil gegen den Beklagten ergehen kann, wenn er die Verteidigungserklärung nicht innerhalb der Notfrist von zwei Wochen abgibt, das Versäumnisurteil aber nur auf Antrag erlassen wird, ist dieser Antrag in der Klageschrift vorsorglich zu stellen. Dasselbe gilt für den Antrag auf Erlaß eines Anerkenntnisurteils für den allerdings seltenen Fall, daß der Beklagte im schriftlichen Vorverfahren ein Anerkenntnis abgibt (§ 307 II).

Beispiel: Ich beantrage,

1. den Beklagten zu verurteilen, an den Kläger 4000 DM nebst 5% Zinsen seit dem 1. 8. 1979 zu zahlen,
2. Versäumnisurteil gegen den Beklagten für den Fall, daß er keine Verteidigungserklärung gem. § 276 I ZPO abgibt,
3. Anerkennungsurteil für den Fall, daß der Beklagte die Klageforderung anerkennt.
Der Übertragung der Sache auf den Einzelrichter stehen keine Gründe entgegen.

---

[17] OLGZ 1966, 304.

III. Besondere Sachanträge

Grundsätzlich gilt, daß der Klageantrag immer mit Blick auf den Umfang der materiellen Rechtskraft und so formuliert werden muß, daß der ihm entsprechende Urteilstenor einen zur Vollstreckung geeigneten Titel bildet.

1. Unbezifferter Klageantrag

Ein unbezifferter Klageantrag ist ausnahmsweise zulässig und genügt dem Bestimmtheitsfordernis des § 253 I Nr. 1, wenn dem Kläger die Bezifferung unmöglich oder aus besonderen Gründen nicht zuzumuten ist. Dies ist vor allem der Fall, wenn die Anspruchshöhe kraft Gesetzes durch richterliche Entscheidung unter dem Gesichtspunkt der Angemessenheit bzw. Billigkeit nach pflichtgemäßem Ermessen zu bestimmen oder zu schätzen ist, so beim Schmerzensgeld gem. § 847 BGB (billige Entschädigung in Geld), beim „angemessenen" Ausgleichsanspruch des Handelsvertreters gem. § 89b HGB, der nur zuzusprechen ist, wenn die Zahlung des Anspruchs unter Berücksichtigung aller Umstände der Billigkeit entspricht, sowie beim Schadenersatzanspruch oder Entschädigungsanspruch, wenn es dem Kläger unmöglich ist, alle für eine genaue Schadensberechnung erforderlichen Fakten vorzutragen und das Gericht deshalb im Rahmen des § 287 die Schadenshöhe schätzen darf.[18] Auch in den Fällen der §§ 315 III 2, 319 I 2 BGB kann ein unbezifferter Klageantrag gestellt werden, wenn die von einem Vertragspartner oder einem Dritten unter dem Gesichtspunkt der Billigkeit zu bestimmende Vertragsleistung unbillig festgesetzt worden ist und deshalb das Gericht die Bestimmung durch Urteil zu treffen hat.[19]

Beispiel: ... den Beklagten zu verurteilen, an den Kläger ein angemessenes Schmerzensgeld zu zahlen.

In der Klagebegründung muß entweder eine Mindestsumme genannt oder ein bestimmter Sachverhalt behauptet werden, der dem Gericht die Anwendung seines Ermessens ermöglicht und dadurch die in Frage kommende Größenordnung hinreichend eingrenzt. Der Kläger ist nicht beschwert, wenn er eine Mindestsumme angegeben hat und das Gericht diesen Mindestbetrag zuspricht.[20]

Durch einen unbezifferten Antrag wird das Kostenrisiko vermindert. Streitwert eines unbezifferten Klageantrags ist die nach dem Klagevor-

---

[18] *BGH,* LM § 253 Nrn. 46 und 54.

[19] Zur Rechtsnatur der Klage in diesen Fällen vgl. *Söllner,* in: MünchKomm, § 315 Rdnrn. 24 ff.; *Palandt-Heinrichs,* § 315 Anm. 4.

[20] *BGH,* LM § 511 Nrn. 25 u. 26; *BGHZ* 45, 91.

trag objektiv als angemessen anzusehende Summe, in der Regel also der Urteilsbetrag.[21] Hierbei bleibt im allgemeinen eine vom Kläger in der Klagebegründung genannte Mindestsumme außer Betracht.[22] Hat der Kläger einen über der Urteilssumme liegenden höheren Betrag als Mindestbetrag angegeben, bestimmt dieser den Streitwert,[23] und die Klage ist teilweise abzuweisen. Entsprechend ist dann auch die Kostenentscheidung zu treffen.

2. Leistung an einen Dritten

Hierher gehören die Fälle der sogenannten Mitgläubigerschaft, bei denen eine Forderung mehreren gemeinschaftlich derart zusteht, daß die Gläubiger nur Leistung an alle verlangen können, so in den Fällen der einfachen Forderungsgemeinschaft (Mietzinsanspruch mehrerer Eigentümer), der Gesamthandsgläubiger (z.B. Gesellschaft bürgerlichen Rechts, Erbengemeinschaft) und der Mitgläubigerschaft ohne gemeinschaftliche Berechtigung (Anspruch mehrerer, die weder Bruchteilsgemeinschaft noch Gesamthandsgemeinschaft bilden und Anspruch auf unteilbare Leistung haben).[24] Ergibt sich aus dem jeweiligen Innenverhältnis keine Beschränkung, kann jeder Gläubiger allein auf Leistung an alle klagen.

Beispiel: ... den Beklagten zu verurteilen, an die Erbengemeinschaft nach *Otto Ernst,* gestorben am 3.9. 1978, bestehend aus dem Kläger, *Heinrich Ernst,* Friedberg, Färbergasse 3, und *Wilhelmine Merker* geb. *Ernst,* Braunfelserstraße 15, Butzbach, 15000 DM nebst 5% Zinsen seit dem 20.10.78 zu zahlen.

Leistung an einen Dritten muß auch beantragt werden, wenn die eingeklagte Forderung während des Prozesses abgetreten wird. Zwar hat die Abtretung gem. § 265 auf das Prozeßführungsrecht des Klägers keinen Einfluß. Er bleibt Partei, muß aber den Klageantrag umstellen und Leistung an den Zessionar verlangen. Entsprechendes gilt, wenn während des Rechtsstreits die Klageforderung ge- oder verpfändet wird, kraft Gesetzes auf einen Dritten übergeht, z.B. durch Überleitungsverfügung nach § 90 BSHG, oder wenn der Gläubiger, der gegen den Hauptschuldner klagt, während des Rechtsstreits vom Bürgen befriedigt wird (§ 774 BGB).

---

21 *Baumbach-Lauterbach,* Anhang § 3 Stichwort: Schmerzensgeld.
22 *OLG Frankfurt,* VersR 1979. 265 u. 1977, 935.
23 *OLG Zweibrücken,* JZ 1978, 109.
24 Vgl. im einzelnen *Palandt-Heinrichs,* Vorb. § 420 Anm. 1 c aa–cc.

3. *Herausgabe und Lieferungsanspruch*

a) *Herausgabeanspruch*

Bei Klagen auf Herausgabe einer bestimmten Sache oder Sachgesamtheit (z. B. nach §§ 667, 812, 861, 985, 1007, 1390 und 2018 BGB) ist die Sache so genau wie möglich zu bezeichnen, damit der Gerichtsvollzieher bei der Vollstreckung, die gem. § 883 I durch Wegnahme und Übergabe an den Gläubiger erfolgt, die herauszugebende Sache identifizieren kann. Unzureichend ist ein Klageantrag

den Beklagten zu verurteilen, an den Kläger den blauen VW 1200, Baujahr 1974, herauszugeben.

Er muß lauten:

... den Beklagten zu verurteilen, an den Kläger den VW 1200, Baujahr 1974, Fahrgestellt Nr. 87 955 683, herauszugeben.

Bei Sachgesamtheiten sind grundsätzlich die Einzelstücke zu bezeichnen. Klagt ein Möbelhändler aufgrund Eigentumsvorbehaltes auf Rückgabe einer gelieferten Einbauküche, genügt es nicht, zu beantragen,

den Beklagten zu verurteilen, an den Kläger die für die Wohnung Schifferstraße 3, Frankfurt am Main, gelieferte Einbauküche *Poggenpohl,* Marke *Elvira,* herauszugeben,

vielmehr sind die Einzelstücke zu spezifizieren entsprechend der Rechnung, also

bestehend aus:
1 Hängeschrank, 100 × 40 cm
1 Hängeschrank, 150 × 40 cm
1 Spüle Nirosta mit Unterbau 60 × 60 cm
usw.

b) *Erfüllungsanspruch*

Macht der Kläger einen vertraglichen Erfüllungsanspruch aus Kaufvertrag auf Lieferung einer Sache geltend, besteht kein bloßer Herausgabeanspruch, sondern ein Anspruch auf Übergabe und Eigentumsverschaffung. Der Kläger muß daher in seinem Antrag beide Leistungen fordern.

Beispiel: ... dem Kläger einen VW Golf LS, Baujahr 1980, Farbe marineblau, zu übergeben und ihm das Eigentum daran zu übertragen.

Die für die Einigung notwendige Erklärung des Beklagten wird nach § 894 ersetzt, die Übergabe gilt gem. § 897 I als erfolgt mit der Wegnahme durch den Gerichtsvollzieher, zu der dieser gem. §§ 884, 883 I befugt ist. Hat der Schuldner die zu liefernde oder herauszugebende Sache nicht in Besitz, kommt eine Ersatzbeschaffung durch den Gläubiger gem. § 887 I, II nicht in Betracht (§ 887 III). Die Androhung von Zwangsmitteln (§ 888) scheidet aus, weil der Schuldner keine unvertretbare Handlung vorzunehmen hat. Es bleibt nur die Möglichkeit einer zweiten Klage auf Leistung des Interesses gem. § 893 in Verbindung mit §§ 280, 283, 286, 325, 326 BGB. § 893 selbst begründet keinen Ersatzanspruch. Ob ein solcher Anspruch besteht, richtet sich nach materiellem Recht. Zuständig ist ausschließlich das Prozeßgericht des ersten vorausgegangenen Rechtszuges (§ 802), auch wenn sich der allgemeine Gerichtsstand des Beklagten zwischenzeitlich, z. B. durch Wohnungswechsel, geändert hat.

Wegen der bei der Vollstreckung möglichen Schwierigkeiten ist stets zu prüfen, ob überhaupt der Erfüllungsanspruch klageweise geltend gemacht werden soll oder ob es nicht einfacher ist, sogleich Schadenersatz wegen Nichterfüllung zu verlangen. Nur wenn der Kläger ein besonderes Interesse an der Erfüllung durch den Schuldner hat, was im allgemeinen nur bei einem Anspruch auf Lieferung einer unvertretbaren Sache der Fall sein wird (z. B. Kauf eines bestimmten Gemäldes), empfiehlt sich der Weg der Eigentumsverschaffungsklage.

4. Ansprüche auf Vornahme von Handlungen

Wird ein Anspruch auf eine vom Beklagten vorzunehmende Handlung geltend gemacht, sollte im Hinblick auf die Vollstreckung schon bei der Antragstellung geprüft werden, ob es um eine vertretbare oder unvertretbare Handlung geht. Bei vertretbaren Handlungen erfolgt die Vollstreckung nach § 887 durch Ermächtigung des Gläubigers, die Handlung auf Kosten des Schuldners vornehmen zu lassen mit gleichzeitiger Verurteilung auf Zahlung eines Kostenvorschusses, bei unvertretbaren Handlungen nach § 888 durch Anordnung von Ordnungsgeld, ersatzweise Ordnungshaft. Es hängt auch hier von den Umständen des Einzelfalles ab, ob es sinnvoll und dem Interesse des Klägers dienlich ist, erst Klage auf Vornahme der Handlung zu erheben, oder, soweit die materiellrechtlichen Voraussetzungen gegeben sind bzw. noch geschaffen werden können, sogleich Schadenersatz wegen Nichterfüllung geltend zu machen. Der beste Prozeß und ein obsiegendes Urteil nützen nichts, wenn sich nachher in der Zwangsvollstrecktung unüberwindliche Schwierigkeiten ergeben oder die Zwangsvollstreckung zu spät kommt.

Häufig wird die nur für das Verfahren vor dem Amtsgericht geltende Vorschrift des § 510b übersehen, wonach dem Beklagten bereits im Urteil eine Frist zur Vornahme der Handlung gesetzt und er zur Zahlung einer Entschädigung verurteilt werden kann, wenn die Handlung nicht innerhalb dieser Frist vorgenommen wird. Diese Vorschrift bezieht zur Vereinfachung einen Teil des Vollstreckungsverfahrens in das Erkenntnisverfahren ein. Ob ein Anspruch auf Entschädigung, d. h. ein Anspruch auf Vergütung für den Fall der Nichterfüllung, besteht, richtet sich ebenso wie im Falle des § 893 nach materiellem Recht. Jedoch findet § 510b auf alle Fälle der Vornahme einer Handlung Anwendung, so daß abweichend von § 888 bei unvertretbaren Handlungen auch für den Fall der Nichtvornahme sogleich eine Entschädigung zugesprochen werden kann, sofern nach materiellem Recht hierauf ein Anspruch besteht.

Die Höhe der Entschädigung wird vom Gericht nach freiem Ermessen festgesetzt, so daß diese vom Kläger nicht beziffert zu werden braucht. Auch dies ist u.U. ein Vorteil gegenüber der gesonderten Geltendmachung des Schadenersatzanspruches wegen Nichterfüllung, der grundsätzlich immer beziffert werden muß.

Beispiel: ... den Beklagten zu verurteilen, im Hause des Klägers Jägerstraße 15, 6000 Frankfurt am Main, binnen einer vom Gericht festzusetzenden Frist an sämtlichen Balkonen die Dichtungsfugen mit dauerelastischem Material zu schließen und für den Fall des fruchtlosen Ablaufes dieser Frist an den Kläger eine vom Gericht festzusetzende Entschädigung zu zahlen.

5. *Auskunft und Rechnungslegung*

Bei Klagen auf Auskunft und Rechnungslegung richtet sich der Klageantrag nach dem Umfang der Auskunfts- und Rechnungslegungspflicht (§§ 259ff. BGB). Die zu erteilende Auskunft oder Rechnungslegung ist so konkret wie möglich zu bezeichnen. Auch wenn nach materiellem Recht grundsätzlich ein umfassender Auskunftsanspruch besteht, kann im konkreten Fall Auskunft nur insoweit verlangt werden, als der Berechtigte die mitzuteilenden Umstände nicht schon kennt.

Beispiel: Ist eine Bauhandwerkerforderung abgetreten und sind dem neuen Gläubiger alle Vertragsunterlagen übergeben, fehlt aber noch das für die Berechnung erforderliche Aufmaß, muß der Antrag lauten:
... den Beklagten zu verurteilen, dem Kläger Auskunft zu erteilen über den Umfang der vom Beklagten im Hause des Landwirts *Fritz Bär*, Grüner Weg 12, Anspach, erbrachten Elektroarbeiten durch Vorlage eines den DIN-Vorschriften Nr.... entsprechenden Aufmaßes.

Will der Kläger im Falle der unerlaubten Eigengeschäftsführung gem. § 687 I BGB Herausgabe des Erlangten verlangen und macht er zur Vorbereitung den Auskunftsanspruch gem. §§ 681, 666 BGB geltend, muß es heißen:

... den Beklagten zu verurteilen, dem Kläger Auskunft zu erteilen, wann, an wen und zu welchem Preis er aus dem Bestand des Lagers in Halle 2 B des Werksgeländes der ehemaligen Firma *Maschinenfabrik Sichtig GmbH*, Oskar-Miller-Straße, Frankfurt am Main, Ware verkauft und über welche Ware er anderweitig verfügt hat.

Die Klage auf Auskunft und Rechnungslegung kann als Stufenklage gem. § 254 verbunden werden mit dem Antrag auf Abgabe der eidesstattlichen Versicherung (§ 261 BGB) und auf Herausgabe bzw. Leistung nach Maßgabe der Auskunft und Rechnungslegung.[25] Unterbleibt diese Verbindung, besteht die Gefahr, daß über die Dauer des Auskunftsprozesses der Herausgabe- bzw. Leistungsanspruch verjährt. Eine Auskunftsklage unterbricht grundsätzlich nicht die Verjährung des Herausgabe- bzw. Leistungsanspruchs. Die Stufenklage unterbricht jedoch die Verjährung in vollem Umfange. Zu bedenken ist allerdings, daß sich durch die Stufenklage auch der Streitwert für die Prozeßgebühr um den (mutmaßlichen) Wert des Herausgabe- bzw. Leistungsantrags erhöht, während der Auskunftsanspruch im allgemeinen nur mit ¼ dieses Betrages bewertet wird.

Eine Sonderregelung für den Handelsvertreter enthält § 87c HGB. Nach Abs. 2 kann der Handelsvertreter bei der Provisionsabrechnung einen vollständigen Buchauszug verlangen, der nach ständiger Rechtsprechung folgende Merkmale enthalten muß:

- Name und Anschrift des Kunden
- Auftragsdatum
- Auftragsumfang
- Tag der Lieferung
- Tag der Rechnungsstellung
- Rechnungsbetrag
- Tag der Zahlung
- Zahlungsbetrag
- Angabe von Retouren
- Angabe von Storni

Anstelle der eidesstattlichen Versicherung gem. § 261 BGB kann der Handelsvertreter bei Verweigerung des Buchauszuges oder nach Erteilung eines unrichtigen bzw. unvollständigen Buchauszuges Bucheinsicht verlangen, die nach Wahl des Unternehmens dem Handelsvertreter persönlich oder einem von ihm zu benennenden Wirtschaftsprüfer oder vereidigten Buchsachverständigen zu gewähren ist (§ 87c IV HGB). Diese Ansprüche und die aus dem Buchauszug bzw. der Bucheinsicht sich ergebenden Provisionsansprüche können im Wege der Stufenklage geltend gemacht werden.

Beispiel: ... 1. den Beklagten zu verurteilen, dem Kläger einen vollständigen Buchauszug zu erteilen über alle in der Zeit vom 1.1. 1977 bis 30.9. 1979 von Kunden aus dem Vertragsgebiet Land Hessen eingegangenen direkten und indirekten Aufträgen über Damenkleider, Damenmäntel, Damenblusen und Damenhosen mit Ausnahme von Blue Jeans,

2. für den Fall, daß der Buchauszug nicht vollständig oder richtig erteilt wird, den Beklagten zu verurteilen, nach seiner Wahl dem Kläger oder einem von ihm zu bestimmenden Wirtschaftsprüfer oder vereidigten Buchsachverständigen Bucheinsicht zu gewähren für die in Ziffer 1. bezeichneten Aufträge und

3. nach Vorliegen des Buchauszuges bzw. nach Bucheinsicht den Beklagten zu verurteilen, an den Kläger die hieraus sich ergebenden Provisionen zu zahlen, und zwar 5% für Damenkleider, 4,5% für Damenmäntel, 5% für Damenblusen und 4% für Da-

---

[25] *BGHZ* 10, 386.

menhosen jeweils aus dem Nettorechnungsbetrag nebst 13% Mehrwertsteuer und jeweils 5% Zinsen ab Fälligkeit.

6. *Unterlassungs- und Duldungsklage*

Unterlassungsklagen sind besonders häufig in Verfahren wegen unlauteren Wettbewerbs. Der Antrag muß die zu unterlassende Handlung so genau bezeichnen, daß das entsprechende Verbotsurteil klar und jedermann verständlich ist.[26] Der Antrag muß dem materiellrechtlichen Unterlassungsanspruch entsprechen. Geht er über diesen hinaus, wird die Klage teilweise abgewiesen und der Kläger trägt insoweit die Kosten, bleibt er infolge ungenauer oder unvollständiger Formulierung hinter dem materiellrechtlichen Anspruch zurück, ist das Gericht an diesen einschränkenden Antrag gebunden (§ 308 I), und der Kläger gibt dadurch möglicherweise einen wichtigen Teil seiner Rechtsposition auf.
Die Vollstreckung erfolgt gem. § 890 durch Festsetzung eines Ordnungsgeldes, ersatzweise Ordnungshaft, für jeden Fall der Zuwiderhandlung; sie ist nur zulässig, wenn ihr eine entsprechende Androhung vorausgegangen ist. Diese ist zweckmäßigerweise schon in der Klage zu beantragen (§ 890 II). Nicht notwendig ist, den Höchstbetrag des Ordnungsgeldes bzw. die höchtszulässige Ordnungshaft anzugeben.

Beispiel: ... den Beklagten zu verurteilen, es zu unterlassen, die von ihm angekündigten Preise für Radiogeräte, Fernsehgeräte und Fotoapparate in Zeitungsanzeigen als „Ferienpreise“ zu bezeichnen und für jeden Fall der Zuwiderhandlung dem Beklagten ein Ordnungsgeld, ersatzweise Ordnungshaft, oder Ordnungshaft anzudrohen.[27]

7. *Abgabe von Willenserklärungen*

Anträge auf Verurteilung zur Abgabe einer Willenserklärung kommen vor allem in Grundbuchangelegenheiten vor oder wenn der Kläger einen Anspruch auf Vertragsabschluß geltend macht, z. B. aufgrund eines Vorvertrages. Gem. § 984 gilt mit der Rechtskraft des Urteils die Erklärung als abgegeben. Das Urteil ersetzt also durch eine Fiktion die abzugebende Erklärung. Daraus folgt, daß der Urteilstenor und demgemäß auch der Klageantrag den genauen Wortlaut der Willenserklärung enthalten müssen.

Beispiel: Aufgrund nichtiger Auflassung ist der Käufer als Eigentümer eingetragen worden und hat zu seinen Gunsten eine Eigentümergrundschuld über 100 000 DM bestellt. Der Antrag, mit dem die Verkäufer ihren Berichtigungsanspruch (§ 894 BGB) verfolgen, lautet:

---

[26] Zur Unterlassungsverfügung, die eine vorläufige Verurteilung darstellt, vgl. unten § 9 III und *Teplitzky*, JuS 1980, 885.

[27] Die Ordnungshaft kommt als Ersatzordnungsmittel und auch als primäres Ordnungsmittel in Betracht. Die Androhung im Urteil sollte dem Gericht stets beide Wege eröffnen.

... den Beklagten zu verurteilen, darin einzuwilligen, das Grundbuch von Frankfurt am Main, Bezirk 42, Band 89, Blatt 3515 dahin zu berichtigen,
a) daß die Kläger als Miteigentümer zu je ½ im Grundbuch eingetragen werden,
b) daß die in Abteilung III lfd. Nr. 3 zugunsten des Beklagten eingetragene Grundschuld über 100 000 DM nebst Zinsen und Nebenleistungen gelöscht wird.

Geht die Klage auf Zustimmung zum Abschluß eines Vertrages, muß der volle Wortlaut des Vertrages in den Klageantrag aufgenommen werden, vergleichbar dem Angebot zum Abschluß eines Vertrages. – Ist streitig, ob und wenn ja, welche Willenserklärung der Beklagte abzugeben verpflichtet ist, wird es im allgemeinen im Hinblick auf § 308 notwendig sein, einen Hilfsantrag zu stellen, denn das Gericht darf weder mehr noch etwas anderes als beantragt zusprechen. Kommen aber nach Sach- und Rechtslage mehrere inhaltlich unterschiedliche Willenserklärungen in Betracht, stehen diese meistens nicht in einem Verhältnis von Weniger zu Mehr, so daß der Kläger Gefahr läuft, mit der Klage ganz abgewiesen zu werden, wenn er nicht vorsorglich einen entsprechenden Hilfsantrag stellt.

8. Zug-um-Zug-Leistung

Ein Antrag auf Verurteilung zur Zug-um-Zug-Leistung muß bei Meidung teilweiser Klageabweisung mit entsprechender Kostenfolge gestellt werden, wenn dem Beklagten ein Zurückbehaltungsrecht oder die Einrede des nicht erfüllten Vertrages zusteht. – Die Vollstreckung eines Zug-um-Zug-Urteils darf gem. § 756 erst erfolgen, wenn der Gerichtsvollzieher dem Schuldner die diesem gebührende Leistung in einer den Verzug der Annahme begründenden Weise angeboten hat oder wenn durch öffentliche oder öffentlich beglaubigte Urkunde vom Gläubiger der Beweis erbracht ist, daß er zuvor den Schuldner befriedigt bzw. ihn in Annahmeverzug gesetzt hat. Demgemäß muß die vom Gläubiger zu erbringende Leistung im Zug-um-Zug-Antrag so bezeichnet sein, daß der Gerichtsvollzieher die Vollstreckungsvoraussetzungen schaffen bzw. deren Eintritt prüfen kann, notfalls durch Zuziehung von Zeugen und Sachverständigen.

Beispiele: Ein Bauhandwerker macht einen Restwerklohnanspruch von 5000 DM geltend. Im Beweissicherungsverfahren hat der Sachverständige mehrere Mängel festgestellt, die der Kläger anerkennt und zu deren Beseitigung er bereit ist. Der Beklagte lehnt Mängelbeseitigung und Zahlung ab. Der Antrag muß lauten:

... den Beklagten zu verurteilen, an den Kläger 5000 DM zu zahlen nebst 4% Zinsen seit Klageerhebung Zug um Zug gegen Beseitigung folgender vom Sachverständigen *H. Schäfer* in seinem Gutachten vom 15. 3. 79 im Beweissicherungsverfahren Amtsgericht Frankfurt am Main, Az. ..., festgestellten Mängel:
a) Einsetzen einer neuen Scheibe in der Hauseingangstür,
b) Anbringung eines Dreh-Kippbeschlages am Wohnzimmerfenster an der Gartenseite,
c) Gangbarmachung der Tür zum Abstellraum im Speicher,
d) usw.

Hat der Kläger eine Warenschuld vorauszuleisten und handelt es sich um eine Holschuld gem. § 269 I BGB, muß dies im Antrag zum Ausdruck kommen, weil der Beklagte als Gläubiger dieser Vorleistung gem. § 295 BGB schon durch ein wörtliches Angebot in Annahmeverzug gesetzt werden kann. Der Antrag muß lauten:

... den Beklagten zu verurteilen, an den Kläger 18 000 DM zu zahlen Zug um Zug gegen eine von der Klägerin am Ort ihrer gewerblichen Niederlassung zu erbringenden Lieferung von 10 t Sojaschrot, Qualität II.

Da das Zug-um-Zug-Urteil den Beklagten nicht seinerseits zur Zwangsvollstreckung gegen den Kläger berechtigt, ist dem Beklagten mit einem solchen Urteil nicht gedient. Will er bezüglich der vom Kläger zu erbringenden Leistung, einen vollstreckbaren Titel erwirken, muß er Widerklage erheben mit umgekehrtem Zug-um-Zug-Antrag.

Beispiel: Der Erblasser betrieb ein Handwerksunternehmen und hatte mit der Beklagten eine BGB-Innengesellschaft gegründet. Die Beklagte hat aus dieser Innengesellschaft einen Auseinandersetzungsanspruch, den sie mit 40 000 DM beziffert. Sie ist im Besitz eines Sparbuches und von Wertpapieren des Erblassers, an denen sie ein Zurückbehaltungsrecht geltend macht. Der klagende Erbe verlangt Herausgabe des Sparbuches und der Wertpapiere, hilfsweise Zug um Zug gegen Zahlung von 40 000 DM.

Der Widerklageantrag müßte lauten:

... den Kläger zu verurteilen, an die Beklagte 40 000 DM zu zahlen Zug um Zug gegen Herausgabe des Sparbuches Nr. 35 897 der Stadtsparkasse Frankfurt am Main und von 5000 DM Pfandbriefen der Frankfurter Hypothekenbank, 6% verzinslich, Ausgabe R 102.

9. Feststellungsklage

Bei der Formulierung eines Feststellungsantrags sind das Rechtsverhältnis oder die Urkunde, deren Echtheit oder Unechtheit festgestellt werden soll, genau zu bezeichnen.

Beispiel: ... festzustellen, daß zwischen den Parteien ein Arbeitsverhältnis besteht, das den Beklagten verpflichtet, den Kläger als Fernsehtechniker zu beschäftigen und ihm ein monatliches Gehalt von 2850 DM brutto zu zahlen.

Ob das für die Zulässigkeit der Feststellungsklage erforderliche Rechtsschutzinteresse (§ 256 I) vorliegt, ist nicht nur vor Klageerhebung zu prüfen, sondern während der gesamten Prozeßdauer. Fällt das Rechtsschutzinteresse während des Verfahrens weg, weil etwa Leistungsklage erhoben werden kann, wird die Klage unzulässig, wenn der Kläger nicht die prozessualen Konsequenzen zieht und entweder den Feststellungsantrag in eine Leistungsklage ändert oder die Hauptsache für erledigt erklärt.

10. Hilfsantrag

Ein Hilfsantrag liegt vor, wenn ein weiterer Anspruch für den Fall erhoben wird, daß der Hauptantrag unzulässig oder unbegründet ist. Ein

Hilfsantrag ist nicht erforderlich, wenn die eingeklagte Leistung teilbar ist, so daß im Falle der Teilabweisung dem Kläger weniger als mit der Klage begehrt zugesprochen werden kann, also bei allen Zahlungsklagen. Auch wenn derselbe prozessuale Anspruch hilfsweise auf verschiedene Tatbestände gestützt wird, also eine hilfsweise Anspruchsgründung erfolgt, bedarf es keines Hilfsantrages.

Beispiel: Der Kläger verlangt Zahlung von 10 000 DM aus abgetretenem Recht. Die Klage ist in erster Linie gestützt auf eine Forderungsabtretung durch *A*, hilfsweise auf Abtretung einer gleichhohen Forderung durch *B*.[28]

Erforderlich ist ein Hilfsantrag, wenn der Hauptantrag auf eine unteilbare Leistung gerichtet ist, dem Kläger also nicht weniger, sondern im Vergleich zum Hauptantrag eine andersartige Leistung zugesprochen werden kann, so in den oben genannten Fällen der Unterlassungsklage und der Klage auf Abgabe einer Willenserklärung. Ebenso ist ein Hilfsantrag erforderlich, wenn neben dem Hauptanspruch ein oder mehrere Ansprüche eventualiter in Betracht kommen.

a) Aus demselben Sachverhalt ergeben sich Haupt- und Hilfsanspruch etwa in folgenden Fällen.

(1) Der Kläger macht aus Werkvertrag Schadenersatz wegen Nichterfüllung gem. § 635 BGB geltend und für den Fall, daß er das Verschulden des Unternehmers nicht beweisen kann, hilfsweise Wandlung oder Minderung gem. § 634 BGB.

(2) Der Kläger klagt die Kaufpreisschuld aus dem Verkauf eines Kettenkarussells ein. Der Beklagte macht Nichtigkeit des Vertrages geltend. Greift der Einwand des Beklagten durch, kann der Kläger Herausgabe der Kaufsache und gem. §§ 818 I, 100 BGB auch Herausgabe der gezogenen Nutzungen abzüglich der Gewinnungskosten (§ 102 BGB) verlangen. Insoweit ist der Beklagte verpflichtet, Auskunft zu erteilen bzw. Rechnung zu legen. Der Hilfsantrag ist daher als teilweise Stufenklage geltend zu machen:

... den Beklagten zu verurteilen, an den Kläger 85 000 DM zu zahlen,
hilfsweise den Beklagten zu verurteilen,

1. an den Kläger das Kettenkarussell, Marke Himmelsglück, Fabrik-Nr. 8239, herauszugeben,
2. dem Kläger Auskunft zu erteilen über die seit der Lieferung am 3. 9. 1978 mit diesem Karussell erzielten Einnahmen und Ausgaben,
3. nach Auskunftserteilung den Beklagten zu verurteilen, den sich hieraus ergebenden Überschuß an den Kläger zu zahlen zuzüglich 8% Zinsen seit Rechtshängigkeit.

b) Haupt- und Hilfsanspruch können aus verschiedenen alternativ vorgetragenen Tatbeständen hergeleitet werden.

Beispiel: Der Kläger klagt aus dem Verkauf eines gebrauchten Pkw's einen Restkaufpreis von 2000 DM ein. Der Beklagte ficht den Kaufvertrag wegen arglistiger Täuschung an. Kläger bestreitet die arglistige Täuschung, macht sich aber hilfsweise das Vorbringen des Beklagten zu eigen und beantragt für diesen Fall hilfsweise Rückgabe des Pkw's Zug um Zug gegen Rückzahlung der erhaltenen Anzahlung von 3000 DM.

---

[28] Vgl. *Baumbach-Lauterbach*, § 260 Anm. 2 Dc.

IV. Inhalt und Darstellung

Ziel der Klage ist der Prozeßsieg: die Verurteilung des Beklagten. Auf die Frage, was in die Klageschrift aufgenommen werden und wie sie verfaßt sein muß, um dieses Prozeßziel zu erreichen, gibt es nur eine für alle Fälle gültige Antwort: Aufbau, Inhalt und Stil der Klage müssen ausschließlich auf dieses Ziel abgestellt sein. Der Sachverhalt ist eingängig vorzutragen, das Gericht von der Richtigkeit des Sachverhalts und der hieraus hergeleiteten Rechtsfolgen zu überzeugen. Die Wege, dieses Ziel zu erreichen, sind mannigfach und von Fall zu Fall verschieden.

1. Der Inhalt der Klageschrift

a) Gesetzliche Regelung

Die gesetzliche Regelung der Klagebegründung (§ 253 I Nr. 2) fordert lediglich die Angabe des Gegenstandes und des Grundes des erhobenen Anspruchs; sie gibt für die Bestimmung des Inhalts der Klageschrift weniger her. § 253 I Nr. 2 stellt nach allgemeiner Ansicht nur eine Zulässigkeitsvoraussetzung[29] auf und ist bereits erfüllt, wenn in der Klageschrift ein Sachverhalt mitgeteilt wird, der den angekündigten Antrag hinreichend individualisiert. Daß der Sachverhalt den Klageantrag rechtfertigt, die Klage also schlüssig begründet ist, ist für die Zulässigkeit nicht erforderlich.

b) Mindestbegründung

Die Mindestvoraussetzung für den Erfolg einer Klage ist ihre Schlüssigkeit. Die Schlüssigkeit kann an sich schon mit einer meist sehr knappen Sachdarstellung erreicht werden, weil für viele Sachverhalte rechtliche Kürzel in Form von Rechtsbegriffen verwandt werden können.

Beispiel: Statt einer eingehenden Sachschilderung über das Zustandekommen eines Kaufvertrages würde für eine formale Mindestbegründung genügen: „Die Parteien schlossen am 2.9. 1981 einen Kaufvertrag über die Lieferung des Pkw Opel Senator, amtliches Kennzeichen HU-J 487 zum Preise von 18 500 DM".

Für den Prozeßerfolg reicht eine derartige Mindestbegründung aber nur dann aus, wenn der Beklagte säumig ist (vgl. § 331 II 1. Halbs.) oder das Vorbringen nicht bestreitet (vgl. § 138 III).

---

[29] *Rosenberg-Schwab*, ZPR, § 98 II 1 b; *Baumbach-Lauterbach*, § 253 Anm. 4 B; *Thomas-Putzo*, § 253 Anm. 4 b; *Schellhammer*, Zivilprozeß, 1982, S. 88.

c) Substantiierte Begründung

Bestreitet der Beklagte, wie das in der Praxis die Regel ist, einen Teil oder die gesamte Klagebegründung, so muß der Kläger den bestrittenen Teil der Klagebegründung eingehend darstellen[30] und Beweis antreten. Die Mindestbegründung müßte in einem ergänzenden Schriftsatz durch eine substantiierte Begründung ersetzt werden. Schon um die damit verbundene Mehrarbeit zu vermeiden, ist der Sachvortrag bereits in der Klagebegründung in allen Punkten, die der Gegner voraussichtlich bestreiten wird, substantiiert darzustellen und mit Beweisantritt zu versehen.

d) Vollständige Begründung

Die ZPO kennt keine Klagebegründungsfrist, nur eine Frist zur schriftlichen Stellungnahme auf die Klageerwiderung (§§ 275 IV, 276 II). Auch wenn eine solche Frist nicht gesetzt wird, ist Vorbringen des Klägers, das nicht im ersten Termin in den Prozeß eingeführt wird, zurückweisungsgefährdet. Gem. § 282 I hat auch der Kläger seine Angriffsmittel – Sachvortrag und Beweismittel[31] – so zeitig vorzubringen, wie es nach der Prozeßlage einer sorgfältigen und auf Förderung des Verfahrens bedachten Prozeßführung entspricht. Förderungsbewußter Prozeßführung entspricht das Vorbringen im ersten Termin, weil so die Erreichung des in § 272 I gesetzten Ziels am ehesten gewährleistet ist. Späteres Vorbringen kann daher als nicht rechtzeitig i. S. des § 296 II angesehen und beim Vorliegen der weiteren Voraussetzungen dieser Vorschrift zurückgewiesen werden. Um unnötige Risiken zu vermeiden,[32] sollte daher alles, was man an Angriffsmitteln vorbringen kann, in der Klageschrift mitgeteilt werden. In die Klageschrift gehören also *sämtliche* Haupt- und Hilfstatsachen und *sämtliche* Beweismittel für die Behauptungen, die der Gegner voraussichtlich bestreiten wird. Ist die Klageschrift nach diesem Prinzip gestaltet, kann das Vorbringen, das zum Prozeßsieg erforderlich oder möglicherweise[33] erforderlich ist, im ersten Termin durch Bezugnahme

---

[30] Diese Verpflichtung ergibt sich aus § 138 I. Unsubstantiiertes Vorbringen bleibt, da seine Richtigkeit nicht geprüft werden kann, unberücksichtigt.

[31] Auf diese beiden Grundtypen des Vorbringens lassen sich die in § 282 I angeführten Beispiele für Angriffs- und Verteidigungsmittel reduzieren.

[32] Die Zurückweisung steht im Fall des § 296 II zwar im Ermessen des Gerichts. Der Anwalt muß aber immer damit rechnen, daß das Gericht von der ihm zustehenden Befugnis Gebrauch macht, weil sich das Gericht mit der Zurückweisung meist eine erhebliche Arbeitsentlastung verschafft. Rechtzeitiges Vorbringen nach dem Grundsatz – lieber zuviel als zuwenig – ist sicherlich sinnvoller, als mit kostspieligen Prozeßtechniken wie der Flucht in die Säumnis oder in die Berufung (vgl. dazu *Deubner*, JuS 1982, 174 und oben § 4 VII 6, S. 62) eine drohende Zurückweisung abzuwenden.

[33] Nur möglicherweise erforderliches Vorbringen wird vor allem bei Beweisangeboten und Hilfstatsachen vorkommen. Ob etwa dem Gericht bereits ein Zeuge genügt oder ob alle drei benennbaren Zeugen erforderlich sind, das Gericht zu überzeugen,

(§ 137 III 1) in den Prozeß eingeführt werden, und auch das Risiko einer Zurückweisung wegen verspäteter Ankündigung von Vorbringen (§§ 282 II, 296 II),[34] das bei einer nachträglichen Ergänzung des Klagevorbringens entstehen kann, ist ausgeschlossen.

Das hier vertretene Vollständigkeitsprinzip gilt nur für den Sachvortrag, der den Klageanspruch begründet. Die vorsorgliche Widerlegung von Einreden im prozessualen Sinne[35] gehört nicht in die Klageschrift.[36] Ist damit zu rechnen, daß der Beklagte Einreden vorbringen wird, sollte in der Klageschrift allenfalls kurz auf diese Tatsache hingewiesen und ausgeführt werden, daß die Einrede nicht begründet ist. Eine eingehende Stellungnahme erfolgt erst als Erwiderung auf das Verteidigungsvorbringen des Beklagten, in dem die Einrede vorgebracht wird.

Ist dem Kläger nach §§ 275 IV, 276 II eine Frist zur Stellungnahme auf die Klageerwiderung gesetzt, muß er innerhalb dieser Frist die Klage unter Berücksichtigung des Sachvortrages des Beklagten ergänzen, andernfalls droht insoweit Zurückweisung des verspäteten Vorbringens nach § 296 I. Es handelt sich also hierbei um eine Klageergänzungsfrist.

e) *Rechtsausführungen*

Sie sind für die Klagebegründung nicht vorgeschrieben – iura novit curia – und könnten folglich unterbleiben. Zu bedenken ist aber, daß man, wenn die Rechtslage nicht ganz einfach gelagert ist, meist nicht weiß, ob das Gericht auch der Rechtsansicht, die man vertritt, folgen wird. In derartigen Fällen sollte daher auch die eigene Rechtsansicht in der Klageschrift dargelegt werden, wie es der allgemeinen Übung entspricht.[37]

2. *Die Darstellung der Klagebegründung*

Die Sachdarstellung in der Klagebegründung wird entscheidend von den Eigenheiten des jeweiligen Falles geprägt. Die Beachtung der nachfolgenden Regeln wird aber meist dazu beitragen, die Eingängigkeit der Darstellung zu erhöhen.

a) *Einführung in den Prozeßstoff*

Das Prozeßziel ergibt sich aus dem Klageantrag. Meistens ist dieser jedoch so neutral, daß aus ihm der eigentliche Prozeßstoff nicht zu er-

---

läßt sich im vornherein meist nicht sagen, und gerade beim Nachschieben von Zeugen und Hilfstatsachen mit Beweisantritten werden die Gerichte geneigt sein, mit § 296 II zu arbeiten; vgl. auch § 2 II 6, S. 12f.

[34] In diesem Fall hilft es dem Kläger nicht, daß das Vorbringen noch im ersten Termin erfolgt. Die Verspätungsgrenze wird bereits vor dem Termin gezogen.

[35] Zu diesem Begriff s. *Rosenberg-Schwab*, § 105 I, II.

[36] So auch *Schellhammer* (o. Fußn. 29), S. 586; vgl. auch § 2 II 2, S. 9.

[37] Vgl. *Baumbach-Lauterbach*, § 130 Anm. 1 A.

kennen ist. Auch die stichwortartige Angabe des Streitgegenstandes gem. § 130 Nr. 1 (z. B. Klage wegen Kaufpreisforderung oder unerlaubter Handlung) gibt nur einen groben Überblick. Um den Richter sogleich in den Prozeß einzuführen, empfiehlt es sich, die Klagebegründung mit einer kurzen Umschreibung des Streitstoffes zu beginnen, die zeigt, in welcher Beziehung die Parteien zueinander stehen, warum und worum sie streiten. Nur dadurch wird der Leser in die Lage versetzt, die dann folgenden Ausführungen zur Klagebegründung von vornherein in tatsächlicher und rechtlicher Hinsicht gedanklich richtig einzuordnen und sie in der vom Klägervertreter gewünschten Weise nachzuvollziehen.

Beispiele:

1. Der Kläger verlangt Schadenersatz aus einem Verkehrsunfall vom 19. 2. 79. Er ist Halter des Pkws, amtl. Kennzeichen F-AZ 613. Der Beklagte zu 1 war der Fahrer und der Beklagte zu 2 ist der Halter des Lkws, amtl. Kennzeichen OF-AB 938, der bei der Beklagten zu 3 haftpflichtversichert ist.
2. Der Kläger verlangt Rückzahlung des Kaufpreises aus einem mit dem Beklagten abgeschlossenen, wegen arglistiger Täuschung angefochtenen Kaufvertrag über eine gebrauchte Planierraupe.
3. Der Kläger macht als gesetzlicher Miterbe nach seinem am 25. 9. 78 verstorbenen Vater den Pflichtteilsergänzungsanspruch gegen den vom Erblasser beschenkten Beklagten geltend.

Erläuterungen zur Parteistellung sind angebraucht, wenn der Kläger Ansprüche aus abgeleitetem Recht oder in Prozeßstandschaft geltend macht, wenn die Parteienstellung auf Rechtsnachfolge beruht oder sich kraft Amtes ergibt oder wenn der Beklagte für fremdes Handeln (§§ 278, 831 BGB) einzustehen hat. Wollte man in solchen Fällen mit einer chronologischen Sachverhaltsschilderung beginnen, würde die Parteienstellung erst am Ende erkennbar.

Beispiele:

1. Der Kläger macht eine Kaufpreisforderung geltend, die ihm der Kaufmann *A* aus einem mit dem Beklagten abgeschlossenen Kaufvertrag über 10 t Futtermittelgetreide abgetreten hat.
2. Der Kläger verlangt Rückzahlung des Darlehens, das er dem verstorbenen Viehhändler *Y* gegeben hat. Die Beklagten sind dessen Erben.
3. Der Kläger verlangt Schadenersatz wegen wettbewerbswidrigen Verhaltens des für den Beklagten tätigen, inzwischen flüchtigen Handelsvertreters Meier.

Es kann auch zweckmäßig sein, schon in der Einführung die wesentlichen Streitpunkte hervorzuheben, insbesondere, wenn es sich um einen komplexen Sachverhalt handelt, die Entwicklung langjähriger Geschäftsbeziehungen eine wesentliche Rolle spielt oder Rechtsprobleme im Mittelpunkt des Streites stehen.

Beispiele:

1. Die Kläger sind Erben des Kaufmanns A, der mit der Beklagten in freier Lebensgemeinschaft lebt. Die Parteien streiten darüber, ob die Beklagte in einem Dienstverhältnis zur Firma des Erblassers stand oder ob zwischen Erblasser und Beklagter eine BGB-Innengesellschaft bestand.
2. Die Parteien sind Gesellschafter der X-KG. Sie streiten über die Wirksamkeit von

Gesellschafterbeschlüssen zur Erhöhung der Kapitaleinlagen und darüber, ob eine Schiedsgerichtsvereinbarung wirksam zustande gekommen ist.

b) Einbindung des rechtserheblichen Geschehens

Hat das unmittelbar rechtserhebliche Geschehen sich aus einer Vorgeschichte heraus entwickelt, sollte diese im Anschluß an die Einführung in den Prozeßstoff mitgeteilt werden. Das trägt dazu bei, das rechtserhebliche Geschehen sowohl verständlicher als auch glaubhafter zu machen.

Beispiel: Verlangt der Kläger mit der Begründung Schadensersatz, daß er von dem Beklagten nach einer Tanzveranstaltung angefallen und mißhandelt worden sei, sollte vor der unerlaubten Handlung die Entwicklung der Spannung zwischen den Parteien geschildert werden.

c) Sachverhaltsschilderung

Im einzelnen gibt es für die Sachverhaltsschilderung kein Patentrezept, wohl aber ein wirksames und notwendiges Kontrollmittel: alle Anspruchsvoraussetzungen sind Schritt für Schritt in tatsächlicher Hinsicht darzulegen und etwaige Einwendungen zu widerlegen. Damit ist zugleich der sachlogische Aufbau der Klageschrift festgelegt. Dies klingt zwar wie eine Binsenwahrheit, indessen zeigt die Praxis, daß dieses Prinzip leider allzu oft nicht beachtet wird. Gerade der Anfänger konzentriert sich häufig zu sehr auf erkennbare oder vermeintliche Streitpunkte und übersieht dabei, die weiteren ihm untergeordnet erscheinenden Tatbestandsmerkmale überhaupt oder ausreichend vorzutragen. Nichts ist – ganz abgesehen von der Regreßfrage – peinlicher für einen Anwalt, wenn ihm das Gericht in der Begründung eines klageabweisenden Urteils bescheinigt:

- Zu dieser Frage hat der Kläger nichts vorgetragen.
- Die weiteren Anspruchsvoraussetzungen sind vom Kläger nicht dargelegt.

Um dies zu vermeiden und um in der Hitze des Diktats nichts zu vergessen, empfiehlt es sich – jedenfalls für den Anfänger –, zumindest stichwortartig alle Anspruchsvoraussetzungen bzw. Einwendungen aufzuzeichnen und dann die jeweils erledigten Punkte abzuhaken.

Besteht eine sogenannte komplexe Anspruchsgrundlage, muß in tatsächlicher Hinsicht die gesamte Kette der Anspruchsnormen abgehandelt werden.

Beispiel: Der Kläger nimmt den Beklagten, der eine handelsregisterlich eingetragene Firma des *X* mit Nachfolgezusatz fortführt, in Anspruch wegen Verschuldens des Erfüllungsgehilfen des *X* bei Vertragsverhandlungen mit dem Kläger, Anspruchskette: §§ 122, 179 analog, 278 BGB, § 25 HGB.

Sind Grund und Höhe eines Anspruchs streitig, und geht der Kernpunkt des Streites zunächst um den Grund des Anspruchs, kommt es immer wieder vor, daß die Anspruchshöhe stiefmütterlich behandelt wird, insbesondere, wenn es um mehrere Anspruchs- bzw. Schadenspositionen geht. Es ist dann beim Lesen solcher Klagen geradezu spürbar, wie nach Abhandlung der Hauptstreitpunkte die Konzentration und das Durchhaltevermögen beim Diktieren nachgelassen haben und der für nicht so wichtig erachtete Rest abdiktiert wurde. Darauf zu vertrauen, daß Einzelheiten zur Anspruchshöhe noch später nachgetragen werden können, ist ebenso unrationell wie im Hinblick auf § 296 gefährlich.

d) Rechtsausführungen

Ob man die Rechtsausführungen in die Sachdarstellungen einbindet oder sie als geschlossenen Block der Sachdarstellung folgen läßt, ist eine Frage, die wiederum nach dem Kriterium der besten Verständlichkeit entschieden werden sollte. Man kann davon ausgehen, vor allem wenn einleitend auf die Streitproblematik hingewiesen worden ist, daß der Richter wertend liest, d.h. bei der Lektüre der Klageschrift bereits mit der rechtlichen Würdigung des mitgeteilten Sachverhalts beginnt. Kürzere rechtliche Überlegungen kommen daher meist gut an, wenn sie sich der Darstellung der gewürdigten Tatsachen unmittelbar anschließen oder gar eng mit ihr verwoben sind. Längere rechtliche Überlegungen, die den Leser stark in Anspruch nehmen und ihn damit von der Sachdarstellung ablenken, sollte man eher der Sachdarstellung folgen lassen.

Die rechtlichen Überlegungen werden im Urteilsstil gebracht. Die rechtliche Aussage beginnt mit dem Ergebnis und die tragenden Erwägungen werden abgeschlossen. Fundstellen aus Rechtsprechung und Literatur, die die eigene Meinung wirklich stützen, sollten unbedingt mitgeteilt werden.

3. Beispiel: Vertragsklagen

Da die Darstellung des Sachverhalts in der Klageschrift weitgehend durch die jeweilige Fallsituation bestimmt wird, sollen am Beispiel der Vertragsklagen die wichtigsten Aufbaugesichtspunkte erörtert werden. Bei diesen Klagen geht es regelmäßig um

(a) das Zustandekommen des Vertrages
(b) seinen Inhalt
(c) Leistungsstörungen und/oder
(d) seine Beendigung.

a) Zustandekommen des Vertrages

aa) Unstreitiger Vertragsabschluß

Ist dieses unstreitig, erübrigt sich eine eingehende Schilderung der Umstände, die zum Vertragsabschluß geführt haben. Jedoch sollte der Vertragsabschluß als solcher konkret bezeichnet werden, insbesondere nach Form, Gegenstand und Datum, denn die Prozeßentwicklung kann ergeben, daß es später auf diese Umstände entscheidend ankommen kann. Unnötige Anfragen des Gerichts und Rückfragen beim Mandanten werden vermieden.

Beispiel:
Falsch: Der Kläger kaufte 1979 vom Beklagten einen VW.
Richtig: Der Kläger schloß am 24.7. 1979 mit dem Beklagten einen schriftlichen Kaufvertrag über einen gebrauchten VW 1200, Baujahr 1971, ab.

bb) Streitiger Vertragsabschluß

Ist dagegen der Vertragsabschluß streitig, kommt es darauf an, in genauer zeitlicher Reihenfolge den Geschehensablauf, der zum Vertragsabschluß führte, zu schildern und unter Beweis zu stellen.

Beispiel:
Falsch bei behauptetem mündlichen Vertragsschluß: Die Parteien schlossen anläßlich der Hannovermesse 1979 mündlich einen Vertretervertrag, wonach der Kläger ab 1.5. 1979 das Gebiet Hessen auf die Dauer von zunächst 3 Jahren gegen Provision von 5% und mit dem Recht der Fortführung seiner bisherigen Vertretung der Firma *X* übernehmen sollte.
Beweis: 1. Zeuge *Meier,*
2. Zeugin *Schulte,*
3. Zeugin *Günther.*

Richtig, wenn die genaue Sachverhaltsaufklärung ergibt, daß sich die Vertragsverhandlungen über mehrere Tage hinzogen und daß einzelne Zeugen nur teilweise zugegen waren:

Die Parteien führten am 25.3. 1979 vormittags auf der Hannovermesse im Hinterraum des Standes 12 in Gegenwart der Sekretärin des Beklagten Vorgespräche über den Abschluß eines Handelsvertretervertrages. Sie einigten sich über den Vertragsgegenstand (Öfen und Herde) und über das Vertragsgebiet Hessen. Offen blieb die Dauer des Vertrages, die Provisionshöhe und die Frage, ob der Kläger berechtigt sein sollte, seine bisherige Vertretung der Firma *X* weiterzuführen.
Beweis: Sekretärin *Schulte.*

Am Abend setzten die Parteien in der Gaststätte „*Zur Reichskrone*" in Gegenwart des Vertreters *Meier* die Vertragsverhandlungen fort. Sie einigten sich auf eine Vertragsdauer von 3 Jahren, einen Provisionssatz von 5%. Der Kläger bestand darauf, die von ihm innegehabte Vertretung der Firma *X* fortführen zu dürfen, der Inhaber der Beklagten wollte dem nur für eine Übergangszeit von sechs Monaten zustimmen. Er erklärte schließlich, sich dies nochmals überlegen zu wollen und dem Kläger Bescheid zu geben.
Beweis: Vertreter *Meier.*

Am 26.3. 1979 rief der Inhaber der Beklagten den Kläger an. Die Ehefrau des Klägers nahm den Anruf entgegen, schaltete auf den Apparat des Klägers um, hörte aber das Gespräch auf der Mithöranlage mit. Der Inhaber der Beklagten erklärte, er sei mit einer unbegrenzten Fortführung der Vertretung der Firma *X* durch den Kläger einverstanden. Der Kläger erklärte darauf: „Also abgemacht, ich fange am Ersten an". Der Beklagte erwiderte, er freue sich auf die Zusammenarbeit.
Beweis: Ehefrau des Klägers.

Geht es darum, ob der Vertrag durch wechselseitige Korrespondenz zustande gekommen ist, genügt es nicht, auf die Korrespondenz Bezug zu nehmen und sie kommentarlos vorzulegen. Die Sachverhaltsschilderung ist vielmehr unter Auswertung der Korrespondenz mit der rechtlichen Bewertung nach Maßgabe der §§ 145 ff. BGB zu verbinden, indem bei jedem Schreiben geprüft wird, ob und inwieweit sich die beiderseitigen Erklärungen decken, ob ein Angebot nur abgelehnt oder ein neues Gegenangebot unterbreitet wurde. Wollte man hier die Sachverhaltsschilderung und die Rechtsausführungen trennen, würden gedankliche Zusammenhänge zerrissen. Der Leser wäre gezwungen, bei den nachfolgenden Rechtsausführungen ständig zurückzublättern, um den zuvor mitgeteilten Sachverhalt auf seine rechtlichen Auswirkungen zu überprüfen. Gleiches gilt für kaufmännische und einfache Bestätigungsschreiben, insbesondere für die Frage, ob der Vertragsgegner nach der Sach- und Rechtslage sofort hätte widersprechen müssen, wenn er den Inhalt nicht gegen sich gelten lassen wollte, ferner, ob ein etwaiger Widerspruch inhaltlich ausreichend und rechtzeitig war.

cc) Nichtigkeit und Anfechtung

Zum *Problemkreis des Zustandekommens eines Vertrages* gehören schließlich die Fälle der Nichtigkeit oder Anfechtbarkeit, sofern der Kläger hieraus Rechte herleitet. Die Nichtigkeitsgründe können auf tatsächlichem oder rechtlichem Gebiet liegen.

Ersteres ist der Fall bei Geisteskrankheit. Der Aufbau bereitet keine Schwierigkeiten. Zuerst sind die die Geisteskrankheit begründenden tatsächlichen Umstände und medizinischen Gesichtspunkte vorzutragen und unter Beweis zu stellen. Hieran schließt sich an die Darlegung der sich je nach Sachlage ergebenden Ansprüche.

Nichtigkeit aus Rechtsgründen ist gegeben bei Sittenwidrigkeit und Wucher (§ 138 BGB) oder bei Verstoß gegen ein gesetzliches Verbot (§ 134 BGB). Eine Trennung zwischen Sachverhaltsschilderung und Rechtsausführungen ist in diesen Fällen meist unzweckmäßig. Sittenwidrigkeit oder Wucher sind unbestimmte Rechtsbegriffe, die aus dem breiten Spektrum der Rechtsprechung und Literatur jeweils auf den gegebenen Fall konkretisiert werden müssen. Insoweit muß gewissermaßen zuerst der fallbezogene juristische Obersatz herausgearbeitet und dann durch entsprechenden Tatsachenvortrag belegt werden. Ähnlich ist es bei einem Verstoß gegen ein gesetzliches Verbot. Hier steht die rechtliche Auslegung der Verbotsnorm im Vordergrund der Argumentation, weil erst durch diese Auslegung klargestellt wird, auf welche die Verbotsnorm ausfüllenden Tatumstände es im Einzelfall ankommt.

Bei Anfechtung wegen Irrtums, arglistiger Täuschung oder Drohung wird regelmäßig umgekehrt zu verfahren sein, Darlegung der tatsächlichen Anfechtungsgründe und Beweismittel und, soweit noch erforderlich, rechtliche Qualifikation als Irrtum (Erklärungsirrtum, Motivirrtum, Abgrenzung zum Dissens usw.).

Bei der Irrtumsanfechtung werden zwei Punkte meist stiefmütterlich behandelt: Die Anfechtung ist nach § 119 BGB nur wirksam, wenn anzunehmen ist, daß die angefochtene Willenserklärung „bei Kenntnis der

Sachlage und bei vollständiger Würdigung des Falles nicht abgegeben" worden wäre. Es muß also substantiiert dargelegt und notfalls bewiesen werden, daß der Irrtum kausal für die Abgabe der Willenserklärung war. Dies ist keineswegs immer selbstverständlich, so daß man sich insoweit auch nicht auf einen Erfahrungssatz berufen kann. Im Einzelfall, insbesondere bei Abschluß von Verträgen, kann es je nach den Gesamtumständen durchaus zweifelhaft sein, ob der Anfechtende bei Kenntnis des Irrtums von dem Vertrag Abstand genommen hätte, so insbesondere, wenn er trotz Irrtums im Endergebnis nicht schlechter gestellt ist. Da häufig die Irrtumsanfechtung nur als letzter Ausweg aus einer verfahrenen Vertragssituation aufgegriffen wird, insbesondere bei schon vollzogenem Vertrag wegen der Rückabwicklung, bereitet es mitunter erhebliche Schwierigkeiten, den hypothetischen Geschehensablauf über das eigene Verhalten darzulegen für den Fall, daß kein Irrtum vorgelegen hätte.

Besonderer Darlegung bedarf ferner die Rechtzeitigkeit der Anfechtung. Bei der Irrtumsanfechtung muß gem. § 121 BGB der Zeitpunkt der Kenntnisnahme des Anfechtungsgrundes vorgetragen und dargelegt werden, daß von da ab die Anfechtungserklärung unverzüglich erfolgt ist, wobei je nach den Umständen eine unterschiedlich lange Überlegungsfrist in Betracht kommt. Im Falle der Anfechtung nach § 123 BGB beträgt die Anfechtungsfrist gem. § 124 BGB ein Jahr ab Entdeckung der Täuschung bzw. Beendigung der Zwangslage. Dies muß im einzelnen dargelegt werden. Pauschale Angaben genügen nicht. Viele Anfechtungen scheitern im Prozeß daran, daß der Anwalt es verabsäumt hat, die Rechtzeitigkeit der Anfechtungserklärung darzutun und unter Beweis zu stellen.

b) Inhalt und Auslegung des Vertrages

Ist der Inhalt des Vertrages oder seine Auslegung streitig, können Tatsachenvortrag und Rechtsausführung nicht voneinander getrennt werden. Wie ein bestimmter Passus eines Vertrages auszulegen ist, hängt nach allgemeinen Auslegungsregeln nicht allein vom Wortlaut und dem aus dem Vertrag selbst zu ermittelnden Sinn und Zweck ab, sondern auch von außerhalb der Vertragsurkunde liegenden tatsächlichen Umständen, z. B., was die Parteien vor oder bei Vertragsabschluß erklärt haben, welche zusätzlichen Handlungen sie in Bezug auf den Vertrag vorgenommen haben, ob sie vor, bei oder nach Vertragsabschluß eine sogenannte authentische Interpretation gegeben haben und schließlich, wie sie den Vertrag praktiziert haben. All dies muß im Rahmen der vorzunehmenden Auslegung vorgetragen und unter Beweis gestellt werden.

Jeweils einer besonderen Prüfung bedarf es, ob allgemeine Geschäftsbedingungen oder andere bereitliegende Vertragsordnungen wie die VOB, die ADSP, VOL usw. überhaupt und wirksam vereinbart sind und welche vom Gesetz abweichenden Rechtsfolgen sich hieraus ergeben. Dies wird allzu oft übersehen und damit die Klage an der Rechtslage vorbei begründet. Ob solche Sonderregelungen Vertragsinhalt geworden sind oder nicht, muß am Anfang der Klagebegründung dargelegt und, falls mit einem Bestreiten zu rechnen ist, unter Beweis gestellt werden, denn hiernach richtet sich die die gesetzliche Regelung ergänzende Anspruchsgrundlage und demgemäß das Klagevorbringen. Ist die Frage, ob Sonderregelungen Vertragsgegenstand geworden sind, aus Rechtsgründen streitig, sind die erforderlichen Rechtsausführungen schon an dieser Stelle zu bringen, weil alles weitere Vorbringen davon abhängt, was Vertragsinhalt geworden ist.

Beispiel: In einem Angebot eines Bauhandwerkers heißt es lediglich „Gewährleistung nach VOB". Hier ist zweifelhaft, ob damit nur die Vorschriften der VOB über die Gewährleistung zum Gegenstand des Vertrages gemacht werden sollen oder die gesamte VOB. Für die Werklohnklage des Handwerkers kann dies wesentlich sein im Hinblick auf die Sonderregelungen der VOB z. B. über die Abnahme in § 12 und über die Schlußzahlung in § 16, für die Klage des Auftragnehmers im Hinblick auf die Gewährleistungsregelung in § 13.

c) Leistungsstörung

Ist die Klage auf Unmöglichkeit, Verzug, Gewährleistung oder positive Vertragsverletzung gestützt, geht es in erster Linie darum, die die Leistungsstörung begründenden Tatumstände vorzutragen. Das Schwergewicht der Klagebegründung liegt im Tatsachenvortrag, etwa erforderliche Rechtsausführungen können im allgemeinen nachfolgen. Bei Ansprüchen aus positiver Forderungsverletzung ist jedoch häufig unklar, ob und in welchem Umfange vertragliche Nebenpflichten bestehen, auf deren Verletzung der Anspruch gestützt wird. Hier empfiehlt es sich u. U., zunächst zu begründen, daß und warum solche Nebenpflichten bestehen, um dann deren Verletzung durch entsprechenden Tatsachenvortrag darzutun.

Klagen aus Leistungsstörungen scheitern häufig daran, daß die streng formalisierten Voraussetzungen für Ansprüche auf Schadenersatz oder Gewährleistung nicht oder nicht ausreichend vorgetragen werden.

Beispiel: Bei gegenseitigen Verträgen muß im Verzugsfall neben der Fälligkeit auch die Mahnung vorgetragen werden, sofern nicht der Ausnahmetatbestand des § 284 II BGB gegeben ist, ferner die Fristsetzung mit Ablehungsandrohung gem. § 326 BGB. Beim Aufwendungsersatz gem. § 633 II BGB muß das Beseitigungsverlangen vorgetragen werden, bei Wandlung oder Minderung gem. § 634 I BGB die Fristsetzung zur Beseitigung.

d) Beendigung

Bei Streit um die Beendigung eines Vertragsverhältnisses infolge Kündigung hängt der Aufbau der Klageschrift u. a. davon ab, ob der Kläger den Fortbestand des Vertrages behauptet, also z. B. die Rechtzeitigkeit einer ordentlichen Kündigung oder die Wirksamkeit einer außerordentlichen Kündigung bestreitet oder ob der Kläger die Vertragsbeendigung geltend macht aufgrund einer von ihm ausgesprochenen Kündigung. Im zweiten Fall hat der Kläger die Rechtzeitigkeit und Wirksamkeit der Kündigung darzutun und zu beweisen. Im ersten Fall obliegt dem Beklagten die Darlegungs- und Beweislast, da gegenüber vertraglichen Ansprüchen die Kündigung eine rechtsvernichtende Einwendung ist. Zwar darf der Kläger die Tatsache der Kündigung nicht verschweigen, wenn der Ausspruch der Kündigung unstreitig ist, nicht jedoch deren Rechtswirksamkeit. Er kann sich jedoch darauf beschränken, die Wirksamkeit der Kündigung zu bestreiten und abwarten, wie der Beklagte seine Kündigung begründet.

Am Beispiel der Vertragsklagen wird erneut deutlich: Aufbau und Inhalt der Klageschrift richten sich nach der Art des geltend gemachten Anspruchs und den Besonderheiten des jeweiligen Falles. Hiernach ist die sachlogische Gliederung vorzunehmen. Im einzelnen ergibt sie sich aus den Tatbestandsvoraussetzungen der Anspruchsgrundlage. In diesem Rahmen ist der Aufbau dem Geschick und der Überzeugungskraft des Verfassers freigestellt. Die nach § 313 I Nrn. 5 und 6 für das Urteil vorgeschriebene Trennung von Tatbestand und Entscheidungsgründen ist für die Klagebegründung nicht erforderlich. Das Urteil faßt zum Abschluß der Instanz den Sach- und Streitstand der Parteien zusammen und enthält die die Entscheidung tragenden, auf dem Vortrag beider Parteien eingehende Begründung. Die Klageschrift enthält hingegen den den Rechtsstreit einleitenden in sich geschlossenen einseitigen Parteivortrag des Klägers. Sie soll den Weg aufzeigen, der zum Urteil führt. Ihre Darstellung ist subjektiv, kämpferisch, im rechtlichen ist sie häufig auf eine Rechtsfortbildung ausgerichtet, indem sie neue Wege aufzeigt für erweiterte Anspruchsmöglichkeiten. Die Klage ist daher ihrer Tendenz nach nicht nur aggressiv, sondern auch progressiv.

§ 6. Die Klageerwiderung

Die Klageerwiderung ist die Kehrseite der Klagebegründung. Mit ihr wird die Aufrechterhaltung eines derzeit bestehenden Zustandes verteidigt, im Tatsächlichen wie im Rechtlichen, aber auch im Zeitlichen. Der Beklagte wehrt sich dagegen, überhaupt oder schon jetzt etwas leisten zu müssen. Er will keine Veränderung. Insoweit ist die Klageerwiderung ihrem Inhalt und ihrer Zielrichtung nach konservativ.

I. Taktische Überlegungen

Im Gegensatz zur Klageschrift gibt die Klageerwiderung nur begrenzten Anlaß für prozeßtaktische Erwägungen. Der Kläger bestimmt durch Art und Umfang seines Klagebegehrens nicht nur das Prozeßziel, sondern auch weitgehend den Prozeßverlauf.

1. Das Ziel der Verteidigung

Das Ziel der Verteidigung kann nicht immer Klageabweisung um jeden Preis sein, sondern das nach Prozeßlage und Kostenrisiko günstigste Ergebnis für den Beklagten. Vor Einreichung der Klageerwiderung ist daher aufgrund der Information des Beklagten die Erfolgsaussicht der Klage zu prüfen und zu entscheiden, ob sich der Beklagte überhaupt auf die Klage einlassen soll, oder ob ein Versäumnis- oder Anerkenntnisurteil, evtl. auch nur über einen Teil des geltend gemachten Anspruchs, für den Beklagten günstiger ist. Bei Teilanerkenntnis- oder Teilversäumnisurteil muß allerdings berücksichtigt werden, ob der dann noch streitig verbleibende Teil die Beschwerdesumme für die Rechtsmittel der Berufung bzw. die Revision erreicht (§§ 511 a, 546).

Bei einer begründet erscheinenden Klage hat der Beklagte gleichwohl häufig ein wirtschaftliches Interesse, nicht sofort leisten zu müssen, entweder weil er es zur Zeit nicht kann oder weil er dadurch in seinem finanziellen Spielraum zu stark eingeengt werden würde. In solchen Fällen muß der Anwalt mit dem Mandanten abklären, ob versucht werden soll, mit dem Gegner einen Vergleich auf Ratenzahlungsbasis auszuhandeln oder ob sich der Mandant trotz ungünstiger Prozeßlage unter Inkaufnahme des Kosten- und Zinsrisikos auf einen Prozeß einlassen will. Der Anwalt muß entscheiden, ob standesrechtliche Bedenken (§ 45 Nr. 1

BRAO) der Übernahme des Prozeßmandats entgegenstehen. Als Interessenvertreter seines Mandanten ist der Anwalt an der Übernahme eines solchen „Verzögerungsmandats" gehindert, wenn eine Verteidigung des Beklagten nur unter Verletzung der Wahrheitspflicht erfolgen könnte. Selbst ein einfaches Bestreiten wider besseres Wissen wäre unzulässig. Im übrigen ist aber die Ausnutzung aller in Betracht kommenden prozessualen und materiellrechtlichen Verteidigungsmittel sowohl prozessual als auch standesrechtlich zulässig.

So ist es nicht zu beanstanden, wenn, allein um Zeit zu gewinnen, die Einrede der sachlichen, örtlichen oder funktionellen Unzuständigkeit erhoben oder sonstige jederzeit behebbare förmliche Mängel der Klage gerügt werden. Hat der Kläger den im Endergebnis berechtigten Klageanspruch aus Nachlässigkeit nicht schlüssig begründet, kann der Beklagte dies rügen, ohne seinerseits die zur Schlüssigkeit fehlenden Tatsachen vortragen zu müssen. Bestehen auch nur geringe Zweifel an der Richtigkeit des Tatsachenvortrags des Klägers, darf der Anwalt des Beklagten das Vorbringen bestreiten, ebenso kann er alle überhaupt nur in Betracht kommenden rechtlichen Argumente ins Feld führen. Eine verzögerliche Prozeßführung durch den Anwalt ist daher nicht schlechthin unzulässig. Selbst eine Verletzung der Prozeßförderungspflicht aus § 282 ist nicht per se standeswidrig. Sie wird allein sanktioniert durch den Rechtsverlust gem. §§ 296, 528 und evtl. durch Auferlegung einer Verzögerungsgebühr gem. § 34 GKG. Prozeßverzögerung im Einzelfall ist weder ein unsachliches noch unwürdiges Verhalten des Rechtsanwaltes im Sinne von § 1 III StRiL. Nur eine generell auf Prozeßverzögerung ausgerichtete Berufsausübung wäre standesrechtlich nicht zu verantworten.

2. *Verfahrensrügen*

Läßt sich der Beklagte auf den Rechtsstreit ein, ist im Rahmen der prozeßtaktischen Erwägungen zu prüfen, ob der Beklagte etwaige verzichtbare Verfahrensrügen (§ 295) erheben soll, insbesondere bezüglich der ordnungsgemäßen Erhebung der Klage (§ 253), der örtlichen und sachlichen Zuständigkeit (§ 281), der Einhaltung der Einlassungs- und Ladungsfrist (§ 274 III, 217), des Mangels der Vollmacht (§ 88 I) usw. Die begründete Geltendmachung solcher Rügen liegt nicht immer im wohlverstandenen Interesse des Beklagten. Auch dieser kann ein Interesse an einer alsbaldigen Beendigung des Rechtsstreits haben, insbesondere, wenn weitere von ihm zu treffende Entscheidungen und Dispositionen von dem Ergebnis des Rechtsstreits abhängen, wenn etwa um die Wirksamkeit einer Kündigung gestritten, die Herausgabe einer Sache verlangt oder Werbemaßnahmen beanstandet werden. In solchen Fällen ist in Abstimmung mit dem Mandanten abzuwägen, ob die durch Erhebung von Verfahrensrügen bedingte Prozeßverzögerung in Kauf genommen werden soll oder nicht. Für Zuständigkeitsrügen gelten zum einen dieselben Gesichtspunkte, wie sie oben (§ 5 I 3) für den Kläger bei der Wahl unter mehreren Gerichtsständen erörtert wurden. Zum anderen wird der Anwalt des Beklagten zu erwägen haben, wie sich Rügen der sachlichen und funktionellen Zuständigkeit auf den Instanzenweg auswirken. Ist die Sache beim AG anhängig, müßte sie aber auf Rüge an das LG verwiesen werden, wäre nunmehr das OLG statt das LG Berufungsinstanz und damit u.U. auch die Revisionsmöglichkeit gegeben. Es kann je nach Sachlage im Interesse des Mandanten liegen, eine Revision auszuschließen oder wegen der unterschiedlichen Spruchpraxis der zuständigen Berufungskammer des LG oder des zuständigen Senats des OLG auf die Rüge der sachlichen Zuständigkeit zu verzichten. Ist nach dem Geschäftsverteilungsplan des OLG die Zuständigkeit der Senate davon abhängig, ob die Sache in 1. Instanz bei einer Zivilkammer oder Kammer für Handelssachen anhängig war, wird auch hier entsprechend zu differenzieren sein.

II. Die Anträge

1. Der Sachantrag

Der Sachantrag des Beklagten ist meist unproblematisch. Er lautet, wenn kein (Teil-)Anerkenntnis erfolgt, auf Klageabweisung. Je nach Sachlage ist aber schon im Zusammenhang mit der Klageerwiderung zu prüfen, ob Widerklage zu erheben ist. Das gilt vor allem für drei besondere Fallgestaltungen:

a) Der Kläger klagt eine Kauf- oder Werklohnforderung ein, der Beklagte macht Mängel geltend. Ist durch AGB oder sonst wirksam die Aufrechnung und/oder ein Zurückbehaltungsrecht ausgeschlossen, kann im Wege der Verteidigung nur Minderung geltend gemacht werden, nicht aber im Wege der Aufrechnung ein Anspruch auf Aufwendungs- oder Schadenersatz. Hier bleibt für den Beklagten nur der Weg der Widerklage. Sie hat – sofern das Gericht nicht vorab durch Teilurteil über die Klage entscheidet – für die Vollstreckung im Ergebnis dieselbe praktische Auswirkung wie eine Aufrechnung. Wird nämlich der Beklagte auf die Klage hin, der Kläger auf die Widerklage hin verurteilt, wird der Kläger vernünftigerweise vor einer Vollstreckung doch noch eine „Aufrechnung" akzeptieren, weil er sonst seinerseits Vollstreckungsmaßnahmen des Beklagten aufgrund der Widerklage zu erwarten hätte. Wendet der Beklagte zu Recht Wandlung ein, geht dadurch zwar der Kauf- oder Werklohnanspruch unter, die Klage ist abzuweisen. Ist aber schon eine Akontozahlung erfolgt, wird er insoweit Widerklage erheben, soweit erforderlich unter Abzug etwa von ihm zu leistender Nutzungsentschädigungen oder gezogener Früchte.

b) Hat der Kläger Klage auf Zug-um-Zug-Leistung erhoben, z.B. ein Handelsvertreter auf Provisionszahlung Zug um Zug gegen Herausgabe zurückbehaltener Muster oder Waren, muß der Beklagte eine Widerklage mit umgekehrtem Zug-um-Zug-Antrag erwägen, wenn er ein besonderes Interesse an der Gegenleistung hat und es nicht im Belieben des Klägers gestellt lassen will, ob und wann dieser aus einem obsiegenden Urteil unter Anbietung der Gegenleistung gem. § 756 vollstreckt. Ist in einem solchen Falle die vom Beklagten zu erbringende Hauptleistung der Höhe nach streitig, muß der Beklagte bei seinem Widerklageantrag bezüglich der Zug-um-Zug-Leistung einen insoweit zulässigen bedingten Antrag stellen, nämlich,

> den Kläger zu verurteilen, an den Beklagten folgende Gegenstände (1–5) herauszugeben Zug um Zug gegen Zahlung des Betrages, zu dem der Beklagte auf die Klage hin verurteilt werden wird.

c) Negative Feststellungswiderklage kommt in Betracht, wenn der Kläger nur einen

Teil einer streitigen Forderung einklagt, der Beklagte aber das gesamte Rechtsverhältnis geklärt wissen will. Erhöht dann aber der Kläger im Laufe des Rechtsstreits seine Klage auf den vollen Betrag, muß sofort die Feststellungswiderklage für erledigt erklärt werden, weil mit der Klageerweiterung das Rechtsschutzinteresse für die Widerklage weggefallen ist.

2. Die Vollstreckungsschutzanträge

a) Kein allgemeiner Vollstreckungsschutzantrag

Ein *allgemeiner* Vollstreckungsschutzantrag ist überflüssig. Grundsätzlich sind Urteile nach § 710 nur gegen Sicherheitsleistung für vorläufig vollstreckbar zu erklären, der Schuldner ist also durch die Sicherheitsleistung geschützt. Bei den nach § 709 Nrn. 4–11 ohne Sicherheitsleistung für vorläufig vollstreckbar zu erklärenden Urteilen ist gem. § 711 von Amts wegen auszusprechen, daß der Schuldner die Vollstreckung durch Sicherheitsleistung oder Hinterlegung abwenden darf, wenn nicht der Gläubiger vor der Vollstreckung Sicherheit leistet. Auch hier ist der Schuldner geschützt entweder durch die Sicherheitsleistung des Gläubigers oder durch die ihm verbleibende Abwendungsbefugnis. In den Fällen des § 708 Nrn. 1–3 kommt ein allgemeiner Vollstreckungsschutzantrag nicht in Betracht.

Zweckmäßig ist es, für den Fall des § 711 die Art der Sicherheitsleistung zu benennen, wenn die Zwangsvollstreckung statt durch Hinterlegung durch Bürgschaft abgewendet werden soll, was regelmäßig der Fall ist. Ein solcher Antrag erspart Zeit und die Notwendigkeit eines Ergänzungsbeschlusses.

Beispiel:

Ich werde beantragen,

1. die Klage abzuweisen,
2. hilfsweise, dem Beklagten nachzulassen, die Sicherheitsleistung gem. § 711 durch selbstschuldnerische Bürgschaft der *x-Bank, Zweigstelle Frankfurt am Main*, zu erbringen.

Ein Abwendungsantrag gem. § 720 a III ist ebenfalls nicht erforderlich, denn im Falle der Sicherungsvollstreckung ist der Schuldner zur Abwendung der Zwangsvollstreckung durch Sicherheitsleistung auch dann befugt, wenn dies im Urteil nicht ausgesprochen ist.[1]

b) Besonderer Vollstreckungsschutzantrag

Ein besonderer Vollstreckungsschutzantrag ist dagegen erforderlich, wenn die Voraussetzungen des § 712 gegeben sind, also wenn die Vollstreckung dem Schuldner einen nicht zu ersetzenden Nachteil bringen würde oder wenn der Schuldner zur Sicherheitsleistung nicht in der Lage

---

[1] *Baumbach-Lauterbach*, § 720 a Anm. 3.

ist. Dieser Antrag kommt gegenüber allen Urteilen in Betracht. Das gilt zunächst für alle nach § 710 für vorläufig vollstreckbar zu erklärende Urteile, ferner in den Fällen der §§ 708 Nrn. 4–11 im Hinblick darauf, daß dem Gläubiger die Möglichkeit genommen werden soll, seinerseits durch Sicherheitsleistung vor der Vollstreckung die Abwendungsbefugnis des Schuldners auszuschließen. Der Schuldner soll durch § 712 in jedem Falle „ohne Rücksicht auf eine Sicherheitsleistung des Gläubigers" vor Vollstreckungsmaßnahmen geschützt werden, wenn ihm die Vollstreckung selbst einen nicht zu ersetzenden Nachteil bringen würde. In den Fällen des § 708 Nrn. 1–3 kann das Gericht gem. § 712 II anordnen, daß das Urteil nur gegen Sicherheitsleistung vorläufig vollstreckbar ist.[2]

Beim besonderen Vollstreckungsschutzantrag muß der Schuldner im einzelnen begründet darlegen und gem. § 714 II glaubhaft machen, daß und warum die Vollstreckung ihm einen nicht zu ersetzenden Nachteil bringen würde oder daß und warum er zur Sicherheitsleistung nicht in der Lage ist. Allgemeine Redensarten und Floskeln genügen nicht. Da an den Nachweis strenge Anforderungen gestellt werden,[3] muß die Begründung dem Rechnung tragen. Da jede Vollstreckung für den Schuldner nachteilig ist, müssen also besondere Gründe aufgezeigt werden, warum die Vollstreckung mit hinreichender Sicherheit einen nicht wieder gutzubringenden Schaden verursachen würde, z. B. konkrete Gefahr der Kündigung eines Bankkredits mit der Folge, daß der Schuldner zahlungsunfähig würde und Konkursantrag stellen müßte. Dasselbe gilt für den Fall, daß der Schuldner zur Sicherheitsleistung nicht in der Lage ist und deshalb gem. § 712 I 2 beantragt wird, das Urteil nicht für vorläufig vollstreckbar zu erklären oder die Vollstreckung auf eine Sicherungsvollstreckung gem. § 720 a zu beschränken. Hier müssen die Vermögens- und Einkommensverhältnisse im einzelnen nachprüfbar dargelegt und glaubhaft gemacht werden, z. B. durch Vorlage einer Gehaltsbescheinigung, eines Einkommenssteuer- und Vorauszahlungsbescheides, Aufstellung der laufenden notwendigen Ausgaben, Schuldverpflichtungen usw. Der Antrag lautet:

dem Beklagten zu gestatten, die Zwangsvollstreckung ohne Rücksicht auf eine Sicherheitsleistung des Gläubigers durch selbstschuldnerische Bürgschaft der *y-Bank* abzuwenden

oder

das Urteil nicht für vorläufig vollstreckbar zu erklären bzw. die Vollstreckung auf die in § 720 a I u. II bezeichneten Maßregeln zu beschränken.

Wird beim ersten Antrag der Satzteil „ohne Rücksicht auf eine Sicherheitsleistung des Gläubigers" weggelassen, bleibt unklar, ob damit nur

---

[2] So auch *Baumbach-Lauterbach*, § 712 Anm. 5; a. A. *Engels*, AnwBl 1978, 163.
[3] Einzelheiten bei *Baumbach-Lauterbach*, § 707 Anm. 3 C.

für den Fall des § 711 die Art der Sicherheitsleistung bezeichnet werden soll oder ob ein besonderer Vollstreckungsschutzantrag gestellt wird.

Der Antrag aus § 712 kann gem. § 714 nur bis zum Schluß der letzten mündlichen Verhandlung gestellt, also nicht nachgeholt werden, wie der Antrag wegen der Art und Weise der Sicherheitsleistung. Versäumt der Anwalt einen solchen Antrag, führt deshalb der Kläger die Vollstreckung durch, obsiegt dann aber der Beklagte in der nächsten Instanz, kann der Anwalt wegen der durchgeführten Vollstreckung regreßpflichtig sein.

III. Der Aufbau und Inhalt der Klageerwiderung

Für den Aufbau und den Inhalt der Klageerwiderung lassen sich noch weniger Regeln aufstellen als für die Klageschrift. Die Verteidigung des Beklagten richtet sich grundsätzlich nach der Art und Weise des Angriffs in der Klageschrift, hierauf muß sich der Beklagte einstellen.

1. Die Gliederung

Im allgemeinen ist daher schon durch die Klageschrift die Gliederung der Klageerwiderung vorgegeben. In ihr muß sich der Anwalt des Beklagten im einzelnen mit dem Sachvortrag des Klägers und seinen Rechtsausführungen auseinandersetzen. Dies bedeutet aber nicht, daß der Beklagte sklavisch auf jeden Satz oder Absatz der Klageschrift eingehen müßte. Die Klageerwiderung soll sich auf das Wesentliche, aber Notwendige beschränken. Trägt der Kläger überflüssige Prozeßgeschichte oder sonstiges Beiwerk aus Stimmungsmache oder mangels Konzentration auf das Wesentliche vor, sollte es sich der Anwalt des Beklagten versagen, hierauf im einzelnen einzugehen.

Läßt die Klageschrift eine sachlogische Gliederung vermissen, ist es für den Beklagten zumindest von prozeßtaktischem Vorteil, wenn er durch eine seinerseits sachlogisch aufgegliederte Klageerwiderung „Ordnung“ in den Sach- und Streitstoff bringt. Seine Position wird dadurch klarer herausgestellt. Das gilt vor allem für die sogenannten Punkte-Sachen. Gliedert der Beklagte sie erstmals vernünftig auf, wird nicht nur dem Gericht die Übersicht erleichtert, sondern es bleibt dann auch zu hoffen, daß sich der Kläger in seinen folgenden Schriftsätzen dieser Gliederung anschließt.

2. Die Einführung

Entsprechend der Streiteinführung in der Klageschrift empfiehlt es sich, auch am Anfang der Klageerwiderung in groben Zügen klarzustellen, worauf sich die Verteidigung des Beklagten bezieht. Sie kann sich darauf stützen, daß er

- den Tatsachenvortrag des Klägers ganz oder teilweise bestreitet,
- aus dem ganz oder teilweise unbestrittenen Tatsachenvortrag andere Rechtsfolgen herleitet,
- rechtsvernichtende oder rechtshindernde Einwendungen oder Einreden geltend macht (Einreden im prozessualen Sinne).[4]

Wird die Grundlinie der Verteidigung des Beklagten am Anfang der Klageerwiderung hervorgehoben, weiß der Richter sofort, worauf sich die Verteidigung des Beklagten bezieht.

Beispiele: (1) Der Klageanspruch ist dem Grunde nach unstreitig, der Beklagte bestreitet jedoch die Höhe der Klageforderung.

(2) Das Vorbringen des Klägers ist im wesentlichen unstreitig. Aus Rechtsgründen ist jedoch die Klage nicht schlüssig.

(3) Der Klageanspruch ist dem Grunde und der Höhe nach unstreitig, der Beklagte wendet jedoch Aufrechnung ein/macht ein Zurückbehaltungsrecht geltend/erhebt die Einrede der Verjährung.

IV. Das Bestreiten

Die meisten, gröbsten und folgenschwersten Unterlassungssünden werden beim Bestreiten begangen. Die immer wieder in der Klageerwiderung anzutreffende Eingangsfloskel,

das gesamte Vorbringen des Klägers wird bestritten, soweit es nicht ausdrücklich zugestanden wird,

ist nicht nur unzulänglich, sondern auch schädlich.

Unzulänglich, weil der Sachvortrag des Gegners konkret und begründet bestritten werden muß; schädlich, weil diese Floskel den Verfasser in der trügerischen Sicherheit wiegt, vorsorglich alles bestritten zu haben, was ihn dann bei der Ausarbeitung der Details davon abhält, die jeweils notwendigen Erklärungen abzugeben. Bleibt eine Behauptung unbestritten, ist sie nach § 138 III als zugestanden anzusehen. Das bedeutet, daß sie als unstreitig und wahr zu berücksichtigen, also nicht beweisbedürftig ist. Insoweit wird ein Geständnis fingiert (vgl. § 288)[5]. Eine Bindungswirkung gem. § 290 tritt jedoch nicht ein. Ein nachträgliches Bestreiten ist grundsätzlich zulässig, auch noch in der Berufungsinstanz, jedoch kann es sowohl in 1. als auch in 2. Instanz als verspätet zurückgewiesen werden.[6]

---

[4] Zum Sprachgebrauch der ZPO, in dem die Begriffe „Einwendungen" und „Einreden" anders verwandt werden als im materiellen Recht vgl. *Rosenberg-Schwab*, ZPR, § 105.

[5] *Thomas-Putzo*, § 138 Anm. III 2.

[6] *Thomas-Putzo*, § 138 III 2; *BGH*, VersR 1963, 530. – Die Verzögerung der Erledigung des Rechtsstreits wird hier dadurch ausgelöst, daß die für die nunmehr bestrittene Behauptung benannten Beweise erhoben werden müssen.

1. Die Form des Bestreitens

Nach § 138 III ist grundsätzlich ein ausdrückliches Bestreiten erforderlich, also die Erklärung, eine Behauptung der Gegenpartei werde bestritten, sei unrichtig, falsch, nicht zutreffend oder dergleichen. Dem ausdrücklichen Bestreiten gleichgestellt ist es, wenn die Absicht, eine Tatsache bestreiten zu wollen, aus den übrigen Erklärungen der Partei hervorgeht (sogenanntes konkludentes Bestreiten). Das ist insbesondere der Fall, wenn sich aus dem übrigen Sachvortrag zwangsläufig ergibt, daß damit auch eine bestimmte, nicht ausdrücklich genannte Tatsache bestritten werden soll. Es besteht jedoch immer die Gefahr, daß das Gericht besonders bei umfangreichen Akten eine solche Absicht des Bestreitenwollens nicht erkennt oder übersieht. Deshalb ist grundsätzlich zu empfehlen, jedes Bestreiten ausdrücklich zu erklären, auch wenn dies zu einer gewissen Monotonie des Vortrages führen mag.

2. Einfaches und begründetes Bestreiten

Das Gesetz spricht nur von Bestreiten schlechthin, gleichwohl genügt ein solches einfaches Bestreiten nicht, wenn aufgrund der Prozeßförderungspflicht und der Verpflichtung zum vollständigen Sachvortrag eine von der Behauptung des Gegners abweichende Gegendarstellung erwartet werden kann (sogenanntes begründetes, substantiiertes Bestreiten). Ob ein einfaches Bestreiten ausreicht, ist von den Umständen des Einzelfalles abhängig. Es genügt, wenn es sich um einfache Vorgänge, Handlungen oder Erklärungen handelt, bei denen es nur ein Entweder-Oder gibt, die sich also nur so und nicht anders ereignet haben können, wie es die eine Partei behauptet. Dann ist auch das Beweisthema so, daß es ein Zeuge im Grunde nur mit ja oder nein beantworten kann.

Beispiel: Streitig ist, ob ein Brief abgegangen oder zugegangen ist, ob eine Partei oder ein Dritter an einem bestimmten Tag sich an einem bestimmten Ort aufgehalten hat, ob an einem bestimmten Tag auf der Baustelle gearbeitet wurde, ob es geregnet hat oder ob Glatteis war.

Begründetes Bestreiten ist notwendig, wenn verschiedene Geschehensabläufe, Handlungen oder Erklärungen in Betracht kommen, wenn es sich also um einen komplexen Vorgang handelt, die Erklärung des Beklagten mithin auf die Formel gebracht werden kann: „Nicht so, sondern so".

Beispiele: (1) Trägt der Kläger im einzelnen vor, daß und wie bei einer Besprechung Einigung über bestimmte Fragen erzielt wurde, muß der Beklagte, wenn er nicht bestreitet, daß die Besprechung überhaupt stattgefunden hat, im einzelnen ausführen, daß und warum keine Einigung erzielt wurde.

(2) Der Kläger behauptet unter Schilderung der Verkehrslage Vorfahrtsverletzung, Beklagter muß den Verkehrsablauf aus seiner Sicht schildern.

(3) Der Kläger behauptet, eine funktionsfähige, betriebsfähige Anlage geliefert zu haben, Beklagter muß im einzelnen darlegen, daß und welche Mängel bestehen.

Begründetes Bestreiten ist vor allem erforderlich, wenn es um einzelne Rechnungs-, Buchungs-, Schadens- oder Aufmaßposten geht. Pauschales Bestreiten genügt hier nicht, weil solche Einzelposten aus sich heraus nicht auf ihre Richtigkeit überprüft werden können, der Beklagte deshalb darlegen muß, warum er diese oder jene Position bestreitet.

Beispiele: Bei Rechnungsposten kann es um den Mengenansatz, den Preisansatz oder die Warenart gehen, bei Buchungsposten um den Betrag, den Zeitpunkt oder den Rechtsgrund der Buchung, bei Schadensposten um Art und Umfang der Höhe des Schadens. Beim Aufmaß muß zumindest anhand einzelner Positionen dargelegt werden, daß und welches abweichende Ergebnis eine Nachmessung durch den Beklagten ergeben hat oder aus welchen anderen Gründen das Aufmaß nicht stimmen kann. Verlangt der Kläger die Kosten für eine Ersatzvornahme (§ 633 II BGB), genügt es nicht, die zum Nachweis des Schadens vorgelegte Rechnung des mit der Ersatzvornahme beauftragten Handwerkers zu bestreiten. Der Beklagte muß im einzelnen ausführen, warum bestimmte Positionen zur Mängelbeseitigung nicht erforderlich gewesen seien, warum die Mengen oder Wertansätze überhöht seien.

In Abrechnungs- und Punktesachen ist das substantiierte Bestreiten eine oft mühselige, trockene aber notwendige Kleinarbeit, bei der der Anwalt bis zur letzten Position „durchhalten“ muß. Unterbleibt ein substantiiertes Bestreiten, obwohl nach Sachlage eine begründete Gegendarstellung erforderlich ist, gilt das Vorbringen des Gegners trotz einfachen Bestreitens als zugestanden und somit nicht als beweisbedürftig.[7]

Die Notwendigkeit begründeten Bestreitens entfällt nur, wenn dem Beklagten ein solches nicht zumutbar ist oder nicht möglich ist. Unzumutbar ist es z. B., wenn eine Abrechnung des Klägers in sich so unverständlich oder widersprüchlich ist, daß sie auch nicht annäherungsweise nachvollzogen werden kann oder wenn der Beklagte als Laie erst unter Zuhilfenahme eines teuren Privatgutachtens zu einzelnen Posten Stellung nehmen könnte. Unmöglich ist begründetes Bestreiten, wenn der Beklagte über keinerlei Rechnungsunterlagen verfügt, diese sich alle beim Kläger befinden oder wenn es sich um Vorgänge handelt, die außerhalb des Erklärungs- und Wahrnehmungsbereiches des Beklagten liegen. In diesen Fällen muß jedoch der Beklagte dartun, daß und warum ihm ein begründetes Bestreiten nicht zumutbar oder unmöglich ist.

3. *Bestreiten mit Nichtwissen*

Ein Bestreiten mit Nichtwissen ist nach § 139 IV nur zulässig, wenn die tatsächlichen Umstände weder eine eigene Handlung der Partei betreffen noch Gegenstand ihrer eigenen Wahrnehmung sind. Es muß sich also

---

[7] *BGHZ* 12, 50; *Thomas-Putzo,* § 138 Anm. III 1 B aa. – In derartigen Fällen ist das Gericht aber gem. § 139 I gehalten, darauf hinzuweisen, daß nicht verfahrensgerecht bestritten und damit zugestanden worden ist.

um Vorgänge handeln, an denen die Partei nicht beteiligt war und zu denen sie sich allein deshalb nicht äußern kann.

Beispiel: Der Kläger behauptet, ihm sei vom Dach des Beklagten ein Ziegel auf den Kopf gefallen. Der Beklagte bestreitet dies mit Nichtwissen, weil er zur Unfallzeit in Urlaub war.

Das Wissen oder Beteiligtsein des gesetzlichen Vertreters, bei juristischen Personen der Organe, steht dem der Partei gleich. Zweifelhaft ist, ob sich die Partei auch dann mit Nichtwissen erklären kann, wenn zwar nicht ein gesetzlicher Vertreter, wohl aber ein rechtsgeschäftlicher Vertreter oder ein sonstiger Beauftragter bei den strittigen Vorgängen zugegen war. § 166 I BGB, der bezüglich der Kenntnis oder des Kennenmüssens gewisser Umstände auf die Person des Vertreters abstellt, ist zwar im Prozeßrecht nicht unmittelbar anzuwenden. Gleichwohl wird man unter Berücksichtigung der auf eine schleunige Sammlung des vollen Prozeßstoffs gerichteten Förderungspflicht[8] eine Partei für verpflichtet halten, jedenfalls dann die für ein begründetes Bestreiten erforderlichen Erkundigungen einzuziehen, wenn der in der Sphäre der Partei Handelnde zu dieser in einem ständigen Dienst- oder Arbeitsverhältnis steht oder ein in Hausgemeinschaft lebender naher Angehöriger ist.

Beispiel: Ein Handwerker darf nicht lediglich mit Nichtwissen bestreiten, wenn es darum geht, ob der Bauherr oder Architekt dem bei ihm tätigen Gesellen auf der Baustelle eine bestimmte Anweisung erteilt hat, der Kläger nicht, ob ein Bote des Beklagten seiner Ehefrau eine Warensendung ausgehändigt hat.

Ausnahmsweise muß entgegen dem Wortlaut des § 138 IV auch ein einfaches Bestreiten mit *Nicht-mehr-Wissen* zulässig sein. Die Vorschrift will verhindern, daß eine Partei, obwohl es um eigene Handlungen und Wahrnehmungen geht, sich in die bequeme Position des Nichtwissens flüchtet. Die Prozeßförderungspflicht verlangt äußerste Bemühungen um Aufklärung des Sachverhaltes und somit auch des Gedächtnisses, notfalls muß die Partei versuchen, anhand von anderen Unterlagen die Vorgänge zu rekonstruieren. Hingegen soll derjenige, der sich trotz größter Bemühungen an gewisse Handlungen und Vorgänge nicht mehr erinnern kann, nicht mit den prozessualen Folgen einer zugestandenen Behauptung bestraft werden. Liegen z. B. die Handlungen und Wahrnehmungen der Partei lange Jahre zurück, sind Aufzeichnungen und Unterlagen nach Ablauf der steuerlichen Aufbewahrungsfrist von 10 bzw. 7 Jahren vernichtet worden, steht die Partei im hohen Alter, leidet sie an alters- oder krankheitsbedingten Erinnerungslücken, kann von ihr schlechterdings kein substantiiertes Bestreiten verlangt werden. Es muß ihr ohne prozessualen Nachteil in diesen Fällen gestattet sein, mit Nichtwissen zu bestreiten, sofern sie glaubhaft darlegt, daß und warum sie kein Wissen mehr um Vorgänge hat.

[8] *Baumbach-Lauterbach*, Grundz. § 128 Anm. 2 E.

4. Typische Fehlerquellen beim Bestreiten

Abschließend soll noch auf einige typische Fehlerquellen beim Bestreiten hingewiesen werden:

Der Kläger behauptet Verwendung von AGB, VOB, VOL oder ADSP. Der Anwalt des Beklagten geht ohne nähere Prüfung über diesen Sachvortrag hinweg, ohne zu prüfen, ob sie vereinbart sind. Das Gericht muß dann diese meist für den Beklagten nachteilige Regelungen der Entscheidung zugrundelegen.

Der Beklagte bestreitet nicht im einzelnen förmliche Tatbestandsvoraussetzungen des geltend gemachten Anspruchs, z. B. Abmahnung vor Kündigung, Mahnung und Fälligkeit (§ 284 I BGB), Fristsetzung (§§ 326, 633 BGB), Zugang eines Schreibens.

Macht der Kläger Verzugszinsen wegen Inanspruchnahme von Bankkredit geltend, muß je nach Sachlage sowohl die Inanspruchnahme als auch die Höhe des Zinssatzes ausdrücklich bestritten werden.

V. Einreden im prozessualen Sinne

Aus der Fülle der in Betracht kommenden Einwendungen und Einreden (im materiellrechtlichen Sinne) werden hier beispielhaft nur solche behandelt, bei denen es problematisch ist, ob und wie sie in den Prozeß eingeführt werden sollen. Mit einer Einwendung macht der Beklagte geltend, daß der Anspruch aus Rechtsgründen nicht entstanden ist oder nicht mehr besteht. Der Einwand unterscheidet sich vom Bestreiten dadurch, daß sich der Beklagte beim Einwand auf eine anspruchshindernde oder anspruchsvernichtende Gegennorm beruft, deren Vorbringen er darzutun und zu beweisen hat, während mit dem Bestreiten die tatsächlichen Voraussetzungen der Anspruchsgrundlage in Frage gestellt werden. Durch die Einrede wird der Anspruch selbst nicht in Frage gestellt, sondern ein zeitlich begrenztes oder dauerndes Leistungsverweigerungsrecht geltend gemacht.

1. Rücktritt

Beruft sich der Beklagte auf Rücktritt vom Vertrag, entweder aufgrund Vorbehalts gem. § 346 BGB oder gem. §§ 325, 326 BGB, ist zu unterscheiden, ob der Vertrag bereits ganz bzw. teilweise erfüllt war oder nicht. Bei noch nicht erfülltem Vertrag genügt es, wenn der Beklagte die tatsächlichen Voraussetzungen des Rücktritts und die Rücktrittserklärung darlegt und unter Beweis stellt. Die wirksame Rücktrittserklärung führt zur Klageabweisung.

Ist dagegen der Vertrag schon ganz oder teilweise von einer oder beiden Seiten erfüllt, muß der Anwalt des Beklagten prüfen, ob er sich auf einen bereits vorprozessual erklärten Rücktritt beruft bzw. von einem bestehenden Rücktrittsrecht noch Gebrauch machen soll. Der Rücktritt kann sich nämlich wirtschaftlich gesehen für den Beklagten als Bumerang erweisen, wenn er sich bei der Rückabwicklung des Vertragsverhältnisses gem. §§ 327, 346 ff. BGB im Ergebnis schlechter steht als bei seiner Aufrechterhaltung. Entsprechendes gilt für die Anfechtung oder die Berufung auf die Nichtigkeit des Vertrages, bei der eine Rückabwicklung gem. §§ 812 ff. BGB erfolgt.

Beispiel: Der Beklagte hat 1972 ein unbebautes Grundstück im unbeplanten Innenbereich zum m^2-Preis von 200 DM gekauft, mit Rücktrittsvorbehalt bis 31. 12. 1980 für den Fall, daß bei einer bis dahin abgeschlossenen Bebauungsplanung das Grundstück eine geringere GFZ als 2,0 habe. Zugunsten des Beklagten ist eine Auflassungsvormerkung eingetragen. Der Beklagte hat vereinbarungsgemäß 80% des Kaufpreises gezahlt, der Kläger klagt die am 31. 12. 1978 fällig gewordenen restlichen 20% ein nebst der vereinbarten Zinsen. Der im Laufe des Jahres 1980 rechtswirksam gewordene Bebauungsplan hat für das Grundstück eine GFZ von nur 1,8 festgesetzt. Mit GFZ 2,0 hätte das Grundstück mittlerweile einen Wert von 300 DM, mit der GFZ von 1,8 hat es aber immer noch einen Wert von 250 DM. Der Beklagte kann zwar das Grundstück nicht wie beabsichtigt voll baulich nutzen, müßte aber das inzwischen gleichwohl wertvoller gewordene Grundstück zurückgeben und erhielte nur die geleistete Zahlung zurück zuzüglich der gesetzlichen Zinsen von 4% gem. §§ 347 S. 3, 246 BGB.

Beruft sich der Beklagte auf Rücktritt, muß er bei beiderseits ganz oder teilweise erfülltem Vertrag entweder gleichzeitig die empfangene Leistung Zug um Zug gegen Rückgewähr der vom Kläger erbrachten Leistung anbieten oder entsprechende Widerklage erheben. Unterläßt er dies und stellt der Kläger seinerseits einen entsprechenden umgekehrten Hilfsantrag, trägt der Beklagte insoweit die Kosten. Ein sofortiges Anerkenntnis des Hilfsantrages ist nach herrschender Meinung, weil nicht uneingeschränkt und unbedingt, nicht möglich.[9]

2. *Erfüllung*

Die Erfüllung hat der Beklagte darzulegen und zu beweisen. Liegt wie meist im Streitfall keine Quittung vor, muß im einzelnen dargelegt und unter Beweis gestellt werden, durch wen, in welcher Weise Zahlung oder sonstige Leistung erfolgt sein soll. Bei Abrechnungsstreitigkeiten mit mehreren Forderungen muß der Anwalt des Beklagten genau prüfen, ob der Erfüllungseinwand gerade gegenüber der eingeklagten Forderung unter Berücksichtigung von § 366 BGB durchgreift. Zunächst ist zu klären, ob der Beklagte von seinem Bestimmungsrecht nach § 366 I BGB bei Zahlung Gebrauch gemacht hat, entweder durch Begleitbrief, Vermerk auf dem Überweisungsträger oder Zahlung des genauen Rechnungsbetrages. Ist dies nicht erfolgt, greift die Anrechnungsregelung des § 366 II BGB ein. Der Beklagte muß darlegen, daß und welche mehrere Forderungen bestanden, welche Zahlungen entsprechend der gesetzlichen Til-

[9] *Baumbach-Lauterbach,* § 303 Anm. 2 A.

gungsfolge zu verrechnen sind und daß hiernach die eingeklagte Forderung zu der getilgten gehört. Dies erfordert eine Gegenüberstellung der Forderungen in der Reihenfolge des § 366 II BGB und der jeweiligen Zahlungen. Handelt es sich um Akontozahlungen, ist jeweils ein Zwischensaldo zu ziehen; wenn eine Forderung getilgt ist, ist der Überschuß auf die nächstfolgende anzurechnen. Waren von den mehreren Forderungen einige verzinslich oder mit Kosten behaftet, greift zusätzlich § 367 BGB ein, und zwar in der Weise, daß es bei der Reihenfolge des § 366 II BGB bleibt, dann aber bei jeder verzinslichen bzw. mit Kosten behafteten Forderung für diese zunächst die Kosten und dann die Zinsen verrechnet werden.[10]

3. Aufrechnung

Zu unterscheiden ist zwischen Haupt(Primär)- und Hilfsaufrechnung. Eine Hauptaufrechnung liegt vor, wenn der Klageanspruch unstreitig ist, der Beklagte sich also nur auf Aufrechnung beruft[11]. In diesem Falle wird der Prozeß praktisch unter verkehrtem Rubrum geführt. Der Beklagte steht mit Ausnahme der formalen Parteienstellung prozessual in der Stellung des Klägers, denn er muß wie ein Kläger alle Voraussetzungen der Aufrechnungsforderung darlegen und unter Beweis stellen, während sich der Kläger gegen diese Aufrechnungsforderung verteidigt.

Die Hilfsaufrechnung wird im Prozeß nur vorsorglich für den Fall des Bestehens der bestrittenen Klageforderung erklärt. Sie steht also unter der Rechtsbedingung, daß die in erster Linie geltend gemachten Einwendungen (im prozessualen Sinne) nicht durchgreifen. Sie kommt nicht mehr in Betracht, wenn bereits vorprozessual eine unbedingte Aufrechnungserklärung abgegeben wurde. Denn eine vorbehaltlose unbedingte Aufrechnungserklärung beinhaltet notwendig ein deklaratorisches Schuldanerkenntnis der Hauptforderung. Hieran ist der Schuldner gebunden.[12] Der Beklagte kann die Hauptforderung nicht mehr nachträglich bestreiten. Anders ist es, wenn er auch vorprozessual die Aufrechnung nur vorsorglich oder hilfsweise erklärt hat, was im einzelnen Auslegungsfrage ist.

Nach § 19 III GKG erhöht sich bei der Hilfsaufrechnung der Streitwert um den Betrag der Gegenforderung, soweit über sie eine der Rechtskraft fähige Entscheidung ergeht. Die materielle Rechtskraft erstreckt sich nach § 322 II nicht nur auf die durch die Aufrechnung verbrauchte Gegenforderung, sondern auch auf die Entscheidung, daß eine Gegenforderung nicht besteht, und zwar bis zur Höhe des zur Aufrech-

---

[10] *BGH,* NJW 1969, 1846.
[11] Zur Abgrenzung von Haupt- und Hilfsaufrechnung s. *Deubner,* JuS 1981, 763.
[12] *Palandt-Thomas,* § 781 Anm. 2 a.

nung gestellten Betrages. Das Kostenrisiko der Hilfsaufrechnung wird noch dadurch erhöht, daß der Beklagte wegen der Rechtskraftwirkung des § 322 II bei Aufrechnung mit mehreren Gegenansprüchen die Reihenfolge bestimmen muß, in der die Gegenansprüche zur Aufrechnung gestellt werden.

Beispiel: Mit der Klage werden 20 000 DM Werklohn geltend gemacht. Der Beklagte macht geltend, der Kläger sei nicht aktiv legitimiert und erklärt hilfsweise die Aufrechnung mit (1) einem Schadensersatzanspruch wegen Mängeln in Höhe von 10 000 DM, (2) einer Gegenforderung aus Darlehen in Höhe von 20 000 DM und (3) einer Gegenforderung aus Kaufvertrag in Höhe von 15 000 DM. Hält das Gericht die Klageforderung für begründet, die Gegenforderung (1) in voller Höhe, die Gegenforderung (2) in Höhe von 10 000 DM und die Gegenforderung (3) in Höhe von 5000 DM für unbegründet, so wird zwar die Klage abgewiesen, der Streitwert beträgt jedoch 65 000 DM. Der Kläger unterliegt in Höhe von 20 000 DM, der Beklagte in Höhe von 45 000 DM, trägt mithin 9/13 der Kosten: eine erfolgreiche, aber teure Aufrechnung.[13]

Die Bestimmung der Reihenfolge muß also wegen der streiterhöhenden Wirkung des § 19 III GKG dergestalt erfolgen, daß die aussichtsreichste, sicherste Gegenforderung in erster Linie, die übrigen nach dem Grade ihrer Erfolgschancen ersatzweise benannt werden. Das bedeutet, daß der Anwalt des Beklagten bei Hilfsaufrechnung mit mehreren Gegenforderungen die Erfolgsaussichten jeder einzelnen Gegenforderung prüfen und gegeneinander abwägen muß und erst dann deren Reihenfolge bestimmen darf.

Wegen der Streitwerterhöhung des § 19 III GKG darf die Hilfsaufrechnung nicht unüberlegt erklärt werden. In vielen Prozessen setzt sich der Anwalt des Beklagten eingehend mit der Klageforderung auseinander. Zum Schluß kommen ihm Bedenken, ob seine Ausführungen ausreichen, die Klage zu Fall zu bringen. Er erklärt dann ohne nähere Prüfung, daß im übrigen der Beklagte diese und jene Gegenforderung habe, mit der hilfsweise aufgerechnet werde. Nähere Angaben zum Grund, erst recht zur Höhe, werden nicht gemacht mit Ausnahme der immer wieder anzutreffenden Floskel „der Schadenersatzanspruch des Beklagten übersteigt in jedem Fall die Klageforderung". Erklärt das Gericht die Hilfsaufrechnung mangels substantiierten Sachvortrags für unbegründet, hat sich nicht nur dank der unüberlegten Floskel der Streitwert verdoppelt, der Beklagte ist darüber hinaus wegen der Rechtskraftwirkung des § 322 II auch der vielleicht bestehenden, aber nicht hinreichend begründeten Gegenforderung verlustig gegangen. Einer späteren Klage des früheren Beklagten gegen den früheren Kläger wegen dieser vorsorglich zur Aufrechnung gestellten, vom Gericht jedoch beschiedenen Gegenforderung steht die Einrede der Rechtskraft entgegen.

---

[13] Die Frage, ob sich der Streitwert um mehr als das Doppelte der Klageforderung erhöht, wenn die Aufrechnungsforderungen wertmäßig die Klageforderung übersteigen, ist streitig. Eine analoge Anwendung des § 19 IV GKG ist nicht gerechtfertigt; wie hier *Mümmler,* Jur Büro 1980, 1545 u. *E. Schneider,* Kostenrechtsprechung, § 19 GKG, Anm. zu Nr. 23 – a. A. z. 3 *OLG Frankfurt,* Jur Büro 1980, 1543.

4. *Gewährleistung*

Macht der Beklagte gegenüber einer Kaufpreis-, Werklohn- oder Mietzinsforderung Mängel geltend, muß sein Anwalt mit dem Mandanten absprechen und im Prozeß klarstellen, welche Rechtsfolgen daraus hergeleitet werden. Die Behauptung, daß diese oder jene Mängel bestehen, ist prozessual so lange bedeutungslos, als nicht erklärt wird, ob

- wegen der Mängel die Abnahme verweigert wurde mit der Folge, daß die Forderung noch nicht fällig ist (§ 640 BGB),
- Wandlung nach §§ 462, 634 BGB verlangt wird mit der Folge, daß der Kauf- oder Werklohnanspruch nicht mehr besteht,
- Minderung verlangt wird mit der Folge, daß der Kauf-Werklohnanspruch nur noch teilweise besteht,
- das Beseitigungsverlangen gem. § 633 II BGB gestellt wird und in Höhe der bereits aufgewendeten oder erforderlichen Kosten der Ersatzvornahme die Aufrechnung erklärt wird oder
- Schadenersatz nach §§ 463, 538, 634, 635 BGB verlangt und in Höhe desselben die Aufrechnung erklärt wird.

Nicht nur die Rechtsfolgen sind zum Teil sehr unterschiedlicher Art, vor allem hat der Beklagte, je nachdem, von welcher Wahlmöglichkeit er Gebrauch machen will, unterschiedliche Tatsachen vorzutragen und unter Beweis zu stellen. Unterbleibt diese Differenzierung, läuft der Beklagte Gefahr, trotz bestehender Mängel mit seinem Mängeleinwand unberücksichtigt zu bleiben.

§ 7. Der Beweisantrag

I. Grundsätzliches

Der Beweisantrag ist eine Schnittstelle zwischen materiellem Recht und Prozeßrecht. Nach materiellem Recht richtet sich die Frage der Erheblichkeit, d. h., was zu beweisen ist und die der Beweislast, d. h., durch wen etwas zu beweisen ist. Nach Prozeßrecht richtet sich die Frage der Beweisbedürftigkeit, d. h., ob und wie etwas zu beweisen ist. Zu unterscheiden ist zwischen dem Beweisantritt und der Beweiserhebung. Der Beweisantritt ist das Beweisangebot der Partei. Ob Beweis erhoben wird, hängt davon ab, ob der Gegner die Behauptung, für die Beweis angetreten ist, bestreitet und ob das Gericht diese Behauptung für relevant hält. Die Beweisbedürftigkeit einer Behauptung stellt sich also erst im Verlauf des Verfahrens heraus.

Der Beweisantritt erfolgt, wenn mündlich verhandelt wird, in der mündlichen Verhandlung.[1] Die Beweisangebote in vorbereitenden Schriftsätzen kündigen daher lediglich Beweisantritte an.[2] Sie werden aber nach dem die Prozeßpraxis beherrschenden Bezugnahmeprinzip (§ 137 III) ohne weiteres zu vollgültigen Beweisantritten, wenn nach der Einreichung des Schriftsatzes mündlich verhandelt wird. Diese Wirkung der mündlichen Verhandlung kann nur durch einen Verzicht auf den angekündigten Beweisantritt verhindert werden. Da das schriftsätzlich Angekündigte regelmäßig Prozeßstoff wird, bestimmt es auch schon vor der mündlichen Verhandlung die Überlegungen des Gerichts und des Gegners.

II. Der Zeitpunkt des Beweisantritts

Beweisantritte sollen nach dem Prinzip der Beweisverbindung mit der Aufstellung der zu beweisenden Behauptung verbunden werden.[3] § 282 I

---

[1] Durchbrochen wird das Mündlichkeitsprinzip nicht nur in den Fällen des § 128 I, II, sondern auch beim Erlaß eines Beweisbeschlusses vor der mündlichen Verhandlung gem. § 358 a, dessen Grundlage nur Beweisantritte in den vorbereitenden Schriftsätzen sein können. So auch *Rosenberg-Schwab*, ZPR, § 113 VI 1.

[2] Vgl. hierzu etwa die Formulierung in § 282 II im Gegensatz zu der in Abs. I der genannten Vorschrift.

[3] *Rosenberg-Schwab*, §113 VI 1.

a. F., der das anordnete,[4] ist zwar in der Neufassung der ZPO durch die Vereinfachungsnovelle entfallen, die Beweisverbindung entspricht aber der sorgfältigen und auf Förderung des Verfahrens bedachten Prozeßführung, die durch § 282 I den Parteien zur Pflicht gemacht wird.[5] § 282 I betrifft zwar das Vorbringen in der mündlichen Verhandlung. Da dort aber regelmäßig durch Bezugnahme vorgebracht wird, muß das Vorbringen in den Schriftsätzen vorgezeichnet werden (§ 130 Nr. 5).

Das Gesetz macht die Beweisverbindung zwar nicht zur Wirksamkeitsvoraussetzung für den Beweisantritt und sieht auch keine spezielle Sanktion[6] für die Verletzung dieses Prinzips vor. Der Anwalt sollte es aber einhalten, um unnötige Mehrarbeit zu vermeiden. Werden Beweise gesondert angekündigt, muß nämlich bei der Nennung des Beweisthemas der angekündigte oder schon erfolgte Sachvortrag in erheblichem Umfang wiederholt werden.

Ist nach der vorprozessualen Streitlage oder der Prozeßlage sicher oder doch damit zu rechnen, daß der Gegner bestreiten wird, sollte daher in jedem Falle vorsorglich Beweis angetreten werden.[7] Mitunter wird bei einer für den Gegner zweifelhaften Beweislage allein schon die Benennung der Beweismittel diesen davon abhalten, bestimmte Tatsachen zu bestreiten, z. B., wenn zu befürchten ist, daß ein ihm nicht wohlgesonnener Zeuge Hintergrundinformationen liefert, die dann der Gegner als eigenen Parteivortrag aufgreift.

Beispiel: Der Kläger klagt gem. § 61 HGB auf Abführung vom Beklagten als Handlungsgehilfe vereinnahmten Schmiergelder in Höhe von 10 000 DM. Der Beklagte hat aber 20 000 DM vereinnahmt, was zwar der vom Kläger benannte Zeuge, nicht aber der Kläger selbst weiß. In diesem Falle wird der Anwalt mit seinem Mandanten abklären, ob es nicht besser ist, den eingeklagten Betrag von 10 000 DM anzuerkennen.

Stehen für eine Behauptung mehrere Beweismittel zur Verfügung, wie das vor allem beim Zeugenbeweis vorkommt, sollten alle benannt werden. Werden nämlich Beweismittel nachgeschoben, nachdem der Beweis mit den zunächst benannten nicht geführt werden konnte, ist die Gefahr der Zurückweisung groß. Die Durchführung des dann erforderlich werdenden weiteren Beweistermins verzögert die Erledigung des Rechts-

---

[4] Zu § 282 I a. F. vgl. etwa *Thomas-Putzo,* § 282 Anm. 1.

[5] Der Inhalt der in § 282 I in Form einer Generalklausel geregelten Prozeßförderungspflicht wird durch das in § 272 I gesetzte Ziel der Erledigung des Rechtsstreits in einem unfassend vorbereiteten Termin bestimmt. Umfassende Vorbereitung setzt umfassende Information des Gerichts voraus, und diese wird schnellstmöglich erreicht, wenn die Parteien ihr gesamtes Vorbringen (Sachvortrag und Beweismittel) dem Gericht in konzentrierter Form, also dem der Beweisverbindung, unterbreiten.

[6] Die Zurückweisung von Beweismitteln setzt voraus, daß diese verspätet vorgebracht werden. Der Verspätungsvorwurf knüpft allein an die Nichteinhaltung von Fristen zum Vorbringen (§ 296 I) und an verspätetes Vorbringen im Termin oder verspätete Ankündigung an (§ 296 II). Die Verletzung des Gebots zur Beweisverbindung wird dagegen nicht als Zurückweisungsvoraussetzung genannt.

[7] So auch *Schellhammer,* Zivilprozeß, 1982, Rdnr. 590 a. E.

streits,[8] der Schuldvorwurf gem. § 296 I, II ist eine reine Wertungsfrage und die Bereitschaft der Gerichte zurückzuweisen ist erheblich, wenn die Sache auf der Grundlage einer durchgeführten Beweisaufnahme entscheidungsreif geworden ist.

Werden Beweismittel nachträglich bekannt, müssen sie sofort schriftsätzlich benannt werden, damit sie vom Gericht noch zum nächsten Termin herbeigeschafft werden können. Das Gericht ist aufgrund der sich aus § 273 I 1 ergebenden Vorbereitungspflicht dazu gehalten, und zwar auch dann, wenn bereits ein Beweisbeschluß ergangen ist. § 360 steht dem nicht entgegen, da die Vorbereitungspflicht auch nach dem Erlaß eines Beweisbeschlusses fortbesteht.

III. Beweislast und Beweisantritt

Nachteile wegen des Nichtantritts von Beweisen (sog. Beweisfälligkeit) drohen einer Partei nur wegen der Behauptung, für die sie die Beweislast trägt. Nur für derartige Behauptungen muß daher Beweis angetreten werden. Der Anwalt muß also bei der Fertigung eines Schriftsatzes stets die Frage prüfen, wer für die aufgestellten Behauptungen die Beweislast trägt.[9] Ist diese Frage nicht zweifelsfrei zu beantworten, so sollten vorhandene Beweismittel angekündigt werden. Der angekündigte Beweisantritt gilt nämlich, ohne daß es einer dahingehenden Einschränkung bedarf, nur für den Fall, daß das Gericht die Partei für beweisbelastet ansieht. Trägt nach Ansicht des Gerichts der Gegner die Beweislast, so darf der Beweisantrag nur als Gegenbeweis, also nur dann, wenn der Gegner Beweis antritt, berücksichtigt werden.[10]

IV. Das Beweisthema

Beweisthema sind die Tatsachen, über die Beweis erhoben werden soll (§ 359 Nr. 1). Nur ausnahmsweise ist bei der Ermittlung von ausländischem Recht, Gewohnheitsrecht und Statuten über Rechtsfragen „Beweis“ zu erheben (§ 293). Werturteile und Schlußfolgerungen sind keine

---

[8] Und zwar auch dann, wenn man den sog. relativen oder hypothetischen Verzögerungsbegriff zugrunde legt, nach dem eine Verzögerung i. S. des § 296 nur dann vorliegt, wenn der Rechtsstreit bei rechtzeitigem Vorbringen schneller erledigt worden wäre. Vgl. hierzu etwa *Lüke*, JuS 1981, 504; *Leipold*, ZZP 93, 249 ff.; *Wolf*, ZZP 94, 313; *Deubner*, JuS 1982, 174.

[9] Zur Beweislast s. *Musielak*, JuS 1983, 198.

[10] *Rosenberg-Schwab*, § 118 I 2b; *Schellhammer*, Rdnr. 436; *Weber*, NJW 1972, 896; a.A. *Walther*, NJW 1972, 237 und ihm folgend *Baumbach-Lauterbach*, Einf. § 284 Anm. 5.

des Beweises zugänglichen Tatsachen, wohl aber Vorgänge der Gedanken- und Seelenwelt, sogenannte innere Tatsachen (z. B. Überlegungen, Beweggründe).[11] Auch Erfahrungssätze sind keine Tatsachen, bedarf es jedoch für ihre Erkenntnis besonderer Fachkunde, kommt insoweit Sachverständigenbeweis in Betracht.[12]

Für jedes Beweisthema wird zweckmäßigerweise ein gesonderter Absatz gewählt, in dem nur die zu beweisenden Tatsachen benannt sind. Unter den Absatz setzt man den Zusatz „Beweis" und die Bezeichnung des jeweiligen Beweismittels. Das Beweisthema muß in Abstimmung auf das jeweils relevante Tatbestandsmerkmal so genau wie möglich bezeichnet werden. Die der Vergangenheit oder Gegenwart angehörenden Geschehnisse oder Zustände sind nach Raum und Zeit anzugeben. Das Beweisthema ist richtig formuliert, wenn es ohne Zusätze und Abstriche in dem Beweisbeschluß übernommen werden kann. Kommen, wie häufig, mehrere verschiedene oder längere Beweisthemen in Betracht, muß darauf geachtet werden, daß sie jeweils gesondert formuliert und die Beweismittel richtig zugeordnet werden.

Beispiel: Der Architekt hat den Beklagten vor Ausführung der Arbeiten auf der Baustelle angewiesen, die Dichtungsfolie der Terrasse mindestens 15 cm an der aufgehenden Wand hochzuziehen.

Beweis: Architekt *Zimmer*

Die Folie ist nur 5 cm hochgezogen. Dies entspricht nicht den Vorschriften der VOB/C und ist die Ursache für die aufgetretene Feuchtigkeit in der Wohnung unter der Terrasse.

Beweis: Sachverständigengutachten

Wird ein umfangreiches Beweisthema aus Gründen der Übersichtlichkeit in mehrere Absätze aufgegliedert, z. B. der Inhalt einer längeren Verhandlung vorgetragen, genügt es nicht, nur am Schluß die Beweismittel anzuführen, vielmehr muß nach jedem Absatz das jeweils in Betracht kommende Beweismittel benannt werden, weil sonst unklar bleibt, auf welche vorangegangenen Absätze sich das Beweismittel beziehen soll.

Beim unmittelbaren Beweis ist die zu beweisende Tatsache selbst Gegenstand des Beweisthemas. Beim Indizienbeweis, einem mittelbaren Beweis, werden Hilfstatsachen unter Beweis gestellt, aus deren Vorhandensein oder Nichtvorhandensein kraft Lebenserfahrung auf das Vorliegen der Beweistatsache geschlossen werden kann. Beweisthema ist in diesem Falle die Hilfstatsache, nicht die Schlußfolgerung darüber, ob damit die zu beweisende Tatsache bewiesen ist. Da beim Indizienbeweis meistens

---

[11] Juristische Tatsachen, die rechtliche Beurteilung von Vorgängen, können nicht Gegenstand eines Beweisantritts sein. Als „juristisch gefaßte Einkleidung einer Tatsachenbehauptung" können sie zwar zugestanden werden (*BGH*, NJW 1974, 1866). Wird eine solche Tatsachenbehauptung aber bestritten, ist die behauptende Partei gezwungen, sie zu substantiieren, und nur dieses Vorbringen kann dann Thema eines Beweisantritts sein.

[12] A. A. *Baumbach-Lauterbach*, Einf. 284 Anm. 4 D.

mehrere Geschehnisse oder Umstände in Betracht kommen, müssen die Beweisthemen für die Hilfstatsachen sehr sorgfältig gegeneinander abgegrenzt und alternativ benannt werden für den Fall, daß nicht alle bewiesen werden können.

Beispiel: Der Beklagte hat dem Kläger Unfallfreiheit des verkauften Pkw zugesichert, obwohl ihm bekannt war, daß der Pkw bei einem Unfall einen Rahmenbruch davongetragen hat. Das ergibt sich aus folgenden Tatsachen:

Der Pkw hatte einen Rahmenbruch, der geschweißt wurde.

Beweis: Sachverständigengutachten

Der Beklagte wußte dies.

Er hat den Pkw am 1.2. 1979 von dem Zeugen *Huber* gekauft. Bis dahin war der Pkw unfallfrei.

Beweis: Heinrich Huber, Gärtnerweg 8, 6000 Frankfurt am Main

Am 3.3. 1979 erlitt der Beklagte in Friedberg einen Verkehrsunfall, bei dem sein Pkw erheblich beschädigt wurde.

Beweis: Werner Schneider, Färbergasse 3, 6360 Friedberg

Der Beklagte hat die Reparatur durch den Zeugen Faber ausführen lassen, der ihm erklärte, es sei ein Rahmenbruch vorhanden.

Beweis: Heinz Faber, Bergerstraße 15, 6000 Frankfurt am Main

V. Die Beweismittel

Beweismittel sind Augenschein, Urkunden, Zeugen, Parteivernehmung und Sachverständigengutachten.

1. Der Augenschein

Wenn es um gegenwärtige Zustände oder Geschehnisse geht, ist der Augenschein, ggf. unter Zuziehung eines Sachverständigen, das sicherste Beweismittel. Von ihm machen jedoch die Gerichte aus Zeitgründen, wenn auch zu Unrecht, kaum oder nur geringen Gebrauch, obwohl der Augenschein nach § 144 I auch von Amts wegen ohne Beweisantrag angeordnet werden kann.

Der Beweisantritt erfolgt durch die Bezeichnung des Gegenstandes des Augenscheins *und* durch die Angabe der zu beweisenden Tatsachen (§ 371). Weder das Eine noch das Andere ist allein ausreichend.

Beispiel: Die Parteien haben vereinbart, daß der Beklagte auf der gemeinschaftlichen Grenze eine 1,50 m hohe Grenzmauer errichten dürfe.

Diese Grenzmauer ist jedoch bedingt durch Bodenwellen im Gelände stellenweise bis zu 3 m hoch.

Beweis: Augenscheinseinnahme

2. Der Urkundenbeweis

Der Antritt des Urkundenbeweises erfolgt in unterschiedlicher Form. Er ist abhängig davon, *wo* sich die Urkunde befindet.

a) Urkunde in den Händen des Beweisführers

Ist die Urkunde in den Händen des Beweisführers, wird der Urkundenbeweis gem. § 420 durch Vorlage der Urkunde angetreten. Zum Beweisantritt gehört also schon die Vorlage der Urkunde selbst, entweder im Original oder bei einer öffentlichen Urkunde gem. § 435 in beglaubigter Abschrift. Die Beweisaufnahme erfolgt im Termin durch Einsichtnahme in die Urkunde. Wenn in Schriftsätzen, wie das häufig geschieht, nach Mitteilung des Beweisthemas als Beweis die Vorlage einer Urkunde genannt wird, so ist das nur die Ankündigung eines Beweisantritts.

Beispiel: Die im Vertrag vom 2. 2. 1980 vereinbarte Kündigungsfrist von 6 Monaten wurde durch den Zusatzvertrag vom 7. 3. 1980 auf 3 Monate verkürzt.
Beweis: Vorlage des Zusatzvertrages vom 7. 3. 1980

Die Ankündigung ist rechtlich ohne jede Bedeutung, wenn die Urkunde nicht vor oder spätestens im Termin vorgelegt wird. Bestreitet der Gegner die Echtheit oder den Inhalt der Urkunde und wird diese trotz Ankündigung nicht vorgelegt, bleibt der Beweisführer mangels ordnungsgemäßen Beweisantritts beweisfällig. Wenn daher, aus welchen Gründen auch immer, eine im Schriftsatz zu Beweiszwecken in Bezug genommene Urkunde nicht schon zugleich zum Zwecke des Beweisantritts vorgelegt wird, muß der Anwalt sicherstellen, daß ihm diese Urkunde im Termin zur Verfügung steht, um sie zum Zwecke des Beweisantritts vorlegen zu können. Eine Durchschrift oder Kopie der Urkunde reicht zur Führung des Urkundenbeweises nicht aus, wenn die Echtheit bestritten wird.

Kommen mehrere Urkunden als Beweismittel in Betracht, darf dem Gericht nicht kommentarlos ein umfangreiches Faszikel überreicht und ihm die Auswahl der beweiserheblichen Urkunden überlassen werden.

Beispiel: Soll bewiesen werden, daß der Beweisführer im Laufe einer umfangreichen über Jahre sich hinziehenden Korrrespondenz immer wieder einer bestimmten Auslegung eines Vertrages durch den Gegner widersprochen, damit seinen Rechtsstandpunkt aufrechterhalten und nicht verwirkt hat, genügt es nicht, anzukündigen, „*Beweis:* Vorlage des Schriftwechsels" und diesen dann unsortiert vorzulegen. Die einzelnen beweiserheblichen Urkunden sind vielmehr als solche zu bezeichnen.

Vom Beweis durch Urkundenvorlage zu unterscheiden ist die Bezugnahme auf Anlage, sofern diese den Sachvortrag der Partei ergänzen oder erläutern. Der Inhalt dieser Anlagen ist Teil des Sachvortrags. Sind Inhalt und Echtheit dieser Unterlagen unstreitig, erfolgt insoweit kein Urkundenbeweis und demgemäß fällt auch durch die Einführung dieser Urkunden in den Prozeß keine Beweisgebühr an.

b) *Urkunde in den Händen des Beweisgegners*

Befinden sich die Originalurkunden in den Händen des Gegners, z.B. ein Originalschreiben des Beweisführers an den Gegner, so wird nach § 421 der Urkundenbeweis angetreten durch den Antrag, dem Gegner die Vorlage der Urkunden aufzugeben. Entgegen weitverbreiteter Ansicht besteht aber keine allgemeine Vorlagepflicht des Gegners. Er ist prozessual nur zur Vorlage verpflichtet:

- wenn der Beweisführer nach den Vorschriften des bürgerlichen Rechts die Herausgabe oder Vorlegung der Urkunde verlangen kann, § 422,
- wenn sich der Gegner selbst im Prozeß zur Beweisführung gerade auf diese Urkunde bezogen hat, § 423 oder
- wenn zum Zwecke der Schriftvergleichung eine Vorlage gem. § 441 III zu erfolgen hat.

Die Vorlegungspflicht nach bürgerlichem Recht ist geregelt z.B. in §§ 371, 402, 716 und 810 BGB und §§ 118, 157 HGB.

Nach § 424 ist ein förmlicher und im einzelnen zu begründender Vorlegungsantrag zu stellen. Er muß enthalten

1. die Bezeichnung der Urkunde,
2. die Bezeichnung der Tatsachen, die durch die Urkunde bewiesen werden sollen,
3. die möglichst vollständige Bezeichnung des Inhalts der Urkunde,
4. die Angabe der Umstände, auf welche die Behauptung sich stützt, daß die Urkunde sich in dem Besitz des Gegners befindet, und
5. die Bezeichnung des Grundes, der die Verpflichtung zur Vorlegung der Urkunde ergibt. Der Grund ist glaubhaft zu machen.

Fehlen diese Angaben, ist der Antrag zurückzuweisen bzw. als nicht ordnungsgemäß gestellt unbeachtet zu lassen.[13]

Beispiel: Der Kläger verkaufte dem Beklagten ein Grundstück mit einem Mietshaus. Der Kläger verlangt den Restkaufpreis von 20000 DM. Der Beklagte will hiergegen mit von den Mietern gezahlten Kautionen aufrechnen, u.a. mit einer vom Mieter *X* gezahlten Kaution von 3500 DM. Der Kläger erkennt nur eine vom Mieter *X* gezahlte Kaution von 1500 DM an und trägt vor:

Der Mieter *X* hatte zwar gem. Mietvertrag eine Kaution von 3500 DM zu zahlen, sie wurde jedoch durch einen Nachtragsvertrag auf 1500 DM ermäßigt.

Beweis: Vorlage des Nachtragsvertrags durch den Beklagten

Dieser Beweisantrag ist unvollständig. Richtig muß er lauten:

Zum Beweis beantrage ich,

1. dem Beklagten aufzugeben, den ersten Nachtrag zum Mietvertrag zwischen dem Kläger und dem Mieter *X* vom Februar 1975 vorzulegen.
2. Mit dieser Urkunde wird bewiesen, daß die vom Mieter *X* zu zahlende Kaution von 3500 DM auf 1500 DM ermäßigt wurde.
3. Der erste Nachtrag zum Mietvertrag enthält außer der Ermäßigung der Mietkaution eine Neuregelung der Umlagen und die Zustimmung des Klägers als damaliger Vermieter zu baulichen Veränderungen durch den Mieter *X*.
4. Der Beklagte ist im Besitz des ersten Nachtrags zum Mietvertrag. Der Kläger hat bei Abschluß des Grundstückskaufvertrages den Mietvertrag zusammen mit allen anderen das Hausgrundstück betreffenden Unterlagen gem. § 7 des Kaufvertrages an den Beklagten übergeben.

---

[13] *Baumbach-Lauterbach*, § 424 Anm. 1.

5. Der Beklagte ist gem. § 810 BGB zur Vorlage der Urkunde verpflichtet, denn in dem Nachtragsmietvertrag ist ein seinerzeit zwischen dem Kläger und dem Mieter X bestehendes Rechtsverhältnis beurkundet worden. Zur Glaubhaftmachung beziehe ich mich auf die beiliegende eidesstattliche Versicherung des Klägers.

c) Urkunde im Besitz eines Dritten

Befindet sich die Urkunde im Besitz eines Dritten, ist der Beweis gem. § 428 anzutreten durch den Antrag an das Gericht, zur Herbeischaffung der Urkunde eine Frist zu bestimmen. Der Antrag kann nur gestellt werden, wenn der Dritte dem Beweisführer zur Vorlage verpflichtet ist (§ 429), also nach bürgerlichrechtlichen Vorschriften oder gem. § 422, wenn er Streithelfer ist und sich selbst auf die Urkunde zu Beweiszwekken bezogen hat. Der Antrag ist wie bei einem Vorlegungsantrag durch den Gegner gem. § 430 i.V. mit § 424 Nrn. 1–3 und 5 zu begründen. Außerdem ist glaubhaft zu machen, daß sich die Urkunde in den Händen des Dritten befindet.

Erachtet das Gericht die durch die Urkunde zu beweisende Tatsache für erheblich, bestimmt es eine Frist zur Vorlage der Urkunde.[14] Die Frist ist so zu bemessen, daß sie der voraussichtlichen Dauer des von dem Beweisführer gegen den Dritten zu führenden Prozesses entspricht. Nach Bestimmung der Frist ist es Sache des Beweisführers, gegen den Dritten Klage zu erheben mit dem Antrag, die Urkunde dem Prozeßgericht vorzulegen (§ 429).[15]

d) Urkunde im Besitz einer Behörde

Ist eine öffentliche Behörde oder ein öffentlicher Beamter im Besitz der Urkunde, so ist gem. § 432 der Beweis anzutreten durch den Antrag, die Behörde oder den Beamten um die Mitteilung der Urkunde zu ersuchen, d.h. um deren Übersendung an das Gericht. Dieser Beweisantrag braucht zwar nicht den Förmlichkeiten der §§ 424, 428, 430 zu entsprechen,[16] befindet sich jedoch – wie meistens – die beizuziehende Urkunde in einer Gerichts- oder Behördenakte, genügt es nicht, sich pauschal auf diese Akte ohne genaue Bezeichnung der Urkunde zu beziehen.

Beispiel: Falsch: Der Beklagte hat in einem Parallelverfahren gleichen Rubrums vor dem *Landgericht Wiesbaden* – 2 O 486/79 – einen großen Teil der im vorliegenden Verfahren geltend gemachten Mängel anerkannt.

Beweis: Beziehung der vorbezeichneten Akten

Richtig: Der Beklagte hat im Parallelverfahren gleichen Rubrums – 2 O 486/79 – des *Landgerichts Wiesbaden* – mit Schriftsatz vom 26. 1. 1980, S. 3–5, die im vorliegenden Verfahren zu Pos. I 1, 4, 9, II 22–28 geltend gemachten Mängel anerkannt.

Beweis: Beiziehung der Akten *LG Wiesbaden* – 2 O 486/79 –

---

[14] Die Frist wird dem Beweisführer, nicht etwa dem Dritten gesetzt (vgl. *Schellhammer,* Rdnr. 612).

[15] *Thomas-Putzo,* § 429 Anm. 2. Durch § 429 wird also der Anspruch aus § 810 BGB, der nur dem Beweisführer ein Einsichtsrecht gibt, modifiziert.

[16] *Baumbach-Lauterbach,* § 432 Anm. 1.

3. *Der Zeugenbeweis*

Der Zeuge ist mit vollständigem Namen und ladungsfähiger Anschrift zu benennen, also mit Vor- und Zunamen, Straße, Hausnummer, Ort mit Postleitzahl. Das Postfach ist keine ladungsfähige Anschrift. Ist die Privatanschrift nicht bekannt, wohl aber die Dienst- oder Geschäftsanschrift, genügt diese, sofern sie genau bezeichnet ist.

Beispiel:
Beweis: Prokurist *Heinrich Wiesner,* zu laden in Firma *Metallwarenfabrik Gundolfs GmbH,* Bergstr. 5, 6360 Friedberg

Häufig weiß zwar der Mandant, daß es einen Zeugen gibt, kann aber entweder dessen Namen oder dessen Anschrift nicht angeben. In solchen Fällen ist der vielfach übliche Beweisantritt „Zeugnis N (omen) N (ominatur)" unzureichend und daher unerheblich. Es ist nämlich nicht erkennbar, ob mit einem solchen Beweisantritt gesagt werden soll, ein Zeuge sei zwar bekannt, nicht aber dessen Name und Anschrift, oder ob erst festgestellt werden müsse, ob überhaupt ein Zeuge benannt werden könne. Der Zeuge muß daher zumindest bestimmbar bezeichnet werden.

Beispiel:
Beweis: Zeugnis des noch namentlich zu benennenden Mitarbeiters der Kreissparkasse Wetzlar

oder

Beweis: Zeugnis des noch zu benennenden Kunden, der auf dem Messestand des Beklagten während der Besprechung zugegen war

oder

Beweis: Zeuge *Reinhold Schumann,* ladungsfähige Anschrift wird nachgereicht

In all diesen Fällen ist das Gericht gem. § 156 verpflichtet, dem Beweisführer eine Frist zur Beschaffung von Name bzw. ladungsfähiger Anschrift des Zeugen zu setzen.

Kann der Beweisführer Name und/oder Anschrift eines von ihnen benannten Zeugen nicht ermitteln, ist aber dem Gegner beides bekannt, wird häufig beantragt:

Beweis: Zeugnis des vom Gegner zu benennenden Mitarbeiters seiner Firma.

Ein solcher Beweisantrag ist wirkungslos, solange der Gegner den Zeugen nicht benennt. Der Gegner kann nicht gezwungen werden, den Zeugen zu benennen. Das Gericht kann aber aus der Weigerung des Gegners bei der Beweiswürdigung gem. § 286 Schlüsse ziehen und wird bei grundloser Weigerung in der Regel den vom Gegner vereitelten Beweis als geführt ansehen.[17]

---

[17] S. hierzu *BGH,* NJW 1969, 821; *Thomas-Putzo,* § 286 Anm. 5. Vgl. zum Problem der Beweisverteilung auch *Rosenberg-Schwab,* § 118 II 4 a; *Schnellhammer,* Rdnrn. 585 f.

Ist ein Zeuge einmal mit voller ladungsfähiger Anschrift benannt, genügt bei späterer nochmaliger Benennung die Kurzbezeichnung.

Beweis: Zeuge *Müller*

Nicht ausreichend, weil unklar, ist dagegen die häufige Formulierung:

Beweis: wie oben

Das gilt vor allem dann, wenn zuvor schon mehrere verschiedene Beweisanträge gestellt sind.

Ein substantiierter Beweisantritt erfordert nicht nur, daß die Möglichkeit, sondern eine gewisse Wahrscheinlichkeit besteht, daß die Beweisaufnahme Erfolg haben wird.[18] Demgemäß sind Angaben darüber zu machen, daß und warum ein zum Beweisthema benannter Zeuge etwas hierzu aussagen kann. Regelmäßig wird sich dies schon aus den näheren Umständen bei der Darstellung des Beweisthemas ergeben, z. B. die Beteiligung des Zeugen an einer Besprechung. Läßt sich hingegen aus dem eigentlichen Beweisthema nicht erkennen, warum und in welcher Eigenschaft ein Zeuge Wahrnehmungen über das Beweisthema gemacht hat, muß dies gesondert vorgetragen werden.

Beispiel: Am 10. 1. 1980 sollte das Pachtobjekt (ein Fabrikgrundstück) an den Kläger (Verpächter) zurückgegeben werden. Der Kläger lehnte die Rückgabe und die Übernahme der Schlüssel in Gegenwart des Zeugen *Müller* ab, weil das Grundstück nur teilweise von den vom Beklagten (Pächter) eingebrachten Maschinen und Einrichtungen geräumt war.

Beweis: Zeuge *Heinrich Müller,* Bahnhofstr. 20, 6200 Wiesbaden

Am folgenden Tag zeigte der Kläger das Grundstück einem neuen Pachtinteressenten, dem Zeugen *Wagner.* Dieser stellte ebenfalls fest, daß die Werkhallen und Büroräume nur teilweise geräumt waren und sich dort u. a. noch folgende Gegenstände befanden ...

Beweis: Zeuge *Manfred Wagner,* Adelheidstr. 15, 6200 Wiesbaden

Zu weit geht es allerdings, wenn mitunter verlangt wird,[19] daß bei länger zurückliegenden Vorgängen oder Routineangelegenheiten der Beweisführer auch besondere Umstände darlegen müsse, weshalb sich der Zeuge noch an Einzelheiten erinnern könne. Solche Angaben wären nur möglich, wenn sich der Beweisführer zuvor mit dem Zeugen in Verbindung setzen und ihn darüber befragen würde, ob und aufgrund welcher besonderen Umstände er sich noch an das Beweisthema erinnern kann. Eine solche Vorabklärung kann prozessual nicht verlangt werden, schon deshalb nicht, weil der Gegner eine vorherige Kontaktaufnahme zwischen Partei und Zeugen zum Anlaß nehmen kann, Einwendungen hinsichtlich der Glaubwürdigkeit des Zeugen zu erheben.

Werden mehrere Zeugen benannt, muß klar erkennbar sein, ob alle Zeugen für dasselbe Beweisthema oder jeder von ihnen für einen Teil desselben benannt ist.

---

[18] *Zöllner-Stephan,* ZOP, § 284 Anm. 2 c; *Thomas-Putzo,* § 284 Anm. 3 f.

[19] So z. B. *OLG Frankfurt,* Urt. v. 2. 12. 1980 – 8 U 129/90 – (unveröff.).

Beispiel: An der Besprechung vom 12.12. 1980 nahmen vormittags zunächst der Kläger, der Beklagte und der Zeuge *Temporini* teil. Der Beklagte räumte ein, im Oktober 1979 die Vertretung der Firma *Luft* übernommen zu haben. Der Geschäftsführer der Klägerin wollte daraufhin das Handelsvertreterverhältnis zum Beklagten sofort fristlos kündigen. Der Beklagte bestritt, daß es sich um eine Konkurrenzvertretung handele.

Beweis: Zeuge *Hans Temporini,* Berger Str. 5, 6000 Frankfurt am Main

Daraufhin wurde der Prokurist der Klägerin, der Zeuge Becker, zugezogen. In der sich bis nachmittags hinziehenden Besprechung einigten sich schließlich die Parteien auf eine Beendigung des Vertragsverhältnisses zum 31.12. 1980.

Beweis: 1. Zeuge *Temporini,* 2. Prokurist *Friedrich Becker,* zu laden bei dem Kläger

Häufig stellt sich bei Zeugenvernehmungen heraus, daß ein Zeuge keine oder nur ungenaue Angaben machen kann, weil er die zu einer vollständigen Aussage erforderlichen schriftlichen Unterlagen nicht zur Hand hat. Ist Gegenstand der Vernehmung des Zeugen eine Auskunft, die er anhand seiner Bücher oder anderer Aufzeichnungen zu geben hat, so braucht der Zeuge auf Anordnung des Gerichts nicht zum Termin zu erscheinen, wenn eine schriftliche Beantwortung der Beweisfrage ausreicht und der Zeuge die Richtigkeit eidesstattlich versichert; dasselbe gilt, wenn je nach Lage der Sache und mit Rücksicht auf den Inhalt der Beweisfrage eine schriftliche Beantwortung vom Gericht für ausreichend erachtet wird oder sich die Parteien damit einverstanden erklären (§ 377 III, IV). Erscheint ein solches Verfahren dem Beweisführer zweckmäßig, insbesondere, wenn es lediglich um die Bestätigung von Zahlen, Rechenwerken oder sonstigen Daten geht, wird er am besten schon beim Beweisantritt eine entsprechende Anregung bzw. Einverständniserklärung abgeben.

Beispiel: Die Parteien streiten in einem Schadenersatzprozeß u.a. darüber, welche Umsätze der Kläger in einem bestimmten Zeitraum mit bestimmten Waren erzielt hat. Der Kläger behauptet:

Von Januar bis Juli 1980 erzielte der Kläger mit dem Artikel X einen Umsatz von 620780 DM.

Beweis: Steuerberater *Dr. Heinrich Sorge,* Kastanienstr. 18, 6050 Offenbach am Main, dessen schriftliche Anhörung gem. § 377 III ZPO angeregt bzw. der gem. § 377 IV ZPO zugstimmt wird.

Kein ordnungsgemäßer Beweisantrag ist es, wenn „Auskunft" durch einen Dritten, sei es eine Behörde, eine Bank, eine Firma usw. verlangt wird. Ein Beweismittel „Auskunft" gibt es nicht. Die Auskunftsperson muß namentlich als Zeuge benannt werden ggf. mit einer Anregung gem. § 377.

Ist der benannte Zeuge kraft seiner Stellung zur Verschwiegenheit verpflichtet, steht ihm gem. § 383 I Nr. 6 ein Zeugnisverweigerungsrecht zu; ist der Beweisführer berechtigt, ihn von der Verschwiegenheitspflicht zu entbinden, empfiehlt es sich, dies sogleich mit dem Beweisantritt zu tun.

Beispiel:
Beweis: Rechtsanwalt *Dr. Friedrich Beck* ...
der hiermit vom Kläger von seiner Verschwiegenheitspflicht entbunden wird.

Muß der Gegner ihn von der Verschwiegenheitspflicht entbinden, ist dieser mit dem Beweisantrag aufzufordern, eine entsprechende Erklärung abzugeben. Muß, wie bei einem Beamten oder Notar, die Aussagegenehmigung von einer Behörde erteilt werden, ist diese vom Gericht einzuholen.

4. Der Sachverständigenbeweis

Der Beweisantritt für den Sachverständigenbeweis ist im Gegensatz zum Urkunden- und Zeugenbeweis nicht streng formalisiert, weil das Gericht gem. § 144 von Amts wegen eine Begutachtung durch Sachverständigen anzuordnen hat, wenn seine eigene Sachkunde nicht ausreicht, es andererseits einem Antrag auf Sachverständigengutachten nicht nachkommen muß, wenn es sich für genügend sachkundig hält.[20]

Der Sachverständigenbeweis wird gem. § 403 durch die Bezeichnung der zu begutachtenden Punkte angetreten. Nicht erforderlich ist die Benennung eines bestimmten Sachverständigen,[21] da das Gericht gem. § 404 die Auswahl selbst trifft,[22] es sei denn, die Parteien einigen sich auf einen bestimmten Sachverständigen (§ 404 II).

Die exakte Bezeichnung der Sachverständigenfrage bereitet häufig erhebliche Schwierigkeiten, weil sie nicht selten schon die besondere Sachkunde voraussetzt, über die die Parteien und die Anwälte gerade nicht verfügen. In solchen Fällen genügt eine der „Parallelbewertung aus der Laiensphäre" entsprechende Formulierung des Beweisthemas.

Wird bei Darstellung eines umfangreichen Sach- und Streitstoffs an mehreren Stellen des Schriftsatzes auf Sachverständigenfragen eingegangen, genügt es, wenn diese als solche gekennzeichnet sind und am Schluß des Schriftsatzes unter Hinweis auf die erörterten Fragen generell die Einholung eines Sachverständigengutachtens beantragt wird.

Mit der Erstattung eines schriftlichen Gutachtens durch den Sachverständigen ist das Beweisverfahren meist nicht abgeschlossen; wenn das Gutachten nicht den Erwartungen des Beweisführers bzw. des Gegners entspricht, ist entweder die Ladung des Sachverständigen zur mündlichen Erläuterung seines Gutachtens gem. § 411 III oder eine neue Begutachtung durch denselben oder einen anderen Sachverständigen (§ 412 I)

---

[20] *Baumbach-Lauterbach,* § 403 Anm. 1.

[21] Im Beweissicherungsverfahren ist dagegen gem. § 487 Nr. 3 der Sachverständige vom Beweisführer zu benennen.

[22] Das Gericht entscheidet auch darüber, ob es den Sachverständigen sein Gutachten in der mündlichen Verhandlung erstatten läßt oder – was in der Praxis meist geschieht – eine schriftliche Begutachtung anordnet (§ 411 I).

zu beantragen. Der Antrag nach § 411 III ist nach Eingang des Gutachtens so rechtzeitig zu stellen, daß der Sachverständige noch zum nächsten Termin geladen werden kann. Jede Partei hat gem. §§ 402, 397 das Recht, dem Sachverständigen Fragen vorlegen zu lassen oder ihn, wenn sie anwaltlich vertreten ist, durch ihren Anwalt befragen zu lassen. Zu diesem Zweck muß der Sachverständige geladen werden, wenn die Partei die Ladung so rechtzeitig beantragt, daß sie zum nächsten Termin erfolgen kann.[23] Von einer schriftlichen Vorformulierung der Fragen darf das Gericht die Ladung nicht abhängig machen.[24]

Der Antrag ist zu begründen. Zu diesem Zweck sind die Punkte des Gutachtens zu bezeichnen, zu denen der Sachverständige gehört werden soll und es ist darzulegen, warum den Ausführungen des Sachverständigen zu diesen einzelnen Punkten nicht gefolgt werden kann. Nur bei einer solchen Begründung kann das Gericht prüfen, ob es eine mündliche Erläuterung des Gutachtens für erforderlich hält. Unterbleibt ein solcher Antrag und lädt das Gericht auch den Sachverständigen nicht von Amts wegen, bleiben schriftsätzliche Einwendungen gegen das Gutachten meist ohne Erfolg. Werden auch keine Einwendungen vorgebracht, ergeben sich spätestens in der Berufungsinstanz erhebliche Schwierigkeiten, eine nachträgliche Anhörung des Sachverständigen durchzusetzen.

Ein Antrag nach § 412 I auf weitere Begutachtung durch denselben oder einen anderen Sachverständigen ist zu stellen, wenn sich nachträglich eine Ergänzung seines Gutachtens zu neuen Beweispunkten als erforderlich erweist, was im einzelnen darzulegen ist. Ein Obergutachten kommt nur ausnahmsweise in Betracht, wenn nämlich Zweifel an der Sachkunde des Sachverständigen bestehen oder wenn ein anderer Gutachter über bessere Forschungs- bzw. Erkenntnismittel verfügt als der bisherige Sachverständige.[25] Diese Voraussetzungen müssen zusammen mit dem Antrag auf Einholung eines Obergutachtens im einzelnen dargelegt werden. Ohne solche Ausführungen über die Zweifel an der Sachkunde des Sachverständigen oder über bessere Forschungs- und Erkenntnismittel eines anderen Sachverständigen ist der Antrag auf Obergutachten unsubstantiiert und daher unbeachtlich.

5. Die Parteivernehmung

Die Parteivernehmung[26] ist nur ein hilfsweises Beweismittel, das erst bzw. nur in Betracht kommt, wenn der Beweis mit anderen Beweismit-

---

[23] *Thomas-Putzo,* § 411 Anm. 3; *Schellhammer,* Rdnr. 651. – Wird der Antrag erst später gestellt, kann er gem. § 296 II unberücksichtigt gelassen werden.

[24] *Thomas-Putzo,* aaO.

[25] *BGH,* BB 1976, 481; *KG,* VersR 1974, 347.

[26] Sie ist von der Parteianhörung gem. § 141, 273 II Nr. 3, 278 I 2 zu unterscheiden. Vgl. hierzu *Schellhammer,* Rdnr. 655.

teln nicht geführt ist bzw. andere Beweismittel nicht vorgebracht sind.[27] Sie hat, wenn der Gegner des Beweisführers gem. § 445 gehört wird, nur geringe Erfolgsaussichten, wenn der Beweisführer selbst gem. § 448 gehört wird, nur bedingten Beweiswert. Gleichwohl sollte auf sie nicht leichtfertig oder resignierend verzichtet werden. Die Erfahrung zeigt, daß gar nicht so selten wie erwartet unter dem Druck von Vorhaltungen, dem Zwang zur Wahrheit und ggf. zur Eidesleistung (§ 452) Aussagen zustande kommen, die insgesamt oder wenigstens teilweise die Beweissituation verbessern. Vor allem sind bei der Parteivernehmung Art und Weise der Aussage sowie deren Inhalt wesentliche Erkenntnismittel für die Beurteilung des Gerichts hinsichtlich der Glaubwürdigkeit des Parteivorbringens der einen oder der anderen Seite.

Bei der Bezeichnung des Beweismittels muß genau unterschieden werden, ob eine Vernehmung des Gegners oder des Beweisführers erfolgen soll. Der häufig gestellte Antrag

Beweis: Parteivernehmung

läßt dies gerade nicht erkennen. Es muß vielmehr heißen

Beweis: Vernehmung des Beklagten als Partei

oder

Beweis: Vernehmung des Klägers als Partei.

Der Antrag nach § 445 ist echter Beweisantrag, dem das Gericht stattgeben muß, wenn die anderen Beweismittel erschöpft oder andere Beweismittel nicht angeboten sind. Über die Vernehmung des Beweisführers als Partei entscheidet hingegen das Gericht gem. § 448 von Amts wegen und nach pflichtgemäßem Ermessen, wenn bereits ein Anfangsbeweis erbracht ist. Deshalb ist es erforderlich, bei dem Beweisantrag gem. § 448 ZPO zugleich die Umstände darzulegen, aus denen sich nach Auffassung des Beweisführers der Anfangsbeweis ergibt.

VI. Der Gegenbeweis

Beim Gegenbeweis tritt der Gegner des Beweisführers dem Beweisantrag durch Benennung von Gegenbeweismitteln entgegen, entweder zum selben Beweisthema oder zu einem abweichenden, das Beweisthema des Beweisführers ausschließenden Beweisthema.

Beispiel: (1) Der Kläger benennt zum Beweis für seine Behauptung, er habe dem Beklagten ein Darlehen gegeben, den Zeugen *X*. Der Beklagte bestreitet dies und benennt zum Beweis für die Gegenbehauptung, es liege Schenkung vor, den Zeugen *Y*.

---

[27] Es ist dagegen nicht erforderlich, daß andere Beweismittel nicht benannt werden können. Vgl. *BGH*, NJW 1960, 1950; *Schellhammer*, Rdnr. 657.

(2) Der Kläger behauptet, der Beklagte habe als Kaufmann ein mündliches Schuldversprechen abgegeben und benennt den Zeugen X. Der Beklagte bestreitet dies und benennt den Gegenzeugen Y dafür, daß ein Schuldversprechen nicht abgegeben worden sei.

Der Antrag auf Gegenbeweis ist immer zu stellen, wenn – wie regelmäßig – zu besorgen ist, daß die vom Beweisführer benannten Beweismittel für sich genommen den erforderlichen Beweis erbringen können, Gegenbeweismittel aber zur Verfügung stehen. Regelmäßig muß der Antrag auf Gegenbeweis so rechtzeitig vor dem Beweistermin gestellt werden, daß er entweder im Beweisbeschluß selbst oder noch in einer Ladungsanordnung gem. § 273 II berücksichtigt werden kann.

Der Gegenbeweis sollte also nach Möglichkeit in dem Schriftsatz angekündigt werden, mit dem auf den Schriftsatz des Beweisführers erwidert wird, der den Beweisantritt ankündigt. Gegenbeweis kann aber auch vorsorglich schon vor der Ankündigung des Hauptbeweises angekündigt werden, und das geschieht immer dann, wenn Beweis für eine Behauptung angekündigt wird, für die die ankündigende Partei nicht die Beweislast trägt (vgl. o. III).

Die vorstehend dargelegten Grundsätze entsprechen einer sorgfältigen und auf Förderung des Verfahrens bedachten Prozeßführung (§§ 282 I, 277 I). Sie gewährleisten nämlich, daß auch der Gegenbeweis im Haupttermin erhoben werden und damit das Ziel des § 272 I erreicht werden kann. Macht die Erhebung des Gegenbeweises einen zusätzlichen Termin erforderlich, besteht daher die Gefahr seiner Zurückweisung gem. § 296.

VII. Beweiseinreden

Vom Gegenbeweis zu unterscheiden sind die Beweiseinreden. Sie richten sich gegen die Verwertbarkeit des Beweismittels, z. B. Unechtheit der Urkunde, Befangenheit des Sachverständigen, fehlende Wahrnehmungsmöglichkeiten des Zeugen, insbesondere aber Unglaubwürdigkeit des Zeugen. Soweit die Beweiseinreden die Tauglichkeit des Beweismittels betreffen, sind sie unter dem Gesichtspunkt der allgemeinen Prozeßförderungspflicht vor dem Beweistermin vorzutragen. Soweit es um die Glaubwürdigkeit von Zeugen geht, kann es unter dem Gesichtspunkt der Prozeßtaktik aber auch geboten und notwendig sein, zunächst die Aussage des Zeugen abzuwarten, insbesondere dann, wenn sich erst aufgrund der Einzelheiten seiner Aussage Ansatzpunkte dafür ergeben, daß und wie die Aussage des Zeugen widerlegt werden kann.

Beispiel: Die beklagte Versicherungsgesellschaft hat dem Kläger wegen falscher Angaben bei der Schadensmeldung über einen gestohlenen Pkw Versicherungsschutz versagt. Sie behauptet, der Kläger habe beim Ausfüllen des Schadensformulars die Frage des Versicherungsvertreters nach Vorschäden am Pkw verneint, obwohl der Pkw zuvor einen Unfall gehabt habe. Der Kläger behauptet, der Schaden sei ordnungsgemäß behoben gewesen, der Versicherungsvertreter habe auch nur gefragt, ob sich der Pkw in einem guten Zustand befunden habe, was er wahrheitsgemäß bejaht habe.

Der Versicherungsvertreter wird als Zeuge vernommen und bestätigt die Behauptung der Versicherungsgesellschaft; der Sohn des Klägers, der bei der Schadensmeldung zugegen war, bestätigt die Behauptung des Klägers. Es stehen Aussage gegen Aussage, die Prozeßsituation für den Kläger ist schlecht. Der Versicherungsvertreter hat u. a. bekundet, er nehme wöchentlich ca. 10 Schadensmeldungen auf und lese in jedem Falle alle Fragen des Schadensformulars wortwörtlich so vor, wie sie vorgedruckt seien. Nach der Beweisaufnahme macht der Kläger auf Veranlassung seines Anwalts den Zeugen *X* ausfindig, der ebenso wie er einen Schaden beim Versicherungsvertreter gemeldet hat und der bestätigen kann, daß der Versicherungsvertreter auch bei ihm die Fragen des Formulars nicht wortwörtlich vorgelesen, sondern mit eigenen Worten wiedergegeben hat.

Durch den Antrag auf Vernehmung des Zeugen *X* soll die Glaubwürdigkeit des Versicherungsvertreters erschüttert werden.

§ 8. Die Streitverkündung

Mit der Streitverkündung hat es eine eigenartige Bewandtnis: Obwohl sie eines der wirkungsvollsten prozeßtaktischen Mittel ist, das den Parteien in die Hand gegeben ist, wird von ihr viel zu selten Gebrauch gemacht, und wenn dies geschieht, reagiert der, dem der Streit verkündet ist, meistens nicht hierauf. Dies ist im wesentlichen auf zwei Gründe zurückzuführen:

- Weitgehende Unkenntnis über die Möglichkeiten und Folgen der Streitverkündung und
- strikte Fixierung auf das unmittelbare Prozeßziel, den Rechtsstreit zu gewinnen, ohne Überlegungen darüber, welche Konsequenzen sich im Falle eines Unterliegens ergeben können.

Die große Bedeutung der Streitverkündung liegt darin, daß durch förmliche Zustellung einer einfachen Parteierklärung ein Dritter mit prozessualer und materiellrechtlicher Wirkung in den Prozeß einbezogen wird für den Fall, daß der Streitverkünder im Prozeß unterliegt.

I. Die Zulässigkeit

Nach § 72 ist die Streitverkündung zulässig, wenn eine Partei für den Fall des ungünstigen Ausganges des Rechtsstreits glaubt, gegen einen Dritten einen Anspruch auf *Gewährleistung* oder *Schadloshaltung* erheben zu können oder wenn sie den Anspruch eines Dritten besorgt. Die Formulierung des Gesetzes ist zu eng. Die Streitverkündung kommt vielmehr immer in Betracht, wenn die Rechtsbeziehungen einer Prozeßpartei zu einem Dritten abhängig sind vom Ausgang des Rechtsstreits. Das ist z. B. auch der Fall bei der sogen. alternativen Schuldnerschaft, wenn also entweder der Beklagte oder der Verkündungsgegner Vertragspartner des Streitverkünders sind.[1] Solche Konstellationen sind häufig gegeben.

Beispiele:[2] (1) Der Zwischenhändler (Kauf) oder Handwerker (Werkvertrag) wird als Beklagter vom Kläger wegen Sachmängeln in Anspruch genommen. Er hat seinerseits Gewährleistungsansprüche gegen den Vor- oder Materiallieferanten oder einen von ihm beauftragten Subunternehmer.

---

[1] Vgl. hier zu *BGH,* NJW 1982, 281, wo zutreffend ausgeführt wird, daß sich die Fälle der alternativen Schuldnerschaft in der Interessenlage nicht wesentlich von den Rückgriffsfällen unterscheiden.

[2] Eingehenden Überlegungen zur Frage der Streitverkündung im Rahmen der Lösung eines Falles aus der Praxis finden sich bei *Deubner,* JuS 1979, 285.

(2) Alle Fälle der Haftung für das Handeln eines Dritten, wenn der Haftende seinerseits bei dem Dritten Regreß nehmen kann, so beim Erfüllungs- oder Verrichtungsgehilfen gem. §§ 278, 831 BGB, beim Vertreter (§ 164 BGB) nach Maßgabe des zugrundeliegenden Auftragsverhältnisses oder die juristische Person bei dem für sie handelnden Organ (Vorstand, Geschäftsführer).

(3) Gesetzlicher Forderungsübergang oder Ausgleichspflicht zwischen Gesamtschuldnern.

(4) Klage aus erfüllungshalber abgetretenem Recht, im Falle der Klageabweisung Rückgriff des Zedenten gegen den Zessionar.

Dritter ist, wer nicht Partei des Prozesses ist, in dem die Streitverkündung erfolgt. Auch einem Streitgenossen kann daher der Streit verkündet werden.[3] Der Verkündungsgegner ist gem. § 72 II seinerseits zu einer weiteren Streitverkündung berechtigt, einerlei, ob er dem Rechtsstreit beitritt oder nicht.

Beispiel: Bauherr *A* nimmt den Generalunternehmer *B* aus Gewährleistung in Anspruch. *B* verkündet dem Subunternehmer *S* den Streit, der seinerseits dem Materiallieferanten *M* den Streit verkündet.

II. Die Wirkungen der Streitverkündung

Die Streitverkündung hat materiellrechtliche und prozessuale Wirkungen.

1. Materiellrechtliche Wirkungen

Die Streitverkündung unterbricht gem. § 209 II Nr. 4 BGB die Verjährung des Anspruches der Prozeßpartei (Streitverkünder) gegen den Dritten (Verkündungsgegner). Dies ist deshalb wichtig, weil die im Rechtsstreit in Anspruch genommene Partei aus Sorge um den Ausgang des Verfahrens häufig vergißt, daß zwischenzeitlich ein eventueller Regreßanspruch gegen den Dritten wegen einer kurzen Verjährungsfrist verjähren kann. Durch die rechtzeitige Streitverkündung wird die Verjährung des Rückgriffsanspruchs gem. § 215 I BGB bis zum rechtskräftigen Abschluß des anhängenden Prozesses, in dem die Streitverkündung erfolgt ist, unterbrochen. Die volle Verjährungsfrist beginnt gemäß § 217 BGB mit der Rechtskraft des Urteils neu zu laufen. Diese neue Frist ist aber weitgehend illusorisch wegen der leicht zu übersehenden besonderen Regelung des § 215 II BGB: Hiernach gilt die Unterbrechung als nicht erfolgt, wenn der Streitverkünder nicht binnen 6 Monaten nach der Beendigung des Prozesses Klage gegen den Verkündungsgegner auf Befriedigung oder Feststellung des Rückgriffsanspruchs erhebt. Der Anwalt des Streitverkünders darf sich also nicht allein auf die mit der Streit-

---

[3] Streitgenossen sind an den Prozessen der anderen Streitgenossen nicht beteiligt. Die von ihnen oder gegen sie geführten Prozesse behalten ihre Selbständigkeit (vgl. § 61) und sind nur zur gemeinsamen Verhandlung verbunden.

verkündung eintretende Unterbrechung der Verjährung gegenüber dem Verkündungsgegner verlassen. Er muß nach Abschluß des Prozesses, in dem die Streitverkündung erfolgt ist, innerhalb von 6 Monaten nach Eintritt der Rechtskraft dieses Urteils Klage gegen den Verkündungsgegner erheben. Der Beginn dieser Frist steht zum Zeitpunkt der Streitverkündung nicht fest, sondern ist abhängig von der Dauer des Rechtsstreits. Um diese wichtige Frist nicht zu versäumen, empfiehlt es sich daher, auf dem Aktendeckel mit Rotstift zu vermerken, daß ab Rechtskraft des Urteils die Sechsmonatsfrist des § 215 II BGB zu notieren ist.

2. *Prozessuale Wirkungen*

Noch wichtiger sind die prozessualen Wirkungen.[4] Sie ergeben sich aus §§ 74 III, 68 und sind unabhängig davon, ob der Dritte dem Rechtsstreit beitritt oder nicht. Der Verkündungsgegner wird im Verhältnis zum Streitverkünder im Regreßprozeß nicht mit der Behauptung gehört, der vorangegangene Rechtsstreit sei unrichtig entschieden worden. Die Unrichtigkeit der Entscheidung des Vorprozesses wird behauptet, wenn im Regreßprozeß der Urteilsausspruch als unrichtig hingestellt wird oder die tatsächlichen und rechtlichen Feststellungen, auf denen das Urteil beruht,[5] als unrichtig bezeichnet werden. Der Richter ist im Regreßprozeß also an alle tatsächlichen Feststellungen und Rechtsauffassungen, die das Urteil des Vorprozesses tragen, gebunden.[6] Die Interventionswirkung des § 68 geht damit über die durch § 322 I auf die Entscheidung über den Klageanspruch beschränkte materielle Rechtskraft hinaus.

Beispiele: (1) Im Vorprozeß zwischen Bauherr und Handwerker stellt das Gericht aufgrund eines Sachverständigengutachtens einen Materialfehler in dem vom Handwerker verwendeten Werkstoff fest und gibt deswegen dem Gewährleistungsanspruch des Bauherren statt. Hat der Handwerker seinem Materiallieferanten den Streit verkündet, kann der Lieferant im Regreßprozeß nicht mehr die Unrichtigkeit der Feststellung der Fehlerhaftigkeit des Werkstoffes geltend machen, wenn durch neue Gutachten die Unrichtigkeit des Gutachtens des Vorprozesses nachgewiesen wird. Der Lieferant muß also im Regreßprozeß verurteilt werden, auch wenn die Unrichtigkeit dieses Urteils auf der Hand liegt.

---

[4] Einen guten Überblick über die Wirkungen und die Grenzen der Streitverkündung gibt *Werres,* NJW 1984, 208 ff., mit Rechtsprechungsübersicht.

[5] Feststellungen, die für die Entscheidung ohne Bedeutung sind, werden von der Interventionswirkung nicht erfaßt. In seinem Urteil vom 8. 10. 1981 (NJW 1982, 282) hätte der *BGH* daher dem verklagten Verkündungsempfänger die Berufung darauf, daß er keinen Auftrag erteilt hatte, gestatten müssen, ohne die Einrede des schlecht geführten Prozesses zu bemühen.

[6] *Rosenberg-Schwab,* § 47 IV 6b; *Baumbach-Lauterbach,* § 68 Anm. 2; Thomas-Putzo, § 68 Anm. 3. – Ist der Verkünder im Ausgangsprozeß aus Gründen der Beweislast unterlegen, dann steht für den Nachprozeß gegen den Verkündungsempfänger nicht die logische Alternative der nicht festgestellten Tatsache fest. Der Verkünder kann also, wenn er beweispflichtig ist, auch im Regreßprozeß aus Gründen der Beweislast unterliegen (*BGH,* NJW 1983, 820).

(2) Der Kläger verklagt den Gesamtschuldner A auf die volle Schuldsumme. Das Gericht verneint die Stittenwidrigkeit des Vertrages, aus dem A in Anspruch genommen wird. Verlangt nunmehr A von dem nicht verklagten Gesamtschuldner B, dem er den Streit verkündet hatte, Ausgleichung nach § 426 I BGB, so kann B im Ausgleichsprozeß nicht geltend machen, es habe wegen Sittenwidrigkeit des Vertrages keine Schuldverbindlichkeit bestanden, so daß er auch nicht zur Ausgleichung verpflichtet sei.

Von dieser Bindungswirkung gibt es grundsätzlich keine Ausnahmen. Sie bringt dem Streitverkünder den großen prozessualen Vorteil, daß dem Verkündungsgegner im Regreßprozeß all die Einwendungen abgeschnitten sind, die sich gegen die tatsächlichen und rechtlichen Grundlagen des Vorurteils richten. Wegen dieser extrem starren Regelung ist die Streitverkündung eine gefährliche Waffe in der Hand des Streitverkünders. Sie verdient deshalb auf seiten des Verkündungsgegners größte Beachtung.

In begrenztem Umfang kann der Verkündungsgegner die Interventionswirkung mit der Einrede der mangelhaften Prozeßführung durch den Streitverkünder entkräften (§ 68 2. Halbs.). Er muß hierzu dartun und, soweit seine Behauptungen bestritten werden, auch beweisen, daß der Streitverkünder den Prozeß mangelhaft geführt, etwa unrichtige Behauptungen des Gegners nicht bestritten, wichtige Tatsachen nicht vorgetragen oder Beweismittel nicht benannt hat, das Urteil darauf beruht und er durch einen Beitritt als Streithelfer die Fehler des Streitverkünders nicht mehr hätte korrigieren können.[7] Bei der Beurteilung der Korrekturmöglichkeiten ist gem. § 74 III von einem Beitritt des Verkündungsgegner in dem Zeitpunkt auszugehen, zu dem der Beitritt infolge der Streitverkündung möglich war. Ohne Rücksicht darauf, ob der Verkündungsgegner die ihn belastende Entscheidung durch seinen Beitritt hätte abwenden können, ist die Einrede der mangelhaften Prozeßführung gegeben, wenn der Streitverkünder absichtlich oder infolge groben Verschuldens Angriffs- oder Verteidigungsmittel nicht geltend gemacht hat. Bei unlauterer Prozeßführung soll sich der Streitverkünder nicht auf die starre Wirkung der Streitverkündung berufen können.

Eine weitere Ausnahme von der Bindungswirkung ergibt sich aus dem Prozeßverhältnis zwischen Streitverkünder und Verkündungsgegner. Da der Verkündungsgegner sich mit seinem Vorbringen nicht in Widerspruch zu der von ihm unterstützten Partei setzen darf, ist insoweit kein Raum für eine Bindungswirkung, als er seinen eigenen Standpunkt nicht zur Geltung bringen kann.[8]

---

[7] Zu den Anforderungen, die in der Praxis an die Einrede der mangelhaften Prozeßführung gestellt werden, s. *BGH,* NJW 1976, 293 f. – Die Verschärfung der Zurückweisung verspäteten Vorbringens wird der Einrede in verstärktem Maße zum Erfolg verhelfen. Vorbringen, das der Streitverkünder nicht rechtzeitig in den Prozeß eingeführt hat, unterliegt auch dann der Zurückweisung, wenn es von einem Streithelfer vorgebracht wird. Vgl. hierzu *BGH,* NJW 1976, 294; *Schulze,* NJW 1981, 2664.

[8] Vgl. hierzu *BGH,* NJW 1982, 281 (282).

III. Form und Zeitpunkt der Streitverkündung

Die Streitverkündung erfolgt gem. § 73 durch einfachen Schriftsatz an das Gericht, der von Amts wegen dem Verkündungsgegner zuzustellen und dem Gegner des Streitverkünders mitzuteilen ist. Erst mit der Zustellung an den Dritten wird die Streitverkündung wirksam.

Der Schriftsatz muß das volle Rubrum des Rechtsstreits enthalten, damit der Verkündungsgegner erkennen kann, welche Parteien gegeneinander streiten und welche Partei ihm den Streit verkündet hat. Die Streitverkündung muß zwei wesentliche Angaben enthalten:

(1) Den Grund der Streitverkündung, also die Darlegung dessen, aus welchen tatsächlichen oder rechtlichen Gründen der Streitverkünder glaubt, im Falle seines Unterliegens einen Regreßanspruch gegen den Verkündungsgegner zu haben und

(2) die Lage des Rechtsstreits, also Angaben darüber, worüber die Parteien streiten, in welchem Stadium sich das Verfahren befindet, ob und ggf. wann Termin anberaumt ist. Hierbei sind Ort und Zeit der mündlichen Verhandlung so genau anzugeben, daß der Verkündungsgegner zum Termin erscheinen kann. Da die Streitverkündung auch noch nach Schluß der mündlichen Verhandlung und auch noch nach Urteilsverkündung bis zur Rechtskraft des Urteils erfolgen kann, ist in solchen Fällen der Zeitpunkt der Urteilsverkündung bzw. der an den Streitverkünder erfolgten Zustellung des Urteils mitzuteilen, damit der Verkündungsgegner in die Lage versetzt wird, ggf. aus eigenem Recht ein Rechtsmittel gegen das Urteil einzulegen oder sich rechtzeitig einem Rechtsmittel des Streitverkünders anzuschließen.

Der Anwalt des Streitverkünders erspart sich unnütze Diktat- und Schreibarbeit, wenn die Streitverkündung zusammen mit dem ersten bestimmenden Schriftsatz erfolgt, also gleichzeitig mit der Klageschrift, der Klageerwiderung, Berufungsbegründung oder Berufungserwiderung. Bestimmender Schriftsatz und Streitverkündung können dann in einem Schriftsatz verbunden werden.[9]

Die Zulässigkeitsvoraussetzungen der Streitverkündung werden vom Gericht im laufenden Rechtsstreit nicht geprüft. Erst im Folgeprozeß des Streitverkünders gegen den Verkündungsgegner ist zu klären, ob die Streitverkündung zulässig war, d.h., ob sie ordnungsgemäß erfolgt ist und ob die Voraussetzungen der Streitverkündung gegeben waren. Nur wenn beides zutrifft, entfaltet die Streitverkündung ihre oben beschriebenen Wirkungen. Der Anwalt des Streitverkünders muß deshalb sehr genau zum Zeitpunkt der Verkündung deren Zulässigkeit prüfen, wenn durch sie eine Verjährungsfrist unterbrochen werden soll.

Da die von Amts wegen zu bewirkende Zustellung der Streitverkündung an den Verkündungsgegner Wirksamkeitsvoraussetzung ist, der Streitverkünder aber über die Zustellung von Amts wegen nicht unter-

---

[9] Eine möglichst frühzeitige Streitverkündung ist auch deswegen zu empfehlen, weil sie es dem Verkündungsempfänger nahezu unmöglich macht, die Interventionswirkung durch die Einrede der fehlerhaften Prozeßführung zu entkräften.

richtet wird, hat er keine Kontrolle über die Tatsache und den Zeitpunkt der Zustellung. Es empfiehlt sich daher immer, entweder im nächstfolgenden Termin sich vom Vorsitzenden die Tatsache der Zustellung aus den Akten bestätigen zu lassen oder durch Einsichtnahme in die Gerichtsakten selbst zu kontrollieren, ob und wann die Zustellung erfolgt ist.

IV. Das Risiko des Streitverkünders

Der Streitverkünder trägt nur ein geringes Risiko, verschafft sich aber alle Vorteile der Wirkungen der Streitverkündung. Tritt der Verkündungsgegner dem Rechtsstreit nicht bei, besteht kein Kostenrisiko. Tritt der Verkündungsgegner dem Rechtsstreit bei, hat er die Stellung eines Nebenintervenienten (§ 74 I), und es gilt die Kostenregelung des § 101. Hiernach kommt es darauf an, auf welcher Seite der Verkündungsgegner dem Rechtsstreit beigetreten ist. Tritt er dem Streitverkünder bei, trägt dieser kein Kostenrisiko. Die Kosten der Nebenintervention und damit auch die der Streitverkündung dürfen niemals der unterstützten Partei auferlegt werden. Entweder trägt sie der Gegner, wenn er alle Kosten des Rechtsstreits zu tragen hat oder der Verkündungsgegner trägt seine Kosten selbst, wenn und soweit die unterstützte Partei die Kosten des Rechtsstreits zu tragen hat. Nur wenn der Verkündungsgegner nicht dem Streitverkünder, sondern dem Prozeßgegner beitritt, was jederzeit möglich ist, hat der Streitverkünder im Falle seines Unterliegens auch die Kosten des Verkündungsgegners zu tragen. Im Hinblick auf das geringe Kostenrisiko können mitunter mehrere selbständige Streitverkündungen durch eine Partei gegenüber mehreren Dritten zweckmäßig und geboten sein.

Beispiel: Die Klägerin, eine KG, hat ihre Außenstände zur Kreditsicherung an eine Bank abgetreten. Sie gerät in Vermögensverfall. Ein Konkursantrag wird mangels Masse abgelehnt. Die Klägerin tritt in Liquidation. Der Liquidator klagt aus Kostengründen einen Teilbetrag einer Werklohnforderung gegen den Beklagten ein und beantragt wegen der erfolgten Abtretung Zahlung an die Bank.

Der Beklagte behauptet, die Bank habe seinerzeit alle Abtretungen gegenüber den Schuldnern der Klägerin offengelegt, später aber ihm gegenüber erklärt, daß sie, die Bank, gegen ihn keine Forderung mehr habe. Damit habe sie ihm die ihr abgetretene Forderung erlassen. Die Klägerin bestreitet den Erlaß der Forderung, verkündet aber vorsorglich der Bank den Streit mit der Begründung, aufgrund der nur treuhänderisch erfolgten Forderungsabtretung sei siese zu einem Forderungserlaß nicht berechtigt gewesen.

Wegen inzwischen drohender Verjährung der noch nicht eingeklagten Restforderung beauftragt der Liquidator der Klägerin seinen Anwalt, auch die Restforderung gegen den Beklagten rechtzeitig einzuklagen. Der Anwalt reicht die Klage kurz vor Ablauf der Verjährungsfrist ein, sie kann aber nicht „demnächst" i. S. von § 270 III zugestellt werden, weil der Anwalt trotz Kenntnis eines inzwischen erfolgten Wohnungswechsels des Beklagten dessen alte Anschrift in der Klage angegeben hat (vgl. oben § 4 I).

Der Beklagte beruft sich im zweiten Verfahren wiederum auf Forderungsverzicht durch die Bank, zusätzlich aber auch auf Verjährung, wobei jedoch Beginn und Dauer der Verjährungsfrist streitig sind. Zwischenzeitlich hat das LG die erste Klage gegen den Beklagten wegen wirksam erfolgten Forderungsverzichtes durch die Bank abgewiesen, die zweite Klage außerdem wegen Verjährung. Die Klägerin legt in beiden Verfahren Berufung ein und verkündet nunmehr im zweiten Klageverfahren ihrem erstinstanzlichen Prozeßbevollmächtigten den Streit.

Wird die Berufung der Klägerin im zweiten Klageverfahren wegen der Restwerklohnforderung zurückgewiesen, kann sie in jedem Falle Regreß nehmen, entweder bei der Bank im Falle des Forderungserlasses oder bei dem Anwalt im Falle der Verjährung. Die Klägerin kann also dem Ausgang des Berufungsverfahrens gelassen und ohne Risiko entgegensehen.

V. Das Risiko und Verhalten des Verkündungsgegners

Durch die Streitverkündung gerät der Verkündungsgegner in eine gefährliche Situation. Ist er nicht anwaltlich beraten, wird er als Laie mangels Rechtskenntnis, und weil mit der Zustellung der Streitverkündung keine Rechtsfolgebelehrung verknüpft ist, oft gar nicht erkennen können, welche Bewandtnis es mit der Streitverkündung hat und welche Folgen sie nach sich ziehen kann. Aus Unkenntnis wird daher oft die Streitverkündung achtlos beiseite gelegt und nicht einmal ein Rechtsanwalt um Rat angegangen.[10] Soweit der Verkündungsgegner anwaltlichen Rat sucht, muß der Rechtsanwalt den Verkündungsgegner über die Streitverkündungswirkung belehren und mit ihm entscheiden, ob und auf welcher Seite er dem Rechtsstreit beitritt.[11] Diese Entscheidung hängt ganz von den Umständen des Einzelfalles und dem Zeitpunkt der Streitverkündung ab.

1. Die Prozeßbeobachtung

Es kann zweckmäßig sein, zunächst von einem Beitritt abzusehen und nur als Prozeßbeobachter im Verfahren aufzutreten, um sich über dessen Verlauf zu unterrichten. Dies ist jedoch nur zu empfehlen, wenn offen ist, ob überhaupt eine Streitverkündungswirkung in Betracht kommt oder auf welcher Seite dem Rechtsstreit beizutreten ist, und wenn nicht mit einer sofortigen Entscheidung durch das Gericht zu rechnen ist. Der Anwalt des Verkündungsgegners wird dann kollegialiter mit dem Anwalt des Streitverkünders vereinbaren, daß dieser ihm gegen Unkostenerstat-

---

[10] De lege ferrenda ist deshalb zu fordern, daß mit der Zustellung der Streitverkündung von amts wegen auch eine Belehrung über deren Wirkungen erfolgt.

[11] Hierbei ist mit Rücksicht auf die §§ 296, 528 vor allem zu bedenken, daß Angriffs- und Verteidigungsmittel, die der Streitverkünder nicht rechtzeitig vorbringt, auch für den Verkündungsempfänger verloren sind, wenn er dem Prozeß in einem späten Stadium etwa dadurch beitritt, daß er gegen ein für ihn ungünstiges Urteil Berufung einlegt. Vgl. hierzu auch o. Fußn. 7.

tung Kopien von allen weiteren Schriftsätzen und den Gerichtsprotokollen zuleitet. Außerdem wird er an jedem Termin als Zuhörer teilnehmen. Auf diese Weise ist er genau über den jeweiligen Stand des Verfahrens unterrichtet.

2. *Der Beitritt*

Steht fest, daß nach Sachlage ein Beitritt des Verkündungsgegners erforderlich ist, muß der Anwalt entscheiden, auf wessen Seite der Beitritt erfolgen soll. Diese Entscheidung hängt einerseits von den jeweiligen Umständen des anhängigen Rechtsstreits und dem Rechtsverhältnis zwischen Verkündungsgegner und den Prozeßparteien ab, andererseits von den prozessualen Befugnissen des Verkündungsgegners.

Im Falle eines Beitritts hat er die Stellung eines Nebenintervenienten. Für ihn gilt daher auch die Vorschrift des § 67. Hiernach muß er den Rechtsstreit in der Lage annehmen, in der er sich z. Z. des Beitritts befindet. Er kann dann zwar auch selbständig Angriffs- oder Verteidigungsmittel geltend machen und auch alle anderen sonstigen Prozeßhandlungen vornehmen, er darf sich aber mit seinen Erklärungen und Handlungen *nicht in Widerspruch* zu der von ihm unterstützten Partei setzen.[12] Daraus können sich für den Verkündungsgegner Konfliktsituationen ergeben. Primär verfolgen zwar von der Interessenlage her Streitverkünder und Verkündungsgegner dasselbe Prozeßziel: Obsiegen gegenüber dem Prozeßgegner. Sekundär können sie jedoch wegen des im Hintergrund stehenden Regreßanspruchs widerstreitende Interessen haben, insbesondere soweit es um die tatsächlichen oder rechtlichen Umstände geht, auf die sich ein Regreßanspruch stützen kann. Sind diese Umstände im Verhältnis zwischen Streitverkünder und Verkündungsgegner streitig, wird es meist geboten sein, daß der Verkündungsgegner nicht auf seiten des Streitverkünders, sondern auf seiten des Prozeßgegners beitritt.

Beispiel: Der Kläger als Bauherr verlangt vom Bauhandwerker als Beklagten Schadenersatz wegen fehlerhafter Verlegung von Dichtungsfolien auf einem Flachdach. Der Kläger behauptet, der Beklagte habe entgegen dem Stand der Technik die Wärmedämmschicht mit der Dichtungsfolie fest verschweißt. Der Beklagte bestreitet dies und behauptet, erst Jahre nach der Verlegung sei allgemein erkannt worden, daß die Verschweißung zum Abreißen der Dämmschicht und zu Undichtigkeiten der Folie führt. Der Beklagte verkündet dem Herstellerwerk, von dem er die Folie bezogen hat, den Streit mit der Begründung, er habe eine Verlegungsanleitung erhalten, die noch ein Verschweißen empfehle. Das Herstellerwerk will im Gegensatz hierzu behaupten,

---

[12] In Widerspruch zum Vorbringen der Hauptpartei steht der Vortrag eines Streithelfers erst dann, wenn ein entgegenstehender Wille der Hauptpartei festgestellt werden kann (vgl. *RGZ* 147, 125, 127; *BGH*, NJW 1976, 294). Daß die Hauptpartei eine Tatsache nicht bestritten hat (Folge § 138 III) oder für eine Tatsache keinen Beweis angeboten hat, läßt noch nicht auf einen entgegenstehenden Willen der Hauptpartei schließen.

dem Beklagten sei schon damals eine neue Verlegungsanleitung übersandt worden, wonach nicht verschweißt werden dürfe. Mit dieser Behauptung kann das Herstellerwerk nicht auf seiten des Beklagten dem Rechtsstreit beitreten, weil es sich im Widerspruch zu dessen Behauptung setzen würde. Das Werk muß auf seiten des Klägers dem Rechtsstreit beitreten und diesen mit der Behauptung unterstützen, der Beklagte sei schon damals durch eine neue Verlegungsanleitung unterrichtet worden. Wird der Beklagte mit dieser Begründung verurteilt, entfällt zugleich ein Regreß gegen das Herstellerwerk. Wird die Klage abgewiesen, kommt ein Regreß ohnehin nicht in Betracht.

Der Beitritt auf seiten des Prozeßgegners kann wiederum den Streitverkünder in eine unangenehme Prozeßsituation bringen, wenn nämlich der auf der anderen Seite beitretende Verkündungsgegner Tatsachen vorträgt, die dazu führen, daß der Streitverkünder seinen Rechtsstreit verliert.

Beispiel: Eine Bank hat eine Grundschuld und die ihr zugrundeliegende Darlehensforderung gegen den Beklagten an den Kläger abgetreten, und zwar in Höhe eines Teilbetrages von 10000 DM. Die Hauptforderung ist bezahlt. Der Kläger klagt 10% rückständiger Zinsen für 2 Jahre ein und behauptet, die Bank habe ihm auch die Zinsen abgetreten. Die Abtretungsurkunde ist ihrem Wortlaut nach insoweit unklar. Der Kläger beruft sich zum Beweis dafür, daß auch die Zinsen mit abgetreten seien, auf ein Zeugnis eines Angestellten der Bank. Gleichzeitig verkündet er der Bank den Streit mit der Behauptung, daß er im Falle des Unterliegens Regreßansprüche gegen die Bank habe. Diese begründet er damit, die Bank hätte ihn ausdrücklich darauf hinweisen müssen, daß Zinsen nicht abgetreten seien. Er sei als selbstverständlich davon ausgegangen, daß mit der Hauptforderung auch die Zinsen abgetreten werden sollten. Die Bank hafte deshalb aus positiver Forderungsverletzung, aber auch deshalb, weil die Abtretung mit Zinsen ausdrücklich abgesprochen gewesen sei.

Die Bank prüft den Sachverhalt. Der als Zeuge benannte Angestellte bestätigt auf Befragen, die Zinsen seien nicht mit abgetreten. Es sei dies auch nicht abgesprochen gewesen. Darauf tritt die Bank dem Rechtsstreit auf seiten des Beklagten bei und benennt ihren Angestellten als Zeugen dafür, daß die Zinsen nicht mit abgetreten seien. Der Kläger erkennt nunmehr, daß er keine Prozeßchancen hat, weil ihm kein Gegenzeuge zur Verfügung steht. Er nimmt die Klage zurück.

3. *Doppelte Streitverkündung*

Besonders kritisch kann die Situation des Verkündungsgegners werden, wenn ihm sowohl der Kläger als auch der Beklagte gleichzeitig oder nacheinander den Streit verkünden.[13] Diese doppelte Streitverkündung führt nicht etwa dazu, daß sich die beiden gegensätzlichen Streitverkündungen in ihren Wirkungen aufheben, weil der Verkündungsgegner gehindert wäre, überhaupt einer Partei beizutreten, ohne sich mit deren Vorbringen in Widerspruch zu setzen. Jede Streitverkündung begründet grundsätzlich im Verhältnis der hieran Beteiligten Bindungswirkung; ausgenommen von der Bindungswirkung sind nur solche Tatsachen, bezüglich der der Verkündungsgegner sich nicht in Widerspruch zum Vortrag des jeweiligen Streitverkünders setzen konnte.

---

[13] Vgl. den instruktiven Fall bei *Werres,* NJW 1984, 210.

4. Der Wechsel im Beitritt

Schließlich kann für den Verkündungsgegner die Notwendigkeit auftreten, einen nachträglichen Wechsel im Beitritt vorzunehmen. Dies ist jederzeit zulässig. Der Verkündungsgegner muß zu diesem Zweck nur die Rücknahme des ursprünglichen Beitritts erklären und gleichzeitig die neue Beitrittserklärung für die andere Partei abgeben.[14] Ein solcher Wechsel ist geboten, wenn der Verkündungsgegner sich im weiteren Prozeßablauf in Widerspruch setzen würde zu der bisher von ihm unterstützten Partei; er kann auch notwendig werden bei einer sukzessiv erfolgten doppelten Streitverkündung (vgl. oben 3.).

[14] Vgl. *BGHZ* 18, 110.

§ 9. Arrest und einstweilige Verfügung

I. Allgemeines

Arrest und einstweilige Verfügung sind vorläufige, in einem summarischen Verfahren erlassene Maßnahmen für besondere Ausnahmesituationen zur einstweiligen Sicherung gefährdeter Rechtspositionen und zur vorläufigen Verhinderung unmittelbar bevorstehender Schadensereignisse.[1] In den meisten Fällen wird der Rechtsanwalt buchstäblich erst in „letzter Minute" mit der Erwirkung eines Arrestes oder einer einstweiligen Verfügung beauftragt, sei es, weil der Mandant erst kurz zuvor Kenntnis von der Gefahrensituation erlangt hat oder sei es, weil der Mandant zunächst nicht wußte, daß einer solchen Situation mit Eilmaßnahmen begegnet werden kann. Jedenfalls ist regelmäßig besondere Eile geboten, um noch rechtzeitig zum Zuge zu kommen. Der Anwalt steht deshalb meistens unter erheblichem Zeit- und Erfolgszwang, eine typische Streßsituation, die er nur durch zügiges, aber besonnenes Handeln meistern kann. Arrest und einstweilige Verfügung erfordern nämlich wie kein anderes Verfahren trotz und wegen ihrer Eilbedürftigkeit eine besondere Schriftsatzvorbereitung mit einem unter taktischen Gesichtspunkten zumindest gedanklich zu entwerfenden Arbeits- und Zeitplan.

Der Gegner soll möglichst durch die Eilmaßnahme überrascht werden, um zu verhindern, daß er noch vor deren Erlaß oder Vollziehung vollendete Tatsachen schafft und damit den beabsichtigten Erfolg der Eilmaßnahme vereitelt. Deshalb können Arrest und einstweilige Verfügung ohne mündliche Verhandlung ergehen, d.h. auch ohne vorherige Unterrichtung und Anhörung des Gegners (§§ 921 I und 937 II), und sie können vor der Zustellung an den Gegner vollzogen werden (§ 929 III), wenn die Zustellung innerhalb 1 Woche nach der Vollziehung und vor Ablauf der Monatsfrist des § 929 II nachgeholt wird.

Für den Anwalt des Antragstellers muß es daher oberstes Ziel sein, diesen Überraschungseffekt möglichst vollständig auszunutzen. Da es im freien Ermessen des Gerichts steht, ob es die Entscheidung ohne mündliche Verhandlung erläßt, ist der Eilantrag möglichst so überzeugend zu begründen und glaubhaft zu machen, daß beim Gericht keine Zweifel verbleiben, die die Anberaumung einer mündlichen Verhandlung geboten erscheinen lassen könnte. Aber auch eine ohne mündliche Verhand-

---

[1] Vgl. hierzu insbesondere die Methodikreihe von *Teplitzky*, JuS 1980, 882; 1981, 122, 352 und 435 ff.

lung erlassene und vor Zustellung vollzogene Eilmaßnahme nützt dem Antragsteller letztlich nichts, wenn sie im Widerspruchs- oder Rechtsmittelverfahren oder aufgrund der Entscheidung im folgenden Hauptverfahren aufgehoben wird, und der Antragsteller sogar befürchten muß, gemäß § 945 schadenersatzpflichtig zu werden. Arrest und einstweilige Verfügung sind daher trotz ihrer Vorläufigkeit und wegen ihrer einschneidenden Wirkungen scharfe, aber zugleich auch zweischneidige prozessuale Waffen in der Hand des Antragstellers, die, falsch gehandhabt, mehr schaden als nützen können. Dessen muß sich der Anwalt in jeder Lage des Verfahrens im besonderen Maße bewußt sein; er sollte, nicht zuletzt zur eigenen Absicherung, den Mandanten rechtzeitig und vollständig über die mit jeder Eilmaßnahme verbundenen Risiken aufklären. Allerdings gibt es Ausnahmefälle, in denen der Anwalt nach Abstimmung mit dem Mandanten unter bewußter Inkaufnahme aller Risiken mehr oder weniger „auf gut Glück" versuchen wird, einen Arrest oder eine einstweilige Verfügung zu erwirken und zu vollziehen, insbesondere, wenn dem Mandanten ein so großer und unabwendbarer Schaden droht, daß es geboten erscheint, alle sich bietenden Chancen zu nutzen.

II. Arbeits- und Zeitplan

Einen Arrest oder eine einstweilige Verfügung zu beantragen, ist nur sinnvoll, wenn sie rechtzeitig erwirkt und auch noch rechtzeitig vollzogen werden können. Was rechtzeitig ist, richtet sich unter Berücksichtigung aller Umstände des Einzelfalles nach dem mutmaßlichen Zeitpunkt, zu dem frühestens die Zwangsvollstreckung vereitelt oder die Rechtspositionen des Gläubigers beeinträchtigt werden könnten. Bis zu diesem Zeitpunkt müßten alle erforderlichen Maßnahmen durchgeführt sein. Deshalb ist von diesem mutmaßlichen Zeitpunkt ab zurückzurechnen, wieviel Zeit voraussichtlich für die Einleitung und Durchführung des Antrags- und Vollzugsverfahrens zur Verfügung stehen wird. Zweckmäßig ist, für diesen Zeitraum so früh wie möglich zu disponieren, welche Arbeitsabläufe zu welchem Zeitpunkt erforderlich sind, denn es kommt im Arrest- und Verfügungsverfahren weit mehr als im normalen Klage- und Vollstreckungsverfahren darauf an, daß alle erforderlichen Einzelmaßnahmen sachlich und zeitlich aufeinander abgestimmt sind und daß der Anwalt immer „alle Fäden in der Hand" behält. Der hiernach sich ergebende Arbeits- und Zeitplan gliedert sich regelmäßig in drei Abschnitte.

1. Die Antragsvorbereitung

Welche Zeit benötigt der Anwalt bis zur Einreichung des Eilantrages, insbesondere (a) zur Information und Schlüssigkeitsprüfung, (b) zur Beschaffung der Mittel der Glaubhaftmachung, und (c) zur Fertigung des Antrags.

a) Informations- und Schlüssigkeitsprüfung

In einem sofortigen Informationsgespräch mit dem Mandanten muß sich der Anwalt zunächst so schnell wie möglich einen ausreichenden Überblick über die Sach- und Rechtslage verschaffen und schon hierbei das weitere Vorgehen mit dem Mandanten abstimmen. Mit der genauen Sachverhaltsermittlung ist gleichzeitig eine erste überschlägige Schlüssigkeitsprüfung durchzuführen,[2] ob und welche Ansprüche gegeben sein können, ob hiernach ein Arrest oder eine einstweilige Verfügung oder gar beide in Betracht kommen und ob die Eilbedürftigkeit gegeben ist.

b) Beschaffung der Mittel zur Glaubhaftmachung

Ergibt die Schlüssigkeitsprüfung hinreichende Erfolgsaussichten, ist anschließend sofort mit dem Mandanten zu klären, ob auch die Mittel zur Glaubhaftmachung der Arrest- bzw. Verfügungsvoraussetzungen gemäß §§ 920 I und 936 rechtzeitig beschafft werden können.

aa) Zur Glaubhaftmachung kann sich der Antragsteller gemäß § 294 aller Beweismittel bedienen und außerdem der eidesstattlichen Versicherung. Im Eilverfahren ist die eidesstattliche Versicherung neben dem Urkundenbeweis das wichtigste Mittel der Glaubhaftmachung. Alle anderen Beweismittel, insbesondere der Zeugenbeweis, die Augenscheinseinnahme und das Sachverständigengutachten[3] scheiden *zunächst* im Antragsverfahren aus, weil sie gemäß § 294 II eine förmliche und sofortige Beweisaufnahme im Rahmen einer mündlichen Verhandlung erfordern, die aber gerade wegen des Überraschungseffektes vermieden werden soll.

Allerdings kann und muß gegebenenfalls auf diese Beweismittel zum Zwecke der Glaubhaftmachung zurückgegriffen werden, wenn das Ge-

---

[2] Auch bei komplizierten Fällen verbleibt zunächst meist wenig Zeit für ein eingehendes Literaturstudium; es muß gegebenenfalls im Verlauf der weiteren Bearbeitung ergänzt und vertieft werden.

[3] Das Sachverständigengutachten ist nur dann förmliches Beweismittel, wenn es durch einen vom Gericht beauftragten Sachverständigen erstellt wird. Zur Antragsbegründung kann daher allenfalls als Mittel der Glaubhaftmachung ein etwa in einem vorausgegangenen Beweissicherungsverfahren nach §§ 485 ff. erstattetes Gutachten verwendet werden. Ein vom Antragsteller beschafftes Privatgutachten ist kein förmliches Mittel der Glaubhaftmachung; es ist prozessual ergänzendes Parteivorbringen, kann aber dessen Überzeugungskraft erhöhen.

richt dem Eilantrag nicht ohne mündliche Verhandlung stattgibt, oder wenn nach Erlaß des Arrestes bzw. der einstweiligen Verfügung über den Widerspruch des Gegners mündlich zu verhandeln ist (§ 924 II, 1), oder wenn das Eilverfahren in II. Instanz anhängig ist. Für diese Eventualitäten, mit denen in jedem Eilverfahren zu rechnen ist, sollte der Anwalt schon rechtzeitig Vorsorge treffen, damit er die Beweismittel in der mündlichen Verhandlung präsentieren kann; gemäß § 294 II müssen Zeugen und Sachverständige vom Beweisführer zum Termin gestellt und Augenscheinobjekte, soweit dies möglich ist, dem Gericht vorgelegt werden.

bb) Bei der Beschaffung der von Dritten (Zeugen) abzugebenden eidesstattlichen Versicherungen ergeben sich häufig erhebliche Schwierigkeiten. Überläßt der Anwalt dem Mandanten die Beibringung der eidesstattlichen Versicherungen, so läuft er Gefahr, daß das entscheidende Beweisthema nicht klar und eindeutig zum Ausdruck kommt, die Erklärung also ergänzt oder neu formuliert werden muß, wodurch u. U. kostbare Zeit verloren geht. Bereitet er aufgrund der Informationen des Mandanten eine eidesstattliche Versicherung für den Zeugen vor, läuft er Gefahr, daß die gewählte Formulierung nicht dem entspricht, was der Zeuge aufgrund eigenen Wissens bekunden kann; entweder lehnt dann der gewissenhafte Zeuge die Unterschriftsleistung ab oder der ungewissenhafte, leichtfertige Zeuge unterschreibt zunächst bedenkenlos, muß dann aber u. U. im Widerspruchs- oder Berufungsverfahren bei seiner Einvernahme vor Gericht einräumen, die ihm vorgelegte, vorformulierte eidesstattliche Versicherung ohne nähere Prüfung unterschrieben zu haben.[4]

Um diesen Schwierigkeiten zu begegnen, sollte der Anwalt grundsätzlich die eidesstattliche Versicherung in Gegenwart des Zeugen aufnehmen. Dies ist standesrechtlich zulässig und unbedenklich; nach § 4 I und V StRiL darf zwar der Rechtsanwalt Zeugen außergerichtlich über ihr Wissen nur dann befragen, wenn es zur pflichtgemäßen Sachaufklärung notwendig ist, und eidesstattliche Versicherungen nur in solchen Verfahren aufnehmen, in denen eine Glaubhaftmachung rechtlich in Betracht kommt. Beide Voraussetzungen liegen aber bei der Vorbereitung eines Antrags auf Erlaß eines Arrests oder einer einstweiligen Verfügung vor. Selbstverständlich muß die Befragung des Zeugen sachgemäß, also praktisch wie eine Zeugenvernehmung erfolgen, und selbstverständlich hat der Anwalt den Zeugen über die Bedeutung einer eidesstattlichen Versicherung und die Strafbarkeit einer falschen eidesstattlichen Versicherung nach § 156 StGB ausdrücklich zu belehren und dies im Eingangstext zu vermerken. Üblich ist hierbei folgende Formulierung:

---

[4] Vgl. hierzu auch *Commichau,* Rdnr. 280.

Beispiel:

Eidesstattliche Versicherung

Ich, der unterzeichnete *Alfred Wegener*, wohnhaft Weidenweg 27, 6380 Bad Homburg, erkläre hiermit in Kenntnis der Bedeutung einer eidesstattlichen Versicherung und in Kenntnis der Strafbarkeit einer falschen eidesstattlichen Versicherung zur Vorlage bei dem Amtsgericht in ... folgendes an Eides statt:

Ist der Zeuge verhindert, in die Anwaltskanzlei zu kommen, sei es aus Zeitgründen oder weil er weit entfernt wohnt, sollte der Anwalt versuchen, mit dem Zeugen telefonisch die Beweisfrage abzuklären. In solchen Fällen liegt es im pflichtgemäßen Ermessen des Anwalts, ob er aufgrund des Telefonats die Fertigung eines Entwurfs der eidesstattlichen Versicherung glaubt verantworten zu können oder ob er den Zeugen bittet, seinerseits eine entsprechende eidesstattliche Versicherung zu fertigen.

Ist der Zeuge nicht sofort erreichbar, bleibt nichts anderes übrig, als den Mandanten zu bitten, die eidesstattliche Versicherung von diesem Zeugen zu beschaffen. Hierbei ist es unbedenklich, wenn der Anwalt aufgrund des Informationsgespräches stichwortartig die Punkte niederlegt, über die sich der Zeuge in seiner eidesstattlichen Versicherung äußern soll. Das kann z.B. durch Formulierung des Beweisthemas vergleichbar einem Beweisbeschluß erfolgen. Bei besonderer Eilbedürftigkeit wird es u.U. notwendig sein, daß die eidesstattliche Versicherung durch Boten oder Kurierdienst beigeschafft wird.

cc) Stehen keine Zeugen zur Abgabe einer eidesstattlichen Versicherung zur Verfügung, kann, wie sich unmittelbar aus dem Wortlaut des § 294 I ergibt, auch der Antragsteller selbst eine eidesstattliche Versicherung abgeben. Insoweit unterscheidet sich die Glaubhaftmachung durch den Antragsteller von der für die Parteivernehmung geltenden Beweisregeln, denn nach § 448 kann die beweispflichtige Partei nur dann zu ihrer eigenen Behauptung als Partei vernommen werden, wenn schon ein Anfangsbeweis erbracht ist.[5] Gleichwohl hat die eidesstattliche Versicherung der Partei im allgemeinen einen geringeren Glaubhaftigkeitsgrad als die eines Dritten, weil sie oft leichtfertig abgegeben wird.[6] Um diesem Verdacht nicht noch begründete Anhaltspunkte zu geben, ist dringend vor einer weit verbreiteten, auch durch die Eilbedürftigkeit nicht zu rechtfertigenden Unsitte zu warnen, den Antragsteller nur pauschal unter Bezugnahme auf den Antragsschriftsatz die Richtigkeit der dort enthaltenen Angaben eidesstattlich versichern zu lassen.

---

[5] *Baumbach-Lauterbach*, § 448 Anm. 2 B.
[6] *Baumbach-Lauterbach*, § 294 Anm. 3.

Beispiel:

Falsch also:

Herr Rechtsanwalt *Unklug* hat in meiner Gegenwart Antrag auf Erlaß einer einstweiligen Verfügung vom 7.2. 1984 diktiert. Alle darin enthaltenen tatsächlichen Angaben sind zutreffend, was ich hiermit an Eides statt versichere.

Im Gegenteil, eine eidesstattliche Versicherung des Antragstellers selbst ist besonders sorgfältig, genau und so detailliert aufzunehmen, daß sie aus sich selbst heraus überzeugungskräftig ist. Alles, was ergänzend durch Schriftstücke, seien es auch nur Kopien, Notizen, Vermerke usw., belegt werden kann, ist auf diese Weise zu untermauern und zu erhärten:

Beispiel:
Ich habe 1968 anläßlich meiner Eheschließung mit meiner Ehefrau *Marion Wegner* einen notariellen Gütertrennungsvertrag abgeschlossen. Im Laufe der Ehezeit habe ich aus eigenen Mitteln 128 Krügerrand-Goldmünzen gekauft und in der ehelichen Wohnung in einer Geldkassette aufbewahrt.

Am 16.3. 1984 hat meine Ehefrau die eheliche Wohnung unter Mitnahme aller ihrer persönlichen Sachen verlassen und mir auf einem Zettel hinterlassen, daß sie die Scheidung beantragen wolle. Sie hat auch die Kassette mit den 128 Krügerrand mitgenommen.

Meine Ehefrau hält sich z.Z. bei ihrer Freundin, *Ursula Schönhorn,* Bad Nauheim, Taubenstraße 15, auf. Am 18.5. 1984 habe ich von einem gemeinsamen Bekannten, Herrn *Schwätzig,* erfahren, daß meine Frau bereits 53 Krügerrand verkauft habe und beabsichtige, auch noch den Rest zu verkaufen, um mit dem Gesamterlös ein Sonnenstudio in Bad Nauheim zu erwerben. Sie soll bereits einen Vorvertrag abgeschlossen und eine Anzahlung von 5000 DM geleistet haben.

Am 19.5. 1984 erfuhr ich gesprächsweise bei der Volksbank in Friedrichsdorf, wo wir beide unsere Gehaltskonten unterhalten, daß meine Ehefrau ein Stahlkammerfach mit dem Codewort „Himmelschlößchen" gemietet und dort die restlichen Krügerrand deponiert hat.

c) Eilbedürftigkeit und Umfang der Sache

Die jeweilige Eilbedürftigkeit und der Umfang der Sache entscheiden, ob der Anwalt mit der Ausarbeitung und dem Diktat des Antrags erst beginnt, wenn alle erforderlichen eidesstattlichen Versicherungen und Urkunden vorliegen, oder ob er schon aufgrund der Informationen des Mandanten einen Antragsentwurf fertigt, der dann ggf. noch ergänzt und geändert werden muß. Mitunter bleiben nur einige Stunden oder weniger Zeit, den Antrag zu fertigen. Deshalb muß gerade in Eilsachen so rationell wie möglich unter Ausnutzung aller technischen Möglichkeiten gearbeitet werden.

Unnütze Diktat- und Schreibzeit kann eingespart werden, wenn bei der Sachverhaltsschilderung wegen der Einzelheiten, soweit dies der Verständniszusammenhang erlaubt, auf den Inhalt der beigefügten eidesstattlichen Versicherungen und Urkunden Bezug genommen wird. Dies erspart auch dem Richter, der ja ebenfalls möglichst schnell entscheiden soll, unnütze Lesezeit.

2. *Das Erwirken der gerichtlichen Entscheidung*

In diesem Abschnitt geht es darum, in welcher Zeit voraussichtlich die gerichtliche Entscheidung erwirkt werden kann.

a) *Auswahl des Gerichts*

Die hierfür benötigte Zeit hängt ganz wesentlich davon ab, welches Gericht zuständig ist und wie weit dieses Gericht vom Sitz der Kanzlei des Anwalts entfernt ist. Unter diesem Gesichtspunkt ist schon bei der Antragsvorbereitung stets zu prüfen, ob der Antrag gemäß § 919 beim Gericht der Hauptsache nach Maßgabe der allgemeinen Gerichtsstandregelungen der §§ 12 ff. anzubringen ist oder beim Amtsgericht, in dessen Bezirk sich die mit Arrest zu belegende Sache oder die in ihrer persönlichen Freiheit zu beschränkende Person befindet. Entsprechendes gilt gemäß §§ 937, 942 für die einstweilige Verfügung mit der Hilfszuständigkeit des Amtsgerichts der belegenen Sache.

Ist ein auswärtiges Gericht zuständig, wird es je nach der Bedeutung der Sache und der Entfernung des Gerichts zweckmäßig zu sein, mit dem Mandanten abzustimmen, ob der Antrag per Post oder vom Anwalt selbst, dem Mandanten bzw. einem Boten zum Gericht gebracht und die Entscheidung abgeholt wird.

b) *Abstimmung mit dem Richter*

Zu klären und sicherzustellen ist, daß der nach dem Geschäftsverteilungsplan zuständige Richter bzw. die zuständige Kammer bei Eingang des Antrags zu einer sofortigen Entscheidung zur Verfügung stehen. Zu diesem Zweck sollte sich der Anwalt schon vor oder während des Diktats des Antrags mit dem Richter telefonisch in Verbindung setzen und ankündigen, wann er voraussichtlich den Antrag bei Gericht einreichen wird. Dies ist vor allem notwendig, wenn der Antrag, wie häufig, erst um oder nach der Mittagszeit oder zum Wochenende fertiggestellt und zum Gericht gebracht werden kann. Der Richter kann dann auch noch seinerseits dafür sorgen, daß eine Schreibkraft und der Urkundsbeamte der Geschäftsstelle für die Ausfertigung der Entscheidung zur Verfügung stehen.

Zweckmäßig, zulässig und auch standesrechtlich unbedenklich ist es, bei der Übergabe des Antrags die Sache mit dem zuständigen Richter zu erörtern, ihn gegebenenfalls auf gewichtige Besonderheiten hinzuweisen und zu bitten, bei etwaigen Bedenken Gelegenheit zu ergänzendem Sachvortrag zu geben.[7] Für diesen Fall sollte der Anwalt in besonders eiligen Fällen Vorsorge treffen, daß eventuell Zeugen und der Mandant zu ergänzenden eidesstattlichen Versicherungen bereitstehen.

---

[7] *Baumbach-Lauterbach*, § 921 Anm. 1.

c) Abstimmung mit der Geschäftsstelle

Mit der Geschäftsstelle oder dem Richter ist schließlich abzustimmen, daß der Anwalt sofort telefonisch unterrichtet wird, sobald die Entscheidung ergangen ist, damit diese unverzüglich bei Gericht abgeholt werden kann zur Einleitung des Vollziehungsverfahrens.

3. Die Vollziehung und Zustellung

Der Arrest soll regelmäßig gemäß § 929 III vor der Zustellung an den Schuldner vollzogen werden, ebenso die einstweilige Verfügung, soweit sie einen über Gebote oder Verbote hinausgehenden vollzugsfähigen Titel enthält (§§ 938 II, 941); im übrigen soll die einstweilige Verfügung sofort zugestellt werden. Um dies sicherzustellen, sind schon vor, spätestens sofort nach Erlaß der gerichtlichen Entscheidung folgende Maßnahmen zu treffen:

a) Abstimmung mit dem Gerichtsvollzieher

Die Vollziehung des Arrests in das bewegliche Vermögen des Schuldners gemäß §§ 930, 803 ff., die Sequestration gemäß § 938 II sowie alle Zustellungen an den Schuldner und an Dritte erfolgen durch den Gerichtsvollzieher. Zuständig ist der Gerichtsvollzieher, in dessen Bezirk die Vollstreckungshandlung vorzunehmen ist; ist dieser nicht zu erreichen, muß der jeweils bestellte Eil-Gerichtsvollzieher beauftragt werden. Über die Gerichtsvollzieher-Verteilerstelle beim Amtsgericht ist der hiernach zuständige Gerichtsvollzieher zu ermitteln und vorab zu unterrichten, daß und wann der Eilauftrag erteilt werde. Dies ist notwendig, weil erfahrungsgemäß der Gerichtsvollzieher außerhalb seiner Sprechstunden schwer zu erreichen ist und auch er seine Vollstreckungs-Zustellungswege rechtzeitig disponieren muß, wenn die Eilmaßnahme noch am Tage des Erlasses der gerichtlichen Entscheidung vollzogen oder zugestellt werden soll.

b) Zustellungsauftrag

Der Zustellungsauftrag kann zwar nach § 167 mündlich erteilt werden. Zweckmäßig ist jedoch ein schriftlicher Auftrag, vor allem, wenn Besonderheiten bei der Zustellung zu berücksichtigen sind. Der Zustellungsauftrag kann schon während der Zeit, in der das Gericht über den Antrag entscheidet, vorbereitet werden, damit sofort nach Vorlage der Beschlußausfertigung der Auftrag gegebenenfalls durch bereitgestellten Boten dem bereitstehenden Gerichtsvollzieher zugeleitet werden kann, und zwar am besten direkt am zu vereinbarenden Ort der Vollzugshandlung.

4. Beispiel eines Arbeitsplanes:

1. 30.1. 1984, 15.00 Uhr: Erstes Informationsgespräch mit dem Mandanten in Frankfurt.
2. Es steht zu befürchten, daß der Schuldner in Friedberg nach Aufgabe seines Geschäfts spätestens am 2.2. 1984 seine letzten Warenvorräte unter Preis verkaufen will.
3. Nach erster Schlüssigkeitsprüfung kommt ein dinglicher Arrest mit Sachpfändung in Betracht. Es werden eidesstattliche Versicherungen von zwei Zeugen benötigt.
   a) Zeuge *X*, wohnhaft Frankfurt, auf Geschäftsreise, kommt erst am 31.1. 1984 spätabends zurück.
   b) Zeuge *Y*, wohnhaft Hannover, telefonisch erst ab 18.00 Uhr erreichbar.

   Wegen schlechter Witterungsverhältnisse muß mit Postverzögerung gerechnet werden.

   18.30 Uhr: Inhalt der eidesstattlichen Versicherung wird mit dem Zeugen *Y* telefonisch abgestimmt. Mandant stellt für den 31.1. 1984 Boten zur Verfügung, der frühestens am 31.1. 1984 nachmittags zurück sein kann.
4. 31.1. 1984:

   Vormittags: Entwurf für Eilantrag. 17.00 Uhr: Bote bringt eidesstattliche Versicherung des Zeugen *Y*.
5. 1.2. 1984:

   9.00 Uhr: Aufnahme der eidesstattlichen Versicherung des Zeugen *X*.

   9.30 Uhr: Telefonische Vorabunterrichtung des Richters am Amtsgericht in Friedberg.

   9.00–11.30 Uhr: Fertigstellung des Eilantrages und des Pfändungsauftrages.

   11.30 Uhr: Abfahrt nach Friedberg, Fahrzeit 45 Minuten.

   11.45 Uhr: Antragseingang bei Gericht.

   Bürovorsteher unterrichtet zwischenzeitlich Eilgerichtsvollzieher.

   15.00 Uhr: Beschlußausfertigung zu erwarten.

   15.30 Uhr: Treffzeit mit dem Eilgerichtsvollzieher.

   16.00 Uhr: Durchführung der Vollstreckung.

III. Der Arrest

Der Arrest dient der Sicherung der Zwangsvollstreckung in das bewegliche und unbewegliche Vermögen des Schuldners wegen einer Geldforderung des Gläubigers oder wegen eines Anspruchs, der in eine Geldforderung übergehen kann (§ 916). Das Anordnungsverfahren, in dem der Arrest erlassen wird, ist ein vorläufiges, abgekürztes Erkenntnisverfahren. Der Arrest ist ein vorläufig vollstreckbarer Titel, mit dem der Gläubiger im anschließenden Vollziehungsverfahren, einem besonderen Zwangsvollstreckungsverfahren, die Vollstreckung in das Vermögen des Schuldners betreiben kann, allerdings nur zur Sicherung seiner Ansprüche, nicht zu deren Befriedigung. Aus der Eilbedürftigkeit und Vorläufigkeit des Arrestverfahrens ergibt sich eine teilweise Verquickung zwischen dem Anordnungs- und Vollziehungsverfahren, auf die besonders zu achten ist.[8]

---

[8] Einen praktischen Fall mit Arrestverfahren bringt *Lüke*, JuS 1984, 134 ff. (GmbH-Gründung mit Pferdefuß).

1. Der Arrestanspruch

Der Arrest kann nur beantragt werden wegen einer *Geldforderung* oder eines Anspruchs, der in eine Geldforderung übergehen kann. Diesen Arrestanspruch nach Entstehungsgrund und Höhe darzulegen und glaubhaft zu machen, bietet regelmäßig keine besonderen Schwierigkeiten; es gelten dieselben Grundsätze wie für die Begründung einer Klage. Ansprüche, die in eine Geldforderung übergehen können, sind grundsätzlich alle vermögensrechtlichen Ansprüche, auch wenn nur hilfsweise Geldersatz verlangt werden kann.

Beispiel: Der Verkäufer hat gemäß § 326 BGB den Rücktritt vom Kaufvertrag erklärt und verlangt vom Käufer nach § 346 BGB Rückgabe der Kaufsache, die dieser verweigert. Im Falle der Verschlechterung, des Untergangs oder der sonstigen Unmöglichkeit der Herausgabe haftet der Käufer nach §§ 347, 989 BGB auf Schadenersatz in Geld. Wegen dieses Geldersatzanspruches kann der Arrest beantragt werden, wenn die Verschlechterung usw. demnächst zu befürchten ist. Es handelt sich dann um einen aufschiebend bedingten Anspruch, für den der Arrest gemäß § 916 II beantragt werden kann, wenn der Bedingungseintritt nicht so fern liegt, daß der Anspruch schon einen gegenwärtigen Vermögenswert hat. Wegen des Hauptanspruches auf Rückgabe der Kaufsache kann kein Arrest, wohl aber eine einstweilige Verfügung gemäß § 938 II auf Sequestration beantragt werden, d. h. Herausgabe an den Gerichtsvollzieher als Sequester.

Neben bedingten Ansprüchen können auch betagte, d. h. bereits entstandene, aber noch nicht fällige Ansprüche mit dem Arrest verfolgt werden, ebenso künftige Ansprüche, soweit nach §§ 257–259 Klage auf künftige Leistung zulässig wäre. Ersatzansprüche, deren Höhe noch nicht endgültig feststeht, weil das Schadensereignis noch nicht abgeschlossen ist, und wegen der im Klageverfahren zunächst nur Feststellungsklage erhoben werden könnte, kommen ebenfalls in Betracht.

Beispiel: Der Schuldner hat bei einer Schlägerei den Gläubiger schwer verletzt. Infolge langdauernder Krankenhausbehandlung steht die Höhe des materiellen Schadens (Verdienstausfall) und des Schmerzensgeldes noch nicht fest. In diesem Falle ist unter Darlegung aller in Betracht kommenden Umstände die voraussichtliche Höhe der Ansprüche zu schätzen und diese Schätzsumme als zu sichernde Forderung geltend zu machen, wenn z. B. als Arrestgrund in Betracht kommt, daß der Schuldner sich ins Ausland absetzen will.

2. Der Arrestgrund

Die Schwierigkeiten des Arrestverfahrens liegen regelmäßig in der Darlegung und Glaubhaftmachung des Arrestgrundes, also der besonderen Umstände, die die Anordnung des Arrests in einem verkürzten, vorläufigen Verfahren rechtfertigen. Beim Arrestgrund ist zu unterscheiden zwischen dem dinglichen Arrest und dem persönlichen Arrest.

a) Dinglicher Arrest

Ein Grund für den dinglichen Arrest ist nur gegeben, wenn zu besorgen ist, daß ohne Verhängung des Arrests die Vollstreckung eines erst im Hauptverfahren noch zu erwirkenden Urteils vereitelt oder wesentlich erschwert werden würde, § 917. Der dingliche Arrest dient also unmittelbar der Sicherung des Arrestanspruches, indem er wegen der Besorgnis der Vereitelung oder Erschwerung der Vollstreckung dem Gläubiger die sofortige Vollstreckungsmöglichkeit verschafft. Die Besorgnis der Vollstreckungsvereitelung ist nach herrschender Auffassung in Rechtsprechung und Literatur[9] regelmäßig nur begründet, wenn der Gläubiger bevorstehende oder bereits erfolgte konkrete nachteilige Einwirkungen auf das Vermögen des Schuldners darlegen kann, sei es durch diesen selbst, sei es durch Dritte oder durch höhere Gewalt. Dagegen sollen weder die schlechte Vermögenslage des Schuldners als solche noch die regelmäßig durch sie bedingte Konkurrenz mit anderen Vollstreckungsgläubigern (Gläubigeransturm) ausreichende Arrestgründe sein; nun sind es aber gerade in der Praxis diese Gründe, weshalb meistens der Anwalt beauftragt wird, einen Arrest zu erwirken, damit der Mandant noch rechtzeitig zum Zuge kommt.

Die Begründung der herrschenden Lehre, von einer Erschwerung der Vollstreckung könne bei ohnehin schon schlechter Vermögenslage nicht gesprochen werden, sondern nur bei einer drohenden weiteren Verschlechterung, überzeugt ebensowenig wie der Hinweis darauf, ein Gläubiger dürfe durch den Arrest keinen Vorrang erlangen und nicht besser gestellt werden als andere Gläubiger, anderenfalls die Durchführung eines etwa bevorstehenden Konkursverfahrens mit dem Prinzip gleichmäßiger Gläubigerbefriedigung gefährdet wäre. Abgesehen davon, daß bei ohnehin schon schlechter Vermögenslage des Schuldners regelmäßig auch eine weitere Verschlechterung und damit auch ein Gläubigeransturm zu befürchten ist, durch den die Vollstreckung erschwert wird, gilt im gesamten Singular-Vollstreckungsverfahren und damit auch bei der Arrestvollziehung das Prinzip der Priorität: Der zuerst zuschlagende Gläubiger hat immer Vorrang vor allen nachkommenden Gläubigern. Eine Arrestvollstreckung gefährdet auch nicht mehr oder weniger als jede andere Singular-Vollstreckung die Durchführung eines etwa folgenden Konkurs- oder Vergleichsverfahrens: denn inwieweit Vollstreckungsmaßnahmen gegenüber diesen Verfahren Bestand haben oder nicht, richtet sich ausschließlich nach den Anfechtungsvorschriften der Konkursordnung bzw. des Anfechtungsgesetzes, die auch auf Vollstrek-

---

[9] Vgl. z.B. *Thomas-Putzo,* § 917 Anm. 5; *Baumbach-Lauterbach,* § 917 Anm. 1 c; *Wieczorek,* § 917 Anm. B, II, b, 2 und *Zeller,* § 917 Anm. 3 b jeweils mit Rspr.-Nachw. – grdl. *RGZ* 67, 22 (26).

kungsmaßnahmen anwendbar sind.[10] Schließlich gewährt die Arrestanordnung dem Antragsteller nur einen Vorrang gegenüber den Gläubigern, die wie er noch keinen vollstreckbaren Titel in Händen haben, während er den „titulierten" Gläubigern gegenüber erst durch den Arrestbefehl gleichgestellt und wie diese in die Lage versetzt wird, die Zwangsvollstreckung zu betreiben. Vorgezogen und beschleunigt wird also nur das Erkenntnisverfahren;[11] und im Vollzugsverfahren erlangt der Antragsteller nur Sicherheit, nicht aber Befriedigung wie die anderen Gläubiger mit titulierten Ansprüchen.[12]

Zu dieser dogmatisch ungeklärten Ausgangslage kommt hinzu, daß die Kommentare außer einigen abstrakten, wenig ergiebigen Grundsätzen zwar stereotype Stichworte nennen wie

- Verschieben oder Beiseiteschaffen von Vermögensstücken,
- Scheingeschäfte,
- verdächtige Veräußerungen oder Belastungen von Grundstücken,
- Verschleuderung der Ware,
- Verschwendung,
- unsteter Aufenthalt oder häufiger Wohnungswechsel,
- Absetzen ins Ausland,

sich aber auffallenderweise nur auf wenige zu diesem Thema veröffentlichte Entscheidungen berufen können.[13] Dem Anwalt steht daher mangels einer breitgestreuten veröffentlichten Kasuistik wenig Vergleichsmaterial zur Verfügung; darüber hinaus muß er einkalkulieren, daß die Gerichte bei der Konkretisierung der unbestimmten Tatbestandsvoraussetzungen des § 917 von ihrem nicht gerade engen Beurteilungsspielraum sehr unterschiedlich Gebrauch machen. So läuft in der Tat der Versuch, dem Gericht einen Arrestgrund nachzuweisen, in vielen Fällen mehr oder weniger auf ein Vabanquespiel hinaus. Bei dieser Situation bleibt dem Anwalt nichts anderes übrig, als im Informationsgespräch zu versuchen, mit Blick auf die herrschende Meinung möglichst viele für sich allein auch noch so unbedeutend erscheinende „Arrestgründe" aufzu-

---

[10] Vgl. zum Vorstehenden die überzeugende Begründung von *Grunsky,* in: *Stein-Jonas,* § 917 Anm. I, 1, a und 2a sowie NJW 1976, 553 ff.

[11] Dieses vorgezogene Erkenntnisverfahren, d.h. das Anordnungsverfahren, erfordert ein dem Rechtsschutzbedürfnis gleichartiges besonderes Sicherungsbedürfnis des Antragstellers: Wer schon Sicherheit hat oder auf einfachere Weise anderweitig erlangen kann, bedarf keines Arrestes (vgl. *Baumbach-Lauterbach,* § 917 Anm. 1 B).

[12] *Schwerdtner,* NJW 1970, 222 ff., sieht in § 917 einen „Verwirkungstatbestand", der ein mißbräuchliches Verhalten des Schuldners verlange, aufgrund dessen die Prognose gerechtfertigt sei, daß der Schuldner die Zwangsvollstreckung erschweren oder vereiteln werde.

[13] Trotz der Vielzahl der jährlich anhängigen Arrestverfahren sind nur verhältnismäßig wenige Entscheidungen veröffentlicht, in erster Linie wohl deshalb, weil stattgebende Beschlüsse nicht im einzelnen, sondern meist nur unter Bezugnahme auf den Antrag „begründet" werden, und weil in vielen Fällen die Sache durch Haupt- oder Zwischenvergleich erledigt wird. Durch den Ausschluß der Revisionsinstanz gemäß § 545 II ermangelt es einer einheitlichen höchstrichterlichen Rechtsprechung.

spüren, also Verhaltensweisen des Schuldners, die auch nur entfernt ein Indiz für eine Vereitelung oder wesentliche Erschwerung der Vollstreckung sein können, um dann mosaikartig Parallelen zu den Sachverhalten veröffentlichter Entscheidungen zu ziehen; außerdem empfiehlt es sich, soweit wie möglich die schlechte Einkommens- und/oder Vermögenssituation des Schuldners darzulegen.

All diesen Schwierigkeiten ist der Anwalt enthoben, wenn der seltene Ausnahmefall des § 917 II vorliegt: Muß nämlich das Urteil im Ausland vollstreckt werden, wird das Vorliegen eines Arrestgrundes gesetzlich vermutet.

b) Persönlicher Arrest

Der Arrestgrund für den persönlichen Arrest setzt voraus, daß dieser Sicherheitsarrest erforderlich ist, um die gefährdete Zwangsvollstreckung in das Vermögen des Schuldners zu sichern, § 918. Während also der dingliche Arrest unmittelbar der Sicherung des Arrestanspruchs dient, soll durch den persönlichen Arrest *die Zwangsvollstreckung gesichert werden* entweder durch Inhaftnahme des Schuldners oder durch sonstige Beschränkungen der persönlichen Freiheit, § 933. Hieraus und aus dem Grundsatz der Verhältnismäßigkeit folgt zunächst die subsidiäre Natur des persönlichen Arrests,[14] der damit nur zulässig ist, wenn und soweit der Gläubiger mit dem dinglichen Arrest nicht zum Zuge kommen würde.

Neben dem allgemeinen Arrestgrund des § 917 müssen daher solche Handlungsweisen des Schuldners gegeben sein, die den Vollstreckungszugriff schon beeinträchtigt haben oder noch beeinträchtigen können und denen allein durch die Beschränkung der persönlichen Handlungsfreiheit des Schuldners begegnet werden kann. Nun sind dies aber im allgemeinen gerade diejenigen Handlungsweisen, die von der h.L. als Grund für den dinglichen Arrest angeführt werden (vgl. die Beispiele oben). Hieran zeigt sich, daß es der h.L. bis heute nicht gelungen ist, eine klar dogmatische Abgrenzung zwischen § 917 und § 918 zu ziehen.[15] Für den Antrag auf Erlaß des persönlichen Arrests ist es also in jedem Falle erforderlich, solche Handlungsweisen darzulegen und glaubhaft zu machen; weiterhin ist erforderlich, daß der Schuldner überhaupt Vermögen besitzt, weil der vermögenslose Schuldner keine Vollstreckung mehr beeinträchtigen kann.[16]

Die subsidiäre Natur des persönlichen Arrestes schließt es nicht aus, gleichzeitig den dinglichen und persönlichen Arrest zu erwirken, wenn beide Maßnahmen zur Sicherung des Gläubigers erforderlich sind.[17]

---

[14] Einhellige Meinung, vgl. z. B. *Stein-Jonas,* § 918 Anm. II, 3 und Fußn. 5.

[15] Die schon vom Wortlaut der §§ 917, 918 unterschiedlichen Voraussetzungen für den Arrestgrund des dinglichen und des persönlichen Arrests bestätigen nur die hier vertretene Auffassung, daß die h. L. § 917 zu eng auslegt.

[16] Vgl. *Stein-Jonas,* § 918 Anm. II, 1.

[17] Vgl. *Stein-Jonas,* § 918 Anm. II, 3.

Beispiel: Der Gläubiger hat einen Anspruch über 500 000 DM. Eine Arresthypothek gemäß § 932 auf dem einzigen hochbelasteten Grundstück des Schuldners würde keine ausreichende Sicherheit bieten. Der Schuldner steht im Begriff, sein sonstiges bewegliches Vermögen (Gold, Schmuck) beiseite zu schaffen oder sich mit diesem ins Ausland abzusetzen, woran er nur durch einen persönlichen Arrest gehindert werden könnte.

3. *Der Arrestantrag*

Der Arrestantrag[18] ist ein bestimmender, ein Verfahren einleitender Schriftsatz (vgl. oben § 2, I, 2) weshalb er in den Formalien all den für einen solchen Schriftsatz geltenden Anforderungen entsprechen muß, insbesondere hinsichtlich des Rubrums, der Sachanträge, der Begründung und der Unterschrift. Folgende Besonderheiten sind zu beachten:

a) Kein Anwaltszwang

Der Arrestantrag kann gemäß § 920 III auch zu Protokoll der Geschäftsstelle erklärt werden; es besteht demgemäß auch für einen beim Landgericht einzureichenden Antrag kein Anwaltszwang. Somit kann der Antrag unbeschadet der Zulassungsregelung der §§ 118 ff. BRAO von jedem Anwalt bei jedem Gericht I. Instanz gestellt werden.[19] Dies gilt aber nur für die Antragstellung selbst. Ordnet das Gericht vor der Entscheidung über den Antrag mündliche Verhandlung an oder ist aufgrund des Widerspruchs des Antragsgegners zu verhandeln (§ 925 I), so besteht beim Landgericht für diesen Verfahrensabschnitt Anwaltszwang; bei Antragstellung durch einen auswärtigen Anwalt muß also dann für die mündliche Verhandlung ein beim Landgericht zugelassener Anwalt beauftragt werden.[20]

b) Rubrum

Der Antrag ist als solcher zu bezeichnen, also

Antrag auf Erlaß des dinglichen Arrests.

Die Parteien heißen Antragsteller und Antragsgegner. Die mancherorts verwendete Bezeichnung Arrestkläger und Arrestbeklagter ist sach-

---

[18] § 920 spricht noch altertümlich vom „Gesuch", rechtstechnisch handelt es sich um einen Antrag.

[19] Ob dies – abgesehen von der Gebührenfrage – immer zweckmäßig ist, hängt von den besonderen Umständen des Einzelfalles ab. Die Einschaltung eines im Bezirk des zuständigen Gerichts ansässigen Anwalts empfiehlt sich, wenn es auf eine genaue Kenntnis der Spruchpraxis des zuständigen Gerichts ankommt oder darauf, daß bei etwa auftretenden Bedenken eine Besprechung mit dem Richter angezeigt erscheint.

[20] Gebührenrechtlich macht es keinen Unterschied, ob zunächst der auswärtige Anwalt den Antrag stellt oder ob gleich der am Gericht zugelassene Anwalt beauftragt wird. Im ersten Falle erhält der auswärtige Anwalt eine Prozeßgebühr nach § 31, 1 BRAGO, für die weitere Korrespondenz aber keine zusätzliche Korrespondenzgebühr nach § 52 BRAGO, in zweiten Falle erhält er nur die Korrespondenzgebühr.

lich ungenau, denn das Arrestverfahren ist kein Klageverfahren, sondern ein diesem vorgeschobenes besonderes Eilverfahren.

c) Prozeßvollmacht

Die Prozeßvollmacht des Anwalts ist ebensowenig wie im Klageverfahren von Amts wegen zu prüfen (§ 88 II), sie muß deshalb nicht mit dem Antrag eingereicht werden. Gleichwohl ist dringend zu raten, sich die Prozeßvollmacht vor Antragstellung schriftlich erteilen zu lassen. Ordnet das Gericht vor der Entscheidung über den Antrag mündliche Verhandlung an, was wegen der Eilbedürftigkeit kurzfristig zu erfolgen hat, und rügt der Gegner dann im Termin den Mangel der Vollmacht (§ 88 I), kann sie aber der Anwalt nicht nachweisen, etwa weil der Mandant zwischenzeitlich nicht erreichbar ist, läuft er Gefahr, daß sein Arrestantrag aus diesem formalen Grund zurückgewiesen wird.

d) Der Sachantrag

Im Sachantrag ist die Geldforderung, wegen der der Arrest beantragt wird, genau zu beziffern; handelt es sich um einen Anspruch, der in eine Geldforderung übergehen kann, ist der gegenwärtige Geldwert anzugeben.

Da der Antragsgegner bei Erlaß des Arrestbefehls auch die Kosten des Verfahrens gemäß § 91 zu tragen hat und dieser Kostenerstattungsanspruch zum Zeitpunkt der Antragstellung bereits aufschiebend bedingt entstanden ist (vgl. § 916 II), kann der Arrest auch wegen dieses Anspruches unbeschadet des später durchzuführenden Kostenfestsetzungsverfahrens beantragt werden. Die Kosten sind wie folgt zu errechnen:

Beispiel:

Wert: 20000 DM	
1. 10/10 *Prozeßgebühr* §§ 11, 31 I BRAGO	800,— DM
2. Auslagenpauschale § 26 BRAGO	40,— DM
3. 14% Mehrwertsteuer	117,60 DM
4. ½ Gerichtsgebühr § 11 GKG Kostenverzeichnis Nr. 1050	126,— DM
	1083,60 DM

Der Sachantrag ist regelmäßig wie folgt zu formulieren:

Beispiel: Zur Sicherung der Zwangsvollstreckung wegen der dem Antragsteller gegen den Antragsgegner zustehenden Forderung von 20000 DM nebst 8% Zinsen seit 10. 12. 83 sowie wegen eines Kostenanschlags von 1083,60 DM wird der dingliche Arrest in das bewegliche und unbewegliche Vermögen des Antragsgegners (sowie der persönliche Sicherheitsarrest) beantragt.

e) Sicherheitsleistung

Nach § 921 II kann das Gericht *Anordnung* des Arrests von einer Sicherheitsleistung abhängig machen, auch wenn der Anspruch und der Arrestgrund glaubhaft gemacht sind (Satz 2), so insbesondere, weil der endgültige Ausgang der Sache ungewiß ist oder dem Schuldner durch den Arrest ein erheblicher Schaden droht.[21] In diesem Fall ergeht zunächst der Beschluß über die zu erbringende Sicherheitsleistung, der nur dem Antragsteller zuzustellen ist. Hat dieser die Sicherheit geleistet und dem Gericht den Nachweis hierüber erbracht, ergeht dann der Arrestbeschluß.

Das Gericht kann aber auch, wenn Anspruch und/oder Arrestgrund nicht ausreichend glaubhaft gemacht sind,[22] die *Vollziehung* des Arrestbeschlusses davon abhängig machen, daß der Antragsteller wegen der dem Antragsgegner drohenden Nachteile Sicherheit leistet.[23] Diese Vorschrift trägt den oben beschriebenen Schwierigkeiten bei der Beschaffung von Mitteln der Glaubhaftmachung Rechnung (vgl. oben § 9 III, 2). Sie erlaubt aber nur, auf eine volle *Glaubhaftmachung* zu verzichten; dagegen gewährt sie keine Erleichterung für die *Darlegung* der Anspruchsvoraussetzungen und des Arrestgrundes. Insofern ist, wie im Zivilprozeß, streng zwischen der Darlegungsstation, d.h. dem schlüssigen Tatsachenvortrag und der Beweisstation, hier in Form der abgeschwächten Beweisführung, durch Glaubhaftmachung,[24] zu unterscheiden. Alle Tatsachen, die den Anspruch begründen und den Arrestgrund rechtfertigen, sind daher vorzutragen. § 921 II ersetzt nicht die Schlüssigkeit, sondern nur die mangelnde Glaubhaftmachung, so daß sich hierdurch auch nichts an der Problematik über den Arrestgrund ändert.

Über die Sicherheitsleistung nach § 921 II hat zwar das Gericht von Amts wegen zu entscheiden, es bedarf also insoweit keines förmlichen Antrags des Gläubigers; gleichwohl empfiehlt es sich, jedenfalls in Zweifelsfällen, im Arrestantrag förmlich und hilfsweise Sicherheitsleistung durch den Antragsteller anzubieten. Zum einen kann die Vorschrift des § 921 II unter dem Zeitdruck des Eilverfahrens auch vom Gericht übersehen werden, zum anderen hat das Gericht nur darüber zu befinden, daß

---

[21] Vgl. *Baumbach-Lauterbach,* § 921 Anm. 2 A.

[22] Ungeachtet des Gesetzeswortlautes „nicht glaubhaft gemacht", kann nach h.A. nicht auf jegliche Glaubhaftmachung verzichtet werden. Ein Mindestmaß an Glaubhaftmachung etwa vergleichbar dem Anfangsbeweis i.S. von § 448 ist notwendig; die Sicherheitsleistung soll nur den fehlenden Rest der Glaubhaftmachung ersetzen (*OLGZ* 73, 60).

[23] In diesem Falle ist dem Vollstreckungsorgan vor dem Vollzug der Nachweis der Sicherheitsleistung zu erbringen, dem Schuldner jedoch erst in der Frist des § 929 III.

[24] Glaubhaftmachung verlangt nicht wie der Beweis eine Tatsachenfeststellung mit an Sicherheit grenzender Wahrscheinlichkeit, sondern nur eine überwiegende Wahrscheinlichkeit, *BGH,* VersR 1973, 187 und *Baumbach-Lauterbach,* § 294 Anm. 1.

und in welcher Höhe Sicherheit zu leisten ist; über die Art der Sicherheitsleistung braucht es nach § 108 ZPO keine Entscheidung zu treffen, so daß mangels einer solchen Entscheidung die Sicherheit nur durch die unwirtschaftliche Hinterlegung von Geld oder Wertpapieren erfolgen kann. Soll dagegen, wie regelmäßig üblich, die Sicherheit durch Bankbürgschaft erbracht werden, bedürfte es nach Erlaß des Arrestbeschlusses noch eines gesonderten Antrages und eines Ergänzungsbeschlusses über die Art der Sicherheitsleistung, wodurch kostbare Zeit verloren gehen kann. Deshalb ist im Hilfsantrag die Art der Sicherheitsleistung zu bezeichnen, während die Höhe der Sicherheitsleistung der Entscheidung des Gerichts überlassen bleiben sollte.

Beispiel: Hilfsweise beantrage ich, die Anordnung bzw. die Vollziehung des Arrests von einer Sicherheitsleistung des Antragstellers abhängig zu machen, die auch durch selbstschuldnerische, unbefristete Bürgschaft der X-Bank in Frankfurt am Main erbracht werden kann.

Die Sicherheitsleistung nach § 921 II ist nicht zu verwechseln mit der in jedem Arrestbefehl von Amts wegen gemäß § 923 festzusetzenden Ablösungssumme. Mit der Hinterlegung der Ablösungssumme durch den Schuldner wird die Vollziehung des Arrests gehemmt und der Schuldner zu dem Antrag auf Aufhebung des *vollzogenen* Arrests berechtigt, also zur Aufhebung der Vollstreckungsmaßnahmen.

f) Vollstreckungsanträge

Im Arrestverfahren hat das Arrestgericht teilweise die Funktion und Zuständigkeit als Vollstreckungsgericht. Dies gilt insbesondere nach § 930 I, 3 für die Forderungspfändung und gemäß § 933 für die gerichtlichen Anordnungen zur Vollziehung des persönlichen Arrests. Soweit das Arrestgericht als Vollstreckungsgericht zuständig ist, können die Vollstreckungsanträge bereits mit dem Antrag auf Erlaß des Arrests verbunden und auch vom Gericht sogleich mit der Arrestanordnung beschieden werden. In den meisten Fällen ist es schon aus Zeitgründen wegen der Vollziehungsfristen dringend geboten, diese Vollstreckungsanträge gleichzeitig mitzustellen.

aa) Forderungspfändung

Da die Vollziehung des Arrests in das bewegliche Vermögen gemäß § 930 I durch Pfändung erfolgt, gelten für die Zwangsvollstreckung in Forderungen und andere Vermögensgegenstände die Vorschriften der §§ 828–860 nur, soweit sie die Pfändung betreffen, nicht dagegen, soweit sie die Überweisung und Verwertung regeln. Gepfändet werden immer die *vermeintlichen* Ansprüche des Schuldners gegen den Drittschuldner, d.h., der Pfändungsbeschluß ergeht allein auf die Behauptung des Gläubigers, daß solche Ansprüche bestünden ohne Nachprüfung durch das

Vollstreckungsgericht, ob solche Ansprüche tatsächlich bestehen.[25] Sie sind daher auch nicht glaubhaft zu machen.

Beispiele für Pfändungsanträge:

In Vollziehung des Arrests beantrage ich zu pfänden die angeblichen Ansprüche und Rechte des Antragsgegners gegen:

1. die Volksbank Bietigheim eG aus der bestehenden Geschäftsverbindung, vor allem aus dem Vertrag für das Konto Nr. 0046132 und aus evtl. weiteren Konten, insbesondere
   a) das Recht auf Auszahlung an sich und auf Überweisung an Dritte von Beträgen, die zugunsten des Schuldners bei der Drittschuldnerin eingehen, aus Empfangnahme von Geld für den Schuldner, von gegenwärtigen und künftigen Guthaben auf Konten des Schuldners,
   b) die sich aus der Geschäftsverbindung ergebenden sonstigen Ansprüche, vor allem auf Kündigung der zwischen dem Schuldner und der Drittschuldnerin geschlossenen Verträge,
   c) auf Auszahlung der bereitgestellten, noch nicht abgerufenen Darlehensvaluta aus bereits abgeschlossenen Kreditgeschäften und
   d) der vertragliche Auskunftsanspruch über den beiderseitigen Forderungsstand;
2. die Firma Autohaus Müller GmbH auf Wiedererwerb des Eigentums an dem zur Sicherung einer Forderung in Höhe von 10000 DM auflösend bedingt sicherungsübereigneten LKW Magirus-Deutz, Fahrgestell-Nr. 789532, amtliches Kennzeichen F-AX 902, sowie der angebliche Anspruch auf Auszahlung des durch Verwertung des LKW verbleibenden Erlösüberschusses;
3. das Finanzamt Frankfurt am Main, Stiftstraße, auf Durchführung des Lohnsteuer-Jahresausgleichs für das abgelaufene Kalenderjahr sowie frühere Erstattungszeiträume und auf Auszahlung des als Überzahlung auszugleichenden Erstattungsbetrages sowie auf Auszahlung des Überschusses, der sich als Erstattungsanspruch bei Abrechnung der auf die Einkommenssteuer anzurechnenden Leistungen für das abgelaufene Kalenderjahr und alle früheren Kalenderjahre ergibt.

bb) Anordnungen beim persönlichen Arrest

Da der persönliche Arrest gemäß § 933 durch Haft oder durch sonstige Beschränkungen der persönlichen Freiheit des Schuldners vollzogen wird, ist entweder nach Maßgabe der §§ 904–913 gleichzeitig der Erlaß eines Haftbefehls gegen den Schuldner zu beantragen oder hilfsweise sonstige Beschränkungen, wie z. B. Meldepflicht, Wegnahme der Ausweispapiere, Hausarrest usw.

Beispiel: In Vollziehung des persönlichen Arrests beantrage ich, gegen den Antragsgegner die Haft anzuordnen und Haftbefehl gegen ihn zu erlassen.

g) Die Arrestbegründung

Für die Arrestbegründung kommt regelmäßig folgendes Aufbauschema in Betracht:

- Darlegung des Arrestanspruches nach Grund und Höhe – Glaubhaftmachung
  eventuell notwendige Rechtsausführungen;
- Darlegung des Arrestgrundes – Glaubhaftmachung
  eventuell ergänzende Rechtsausführungen;

---

[25] Bestreitet der Drittschuldner die Existenz der gepfändeten Ansprüche, muß der Arrestgläubiger notfalls eine Drittschuldnerklage erheben.

- Darlegung von besonderen Gründen, die eine Entscheidung ohne mündliche Verhandlung erfordern, soweit dies sich nicht schon unmittelbar aus dem Arrestgrund ergibt;
- Ausführungen zur Zuständigkeit;
- Begründung von Vollstreckungsanträgen;
- Berechnung des Kostenansatzes.

4. Die Arrestvollziehung

Für die Arrestvollziehung ergeben sich keine besonderen *Schriftsatzprobleme,* weshalb im Rahmen der Zielsetzung dieses Buches nur Hinweise auf die besonders zu beachtenden Gesichtspunkte gegeben werden.

a) Keine Vollstreckungsklausel

Der Arrestbefehl bedarf nach § 929 I keiner Vollstreckungsklausel; Ausnahme: Vollziehung für den Rechtsnachfolger des Gläubigers oder gegen den Rechtsnachfolger des Schuldners.

b) Vollziehungsfrist

Auf die Notwendigkeit der Einhaltung der Vollziehungsfrist kann nach allen negativen Erfahrungen in der Praxis nicht oft und nachdringlich genug hingewiesen werden. Es geht um zwei Fristen, nämlich die allgemeine Vollziehungsfrist nach § 929 II von einem Monat und um die besondere Zustellungsfrist nach § 929 III von einer Woche im Rahmen der allgemeinen Vollziehungsfrist.

aa) Allgemeine Vollziehungsfrist

Der Arrest darf überhaupt nur innerhalb der Monatsfrist vollzogen werden. Vollziehung ist jede Art der Zwangsvollstreckung. Ist bis zum Ablauf der Frist überhaupt keine Vollziehungsmaßnahme eingeleitet, ist der Arrestbefehl auf Widerspruch des Schuldners bzw. gemäß § 927 aufzuheben. Finden Vollstreckungsmaßnahmen erst nach Ablauf der Vollziehungsfrist statt, sind nur diese auf Erinnerung des Schuldners gemäß § 766 aufzuheben.[26]

Die Frist beginnt beim verkündeten Beschluß aufgrund mündlicher Verhandlung mit der Verkündung (!) unabhängig davon, wann der Gläubiger hiervon Kenntnis erhält oder wann ihm die Ausfertigung der Entscheidung zugestellt wird. Ergeht der Beschluß ohne mündliche Verhandlung, beginnt die Frist mit der Zustellung bzw. auch schon mit der formlosen Aushändigung des Beschlusses an den Gläubiger. Der Beschluß wird von Amts wegen entgegen § 317 I nur dem Gläubiger, nicht

---

[26] Die Vollstreckungsmaßnahme braucht bei Fristablauf noch nicht beendet sein, es genügt der Beginn der Zwangsvollstreckung, vgl. Einzelheiten bei *Baumbach-Lauterbach,* § 929 Anm. 2 E.

auch dem Schuldner zugestellt. Der Gläubiger muß also durch den von ihm zu beauftragenden Gerichtsvollzieher die Zustellung an den Schuldner betreiben. Um die Einhaltung der Vollziehungsfrist sicherzustellen, ist es dringend geboten, deren Ablauf zusammen mit einer entsprechenden Vorfrist im Terminkalender zu notieren.

bb) Zustellungsfrist

Wird der Arrest *vor* der Zustellung an den Schuldner durch Vollstreckungsmaßnahmen vollzogen, muß die Zustellung innerhalb einer Woche nach der Vollziehung, jedoch in jedem Falle innerhalb der Monatsfrist des § 929 II erfolgen. Die Zustellungsfrist ist deshalb eine relative Frist. Erfolgt z. B. die Vollstreckung erst drei Tage vor Ablauf der Monatsfrist des § 929 II, verkürzt sich die Zustellungsfrist auf die bis zum Ablauf der Monatsfrist verbleibende Restzeit von drei Tagen. Wird nur die Zustellungsfrist versäumt, ist die Vollstreckungsmaßnahme auf Erinnerung des Schuldners nach § 766 aufzuheben; wird auch die Vollziehungsfrist versäumt, ist der Arrestbefehl selbst auf Widerspruch hin aufzuheben. Bewirkt der Gerichtsvollzieher die Zustellung durch Aufgabe zur Post mittels Postzustellungsurkunde gemäß §§ 193 ff., können Verzögerungen auch im Postablauf auftreten, weshalb bei drohendem Fristablauf der zuständige Gerichtsvollzieher zu ersuchen ist, nicht durch die Post, sondern selbst zuzustellen gemäß §§ 166, 167, 170, 180 ff. Eine Wiedereinsetzung in den vorigen Stand wegen Versäumung der Vollziehungs- bzw. Zustellungsfristen gibt es nicht.

cc) Fristwahrung durch Gläubiger

Grundsätzlich muß der Gläubiger alle Vollstreckungsmaßnahmen selbst einleiten und damit für die Einhaltung der Fristen Sorge tragen. Er muß demgemäß auch beim Grundbuchamt den Antrag auf Eintragung der Arresthypothek nach § 932 stellen im Gegensatz zur einstweiligen Verfügung, bei der das Gericht nach § 941 von Amts wegen das Eintragungsersuchen stellen kann. Das Arrestgericht ist als Vollstreckungsgericht nur zuständig beim dinglichen Arrest für den Erlaß eines Pfändungsbeschlusses und beim persönlichen Arrest für den Erlaß des Haftbefehls. Werden diese zugleich mit dem Arrestbefehl beantragt und erlassen, ist insoweit bereits der Arrest vollzogen. Die Zustellungsfrist des § 929 III von einer Woche läuft daher in diesen Fällen bereits mit der Verkündung bzw. Zustellung des den Pfändungsbeschluß bzw. den Haftbefehl enthaltenden Arrestbeschlusses, worauf ganz besonders zu achten ist (Fristnotierung!). Im Gegensatz zu § 829 II, 3 kann im Arrestverfahren die Geschäftstelle auch nicht um die Zustellung des Pfändungsbeschlusses an den Drittschuldner und den Schuldner ersucht werden.

IV. Die einstweilige Verfügung

1. Unterschied und Abgrenzung zum Arrest

Der Anwendungsbereich des Arrests ist klar umgrenzt, weil er einen auf einen Geldbetrag gerichteten Anspruch voraussetzt. Die praktischen Schwierigkeiten liegen in der Darlegung und dem Nachweis des Arrestgrundes. Bei der einstweiligen Verfügung ist es gerade umgekehrt. Der Verfügungsanspruch ist nicht klar definiert. Ein Blick in die Kommentare zeigt eine ungewöhnliche Vielfaltigkeit der in Betracht kommenden Anwendungsfälle.[27] Problematisch ist meistens, ob aus Rechtsgründen überhaupt eine einstweilige Verfügung in Betracht kommt und in welchem Umfang der Anspruch Gegenstand einer einstweiligen Verfügung sein kann, während der Verfügungsgrund entweder schon durch den Verfügungsanspruch indiziert ist oder sich aus der Situation des Gläubigers unschwer nachweisen läßt. Im Unterschied zum Arrest setzt die einstweilige Verfügung auch keine Gefährdung der Zwangsvollstreckung voraus und damit weder eine schlechte Vermögenslage des Schuldners noch eine Verschlechterung derselben, so daß die Frage der Zahlungsfähigkeit des Antragsgegners keine Rolle spielt.

Grundsätzlich schließen sich Arrest und einstweilige Verfügung gegenseitig aus. Soweit ein Arrest zulässig ist, kommt wegen desselben Anspruchs eine einstweilige Verfügung nicht in Betracht.[28] Dies besagt aber nicht, daß eine einstweilige Verfügung *wegen einer Geldforderung* schlechthin unzulässig wäre. Nach ständiger Rechtssprechung können für einen vorübergehenden Zeitraum zur Existenzerhaltung des Gläubigers insbesondere Unterhalts- und Rentenzahlungen sowie Kostenvorschüsse für ärztliche Behandlung und für Prozesse durch einstweilige Verfügung geregelt werden – Zahlungsverfügung.[29] Von diesen Ausnahmefällen abgesehen, kommt die einstweilige Verfügung grundsätzlich zur Sicherung aller Arten von nicht auf einen Geldbetrag gerichteten vermögensrechtlichen und nicht vermögensrechtlichen Ansprüchen in Betracht.

Der gegenseitige Ausschluß von Arrest und einstweiliger Verfügung gilt aber nur insoweit, als Identität des Streitgegenstandes besteht. Deshalb kann eine einstweilige Verfügung neben oder gleichzeitig mit einem Arrest beantragt werden, wenn außer der zu sichernden Geldforderung andere Ansprüche des Gläubigers einer einstweiligen Sicherung bzw. Re-

---

[27] Dementsprechend ist – im Gegensatz zum Arrest – auch eine Fülle von Entscheidungen veröffentlicht.

[28] *OLG Düsseldorf,* NJW 1977, 1828 und *Baumbach-Lauterbach,* Grundz. § 916 Anm. 1 B b.

[29] Vgl. die Übersicht bei *Baumbach-Lauterbach,* § 940 Anm. 3 B.

gelung bedürfen, sei es, daß diese Ansprüche selbständig nebeneinander bestehen oder daß sie zueinander in einem Eventualverhältnis stehen.

Beispiel: Der Gläubiger hat aus einem Lizenzvertrag Anspruch auf rückständige Lizenzgebühren in Höhe von 30000 DM. Er hat deswegen den Lizenzvertrag fristlos gekündigt. Der Schuldner bestreitet die Wirksamkeit der fristlosen Kündigung, produziert aufgrund des Lizenzvertrages unter Ausnutzung des Schutzrechtes des Gläubigers weiter, schafft aber gleichzeitig Vermögensgegenstände ins Ausland. Der Gläubiger kann wegen des Anspruches auf Lizenzgebühr den dinglichen Arrest beantragen und gleichzeitig eine einstweilige Verfügung, mit der dem Schuldner untersagt wird, das Schutzrecht des Gläubigers bis zur Entscheidung im Hauptverfahren über die Wirksamkeit der fristlosen Kündigung weiter zu benutzen.

2. Die Sicherungs- und Regelungsverfügung

Die ZPO unterscheidet zwischen der sogenannten Sicherungsverfügung zur Sicherung eines Anspruchs auf eine gegenständliche Leistung (§ 935) und der sogenannten Regelungsverfügung zur einstweiligen Regelung eines Zustandes aus einem streitigen Rechtsverhältnis (§ 940).

Mit der Sicherungsverfügung soll der Veränderung eines bestehenden Zustandes in Bezug auf einen Individualanspruch des Gläubigers (Streitgegenstand i. S. von § 935) begegnet werden, wenn durch dessen Veränderung die Verwirklichung des Rechts des Gläubigers vereitelt oder wesentlich erschwert werden könnte. Individualansprüche sind solche auf Herausgabe, Leistung, Änderung oder Übertragung von Rechten, Abgaben von Willenserklärungen und Unterlassungen.[30] Die Sicherungsverfügung zielt also auf die *Erhaltung* eines bestehenden Zustandes ab.

Mit der Regelungsverfügung soll dagegen in Bezug auf ein streitiges Rechtsverhältnis ein Zustand einstweilen geregelt werden, wenn dies zur Abwendung wesentlicher Nachteile oder zur Verhinderung drohender Gewalten nötig erscheint. Diese Regelung kann in einem Gebot auf Abänderung des gegenwärtigen Zustandes bestehen, aber auch, wie bei der Regelungsverfügung, in einem Verbot zur Änderung des bestehenden Zustandes.

Beispiel:
a) Entziehung der Geschäftsführungsbefugnis eines Gesellschafters einer oHG; Gebot, eine Mietwohnung ausreichend zu beheizen
b) Verbot, Wasserzufuhr abzustellen oder Verbot, einen Antrag auf Eigentumsumschreibung aufgrund eines angefochtenen Grundstückskaufvertrages beim Grundbuchamt einzureichen.

3. Die Schwierigkeiten bei der einstweiligen Verfügung

Sie ergeben sich aus dem Zusammenhang zwischen Verfügungsanspruch und Verfügungsgrund einerseits sowie dem Antrag und dem Inhalt der einstweiligen Verfügung andererseits.

---

[30] *Thomas-Putzo,* § 935 Anm. 2.

a) Zusammenfallen von Grund und Anspruch

Im Gegensatz zum Arrest ist eine strenge Unterscheidung zwischen Verfügungsanspruch und Verfügungsgrund nicht möglich. Das Bestehen eines Arrestanspruchs, also einer Geldforderung, ist losgelöst und völlig unabhängig von der Frage, ob die Zwangsvollstreckung dieses Anspruchs gefährdet ist. Das Verhalten des Schuldners hat also keinen Einfluß auf die Entstehung des Arrestanspruchs. Bei der einstweiligen Verfügung wird dagegen häufig erst durch das Verhalten des Antragsgegners ein Anspruch des Gläubigers ausgelöst, der durch die einstweilige Verfügung gesichert oder geregelt werden soll, und dieses Verhalten ist zugleich der Grund für eine einstweilige Regelung.

Beispiel:

a) Erst das wettbewerbswidrige Verhalten des Konkurrenten gibt dem Gläubiger den Unterlassungsanspruch und ist zugleich der Grund für die Gefährdung seiner Rechtsposition.
b) Begeht der Antragsgegner verbotene Eigenmacht, indem er sich rechtswidrig in den Besitz einer leerstehenden Wohnung setzt, entsteht erst durch diese Handlung der Räumungsanspruch und die Notwendigkeit einer einstweiligen Zustandsregelung, §§ 940, 940 a.

In diesen Fällen bedingen sich also Verfügungsanspruch und Verfügungsgrund gegenseitig, während in anderen Fällen ein schon bestehender Anspruch des Gläubigers erst durch das spätere hinzutretende Verhalten des Gläubigers gefährdet wird.

Beispiel: Verkäufer macht Sittenwidrigkeit eines Grundstückskaufvertrages wegen Ausbeutung seiner Zwangslage durch den Käufer geltend (§ 138 BGB). Die Auflassung ist erklärt und die Auflassungsvormerkung im Grundbuch eingetragen. Verkäufer erfährt, daß Käufer das Grundstück vor Eigentumsumschreibung auf ihn weiterverkaufen will. Er kann eine einstweilige Verfügung beantragen mit dem Verbot, das Grundstück weiterzuverkaufen unter Eintragung eines Widerspruchs im Grundbuch gegen die Richtigkeit der Auflassungsvormerkung für den Käufer.

b) Sachantrag und Inhaltsbestimmung durch das Gericht

Beim Arrest gibt es nur die Wahl zwischen der Anordnung des dinglichen oder des persönlichen Arrests. Die Differenzierung, *wie* der Anspruch gesichert wird, ist eine Frage des Vollziehungsverfahrens.

Bei der einstweiligen Verfügung bestimmt das Gericht gemäß § 938 I nach freiem Ermessen den Inhalt der einstweiligen Verfügung, d.h. welche Anordnung es zur Erwirkung des vom Gläubiger angestrebten Zwecks für erforderlich hält. Ein bestimmter Verfügungsanspruch gibt also dem Gläubiger noch kein Recht auf einen diesem Anspruch genau entsprechenden Inhalt der einstweiligen Verfügung. Gleichwohl muß der Gläubiger einen bestimmten Sachantrag stellen, denn der Antrag auf Erlaß einer einstweiligen Verfügung ist ein bestimmender Schriftsatz; für ihn gilt daher auch § 130 Nr. 2, der einen Sachantrag zwingend vorschreibt. Im Verfügungsverfahren wird lediglich § 308 durch § 938 I insoweit modifiziert, als das Gericht *im Rahmen des Sachantrags* auch anders als beantragt entscheiden kann; es ist also bezüglich der Art und des Inhalts der Anordnung nicht an den Antrag gebunden, es darf lediglich nicht über den Antrag hinausgehen und dem Gläubiger nicht mehr geben als er will.[31]

Welche Anordnung das Gericht für erforderlich hält, hängt wiederum einerseits vom Inhalt und Umfang des Verfügungsanspruches ab, andererseits von der Art und Weise der drohenden Gefährdung sowie dem Maß der Eilbedürftigkeit.

c) Grenzen der einstweiligen Verfügung

Schließlich darf die Verfügung nur eine einstweilige Regelung enthalten, also grundsätzlich nicht zur endgültigen und vollständigen Befriedigung des Gläubigers führen; sie darf auch nicht einer Gesetzesumgehung dienen und nicht in Rechte Dritter eingreifen.[32]

Beispiel: Hat im obigen Beispiel der Grundstückskäufer bereits den Kaufvertrag mit dem Dritten abgeschlossen, die Auflassung erklärt und seinen Auflassungsanspruch gegen den Erstkäufer an den Zweitkäufer abgetreten, kann die Eintragung der Abtretung der Auflassungsvormerkung im Grundbuch nicht durch einstweilige Verfügung verhindert werden, weil sonst in die Rechte des Zweitkäufers eingegriffen würde.

d) Folgerungen für den Anwalt

Für den Anwalt ergeben sich aus dieser besonderen Struktur des Verfügungsverfahrens gewichtige Folgerungen:
- Aufgrund der Sachverhaltsermittlungen ist zunächst zu klären, ob und welche Verfügungsansprüche nach materiellem Recht überhaupt in Betracht kommen.
- Danach ist zu prüfen, ob der oder die Ansprüche nach materiellem Recht gegenständlich oder im Umfang begrenzt sind.
- Schließlich ist abzuklären, ob der Anspruch derzeit *prozessual* in dem nach materiellem Recht gegebenen Umfang auch im Verfügungsverfahren geltend gemacht werden kann, d.h., ob und inwieweit er durch den Verfügungsgrund getragen wird (Eilbedürftigkeit und Gefährdung).
- Demgemäß ist der Sachantrag zu formulieren.

Dieses stufenweise Vorgehen kann unter zwei Gesichtspunkten bedeutsam werden, nämlich wegen der Verfahrenskosten und der Durchführung des Hauptverfahrens bzw. der möglichen Schadenersatzpflicht des Gläubigers aus § 945 ZPO.

Einstweilige Verfügungen können besonders in Wettbewerbssachen, bei einstweiliger Regelung von Gesellschaftsverhältnissen und in Grundbuchsachen einen erheblichen Streitwert haben. Der Streitwert richtet

---

[31] *Baumbach-Lauterbach,* § 938 Anm. 1 B.
[32] *Baumbach-Lauterbach,* § 940 Anm. 2 B.

sich nach dem Umfang des gestellten Sachantrages. Ist dieser nach Maßgabe der materiellen Rechtslage weit und umfassend gefaßt, hält aber das Gericht unter Berücksichtigung der Gläubigergefährdung, der Eilbedürftigkeit und der Schuldnersituation nur eingeschränkte Anordnungen für erforderlich, wird der Antrag teilweise zurückgewiesen und der Antragsteller muß einen Teil der Kosten gemäß § 91 tragen.

In solchen Fällen empfiehlt es sich, rechtzeitig im voraus mit dem Mandanten abzustimmen, ob dieser das Kostenrisiko eines möglicherweise zu weit gestellten Antrages übernehmen will oder nicht.

Da immer die Notwendigkeit einer Klage zur Hauptsache einkalkuliert werden muß, sei es, weil der Gläubiger einen endgültigen Titel benötigt, sei es, weil der Schuldner Antrag nach § 926 stellt, ist neben dem Kostenrisiko auch das Risiko des Unterliegens in der Hauptsache einzuschätzen und je nach den Umständen des Falles von vornherein nur ein begrenzter Antrag im einstweiligen Verfügungsverfahren zu stellen. Schließlich muß im einstweiligen Verfügungsverfahren mehr noch als beim Arrest die Möglichkeit eines Schadenersatzanspruches aus § 945 in Rechnung gestellt werden. Erfahrungsgemäß ist in kritischen Fällen eine einstweilige Verfügung eher zu erwirken als ein Arrest. Die Folgen einer einstweiligen Verfügung können jedoch weit einschneidender für den Schuldner sein als die eines Arrests, so wenn ihm durch Ge- oder Verbot eine ertragsbringende Tätigkeit oder ein gewinnbringendes Geschäft untersagt wird und der Schuldner durch die Vollziehung der einstweiligen Verfügung zunächst erheblichen Schaden erleidet.

4. Die Glaubhaftmachung – Ausnahmen

Verfügungsanspruch und Verfügungsgrund sind gemäß §§ 936, 920 wie beim Arrest grundsätzlich glaubhaft zu machen, wobei auch für die einstweilige Verfügung die Erleichterung des § 921 II durch Anordnung von Sicherheitsleistung gilt. In einigen gesetzlich gesondert geregelten Fällen wird der Verfügungsgrund *gesetzlich vermutet,* braucht daher nicht glaubhaft gemacht zu werden.

a) Eintragung einer Vormerkung gemäß § 885 I BGB

Hauptanwendungsfall ist die Vormerkung zur Sicherung der Eintragung einer Bauhandwerkersicherungshypothek nach § 648 BGB. Eine Gefährdung des durch die Verfügung zu sichernden Werklohnanspruches ist nicht glaubhaft zu machen, wohl aber, wie in allen anderen Fällen, der Verfügungsanspruch. Dies geschieht regelmäßig durch eine prüfungsfähige Rechnung und Vorlage der Vertrags- und Abrechnungsunterlagen[33] und eine hierauf bezogene eidesstattliche Versicherung des

[33] Vgl. *Palandt-Thomas,* § 648 Anm. 3.

Antragstellers oder eines für die Abrechnung zuständigen Angestellten. Da die Forderung noch nicht fällig, aber schon entstanden sein muß, bedarf es besonderer Darlegungen zur Anspruchshöhe, wenn die einstweilige Verfügung vor Fertigstellung des Baues bzw. vor Erstellung der Schlußrechnung beantragt wird. Nach § 648 I 2 BGB kann bei noch nicht vollendetem Werk die Einräumung einer Sicherungshypothek nur für einen der geleisteten Arbeit entsprechenden Teil der Vergütung verlangt werden, also entsprechend dem Baufortschritt. Demgemäß ist der Bautenstand im einzelnen darzulegen und die hierauf entfallende anteilige Vergütung zu berechnen. Sind im Bauwerksvertrag Abschlagszahlungen nach Baufortschritt vereinbart, ergibt sich hieraus die Berechnungsgrundlage. Ist dies nicht der Fall, muß eine detaillierte Zwischenabrechnung vorgelegt werden. Ist ein Pauschalpreis vereinbart, muß der anteilige Anspruch durch Verhältnisrechnung ermittelt werden.

Nach *BGHZ* 68, 180ff. kann keine Sicherungshypothek verlangt und demgemäß auch keine einstweilige Verfügung auf Eintragung einer Vormerkung beantragt werden, soweit und solange das Werk mit Mängeln behaftet ist. Da bis zur Abnahme der Unternehmer die Mängelfreiheit zu beweisen hat, muß er zwangsläufig im Antrag auch diese Mängelfreiheit darlegen und glaubhaft machen. Pauschale Erklärungen des Antragstellers oder seiner am Bau eingesetzten Arbeiter, das Werk sei mängelfrei, sind von zweifelhaftem Wert und dürften daher kaum ausreichen. Es wird deshalb u.U. notwendig sein, durch einen Gutachter als sachverständigem Zeugen eidesstattlich versichern zu lassen, daß er die Bauwerksleistungen überprüft und keine Mängel festgestellt hat.

b) Eintragung eines Widerspruchs gegen die Richtigkeit des Grundbuchs gemäß §§ 894, 899 II BGB

Die Gefährdung des Rechts des Widersprechenden braucht auch hier nicht glaubhaft gemacht zu werden.

c) Wettbewerbssachen

Für Wettbewerbssachen gilt die Sonderregelung des § 25 UWG. Sie bezieht sich nur auf die im UWG bezeichneten Unterlassungsansprüche, nicht auf die sonstigen Ansprüche, z.B. Schadenersatzansprüche. Der Wortlaut ist mißverständlich, wenn es dort heißt, einstweilige Verfügungen könnten zur Sicherung der Unterlassungsansprüche erlassen werden, auch wenn die in §§ 935, 940 ZPO genannten Voraussetzungen nicht zutreffen, Gemeint ist nur die Entbehrlichkeit des Verfügungsgrundes, d.h. die Gefährdung und Eilbedürftigkeit. Sie wird in tatsächlicher Hinsicht vermutet.[34] Der Verfügungsanspruch ist dagegen selbstverständlich schlüssig darzulegen und glaubhaft zu machen. Insoweit kann dann allerdings das Gericht bei mangelnder Glaubhaftmachung gemäß § 921 II Sicherheitsleistung anordnen.

---

[34] Vgl. *Baumbach-Hefermehl*, § 25 UWG Rdnr. 3.

Die für das Bestehen eines Verfügungsgrundes sprechende Vermutung entfällt jedoch, wenn der Verletzte trotz Kenntnis des wettbewerbswidrigen Verhaltens des Antragsgegners längere Zeit zuwartet, ehe er den Antrag auf Erlaß der einstweiligen Verfügung stellt (Verwirkung).[35] Kommt daher eine längere Zeit zurückliegende Wettbewerbshandlung in Betracht, empfiehlt es sich, im Antrag darzulegen und insoweit auch glaubhaft zu machen, daß, wann und auf welche Weise der Antragsteller erst kürzlich von dem Wettbewerbsverstoß Kenntnis erlangt hat.

Beispiel: Antragsgegner vertreibt Waren über einen Handelsverteter; nur diesen Handelsvertretern sind zur Vorlage und Verbleib bei den Kunden Preislisten ausgehändigt, die wettbewerbswidrige Angaben enthalten. Der konkurrierende Antragsteller erfährt erst durch Zufall von einem Kunden, der sowohl vom Handelsvertreter des Antragsgegners als auch von einem Handelsvertreter des Antragstellers betreut wird, daß solches wettbewerbswidriges Material bereits seit 1 Jahr verwendet wird. Bestätigt der Handelsvertreter des Antragstellers, daß er erst jetzt dieses Material zu Gesicht bekommen und sofort dem Antragsteller unterbreitet hat, ist die Vermutung der Dringlichkeit trotz des Zeitablaufes von 1 Jahr nicht als widerlegt anzusehen.

5. *Die Dringlichkeit*

Während die Arrestentscheidung nach § 921 I grundsätzlich ohne mündliche Verhandlung ergehen darf, kann bei der einstweiligen Verfügung nur in „dringenden Fällen" ohne mündliche Verhandlung entschieden werden, § 937 II. Im Hinblick auf den möglichst auch im Verfügungsverfahren zu erzielenden Überraschungseffekt müssen daher die für die Dringlichkeit sprechenden Umstände neben dem Verfügungsgrund besonders dargelegt und glaubhaft gemacht werden, sofern sich nicht die Dringlichkeit unmittelbar aus der drohenden Gefährdung der Gläubigerposition ergibt.

Beispiel: Der durch einen Unfall schwerverletzte, nicht ausreichend gegen Krankenhauskosten versicherte, vermögens- und einkommenslose Antragsteller muß sich einer zweiten Operation unterziehen und verlangt für die Operation und die Krankenhauskosten von der Haftpflichtversicherung des Schädigers im Wege einer einstweiligen Verfügung einen Kostenvorschuß. Der Verfügungsgrund ist schon gegeben, wenn die Klärung der Schuldfrage im Hauptverfahren, etwa wegen umfangreicher Zeugenvernehmung und Einholung von Sachverständigengutachten längere Zeit dauern würde. Besondere Dringlichkeit läge z. B. vor, wenn sich erst bei einer Nachuntersuchung herausgestellt hat, daß die zweite Operation aus medizinischen Gründen innerhalb von 8–10 Tagen durchgeführt werden muß.

In Wettbewerbssachen gilt die Vermutung des § 25 UWG grundsätzlich auch für die Dringlichkeit i. S. des § 937 II, so daß einstweilige Verfügungen insoweit regelmäßig ohne mündliche Verhandlung ergehen können, es sei denn, das Gericht hat Bedenken hinsichtlich des Verfügungsanspruchs.

---

[35] *OLG Frankfurt,* NJW 1968, 1386 und *OLG Düsseldorf,* BB 1969, 65 – Längerer Zeitablauf ohne Kenntnis des Verletzten ist dagegen unschädlich, sofern die Wettbewerbshandlung nicht so lange zurückliegt, daß eine Dringlichkeit nicht mehr bejaht werden kann.

6. Die Anträge

a) Sachantrag

Für den Sachantrag der einstweiligen Verfügung ergeben sich keine Besonderheiten gegenüber dem Klageverfahren. Je nach Art des Verfügungsanspruches ist der Antrag so genau wie möglich zu formulieren. Auf die Ausführungen oben § 5 III 6 wird verwiesen, insbesondere zum Unterlassungsanspruch.

b) Vollstreckungsantrag

Vollstreckungsanträge, über die das Gericht gleichzeitig als Vollstreckungsgericht zu entscheiden hätte, kommen bei der einstweiligen Verfügung praktisch nicht vor. Bei der sogenannten Zahlungsverfügung bezweckt die Vollziehung nicht die Sicherung, sondern ausnahmsweise die sofortige Befriedigung des Gläubigers. Demgemäß handelt es sich nicht um eine Arrestpfändung i. S. von § 930, sondern um eine gewöhnliche Zwangsvollstreckung. Zuständig für den Erlaß eines Pfändungs- und Überweisungsbeschlusses ist daher in diesem Falle das Vollstreckungsgericht gemäß § 828, nicht das über die einstweilige Verfügung entscheidende Gericht.[36]

c) Androhungsantrag

Die Vollstreckung von Ge- oder Verboten auf unvertretbare Handlungen des Schuldners erfolgen gemäß § 888 durch Festsetzung von Zwangsgeld bzw. von Zwangshaft für den Fall der Nichtbeitreibbarkeit des Zwangsgeldes. Diese Festsetzung kann erst erfolgen nach vorheriger Androhung durch das Gericht. Die Androhung wird ausgesprochen für jeden Fall der Zuwiderhandlung gegen das Ge- oder Verbot und erfolgt nur auf Antrag des Gläubigers. Zuständig ist das Gericht des ersten Rechtszuges, im Verfügungsverfahren also das Verfügungsgericht. Dieser Antrag, der noch kein eigentlicher Vollstreckungsantrag ist, wird jedoch zweckmäßigerweise schon zusammen mit dem Sachantrag gestellt, andernfalls später ein gesondertes Beschlußverfahren auf Anordnung der Androhung durchgeführt werden müßte als Voraussetzung für die spätere Zwangsgeldfestsetzung.

Beispiel:

In Sachen ... wird beantragt:

Dem Antragsgegner wird bei Meidung eines für jeden Fall der Zuwiderhandlung festzusetzenden Zwangsgeldes bis zu 50 000 DM, ersatzweise einer Zwangshaft bis zu 6 Monaten untersagt, in geschäftlichen Mitteilungen und Inseraten zu behaupten, der von ihm hergestellte Artikel Haarfön „Wirbelwind" sei technisch der beste auf dem deutschen Markt.

---

[36] Vgl. *Baumbach-Lauterbach,* § 936 Anm. 3 B.

d) *Antrag auf Eintragungsersuchen*

Während beim Arrest der Gläubiger Grundbuchanträge, insbesondere auf Eintragung der Arresthypothek, selbst stellen muß, kann das Gericht im einstweiligen Verfügungsverfahren nach § 941 von Amts wegen im Rahmen seines freien Ermessens das Grundbuchamt um die entsprechende Eintragungen ersuchen, z. B. auf Eintragung einer Vormerkung oder eines Widerspruchs. Ein entsprechender Antrag des Gläubigers, ein solches Ersuchen an das Grundbuchamt zu stellen, ist daher nicht notwendig, in jedem Falle aber zweckmäßig.

Beispiel:

In Sachen ... beantrage ich:

1. die Eintragung einer Vormerkung zur Sicherung einer Bauhandwerkerhypothek in Höhe von 25 000 DM auf dem Grundstück des Antragsgegners in Frankfurt am Main, Bezirk 46, Band 221, Blatt 3425, Flur 4, Flurstück 16/2, Hof- und Gebäudefläche Baustraße 14, anzuordnen,
2. das Grundbuchamt in Frankfurt am Main zu ersuchen, die Eintragung vorzunehmen.

7. *Die Vollziehung*

Auch für die einstweilige Verfügung gelten die Vollziehungs- und Zustellungsfristen des § 929 II und III. Geht die einstweilige Verfügung auf Duldung oder Unterlassung oder hat sie ein Gebot auf Vornahme einer unvertretbaren Handlung durch den Schuldner zum Inhalt, beschränkt sich die Vollziehung auf die Zustellung der einstweiligen Verfügung an den Antragsgegner. In diesem Falle ist nur die Monatsfrist des § 929 II zu beachten. Die Zustellung ist entgegen § 317 I durch die Partei vorzunehmen.

In allen anderen Fällen muß bei der Vollziehung wie beim Arrest vorgegangen werden. Besonders zu beachten ist, daß mit dem Eingang des Eintragungsersuchens des Gerichtes gemäß § 941 beim Grundbuchamt die Vollziehung der einstweiligen Verfügung beginnt, so daß innerhalb der Wochenfrist des § 929 III die Zustellung erfolgen muß. Im Hinblick hierauf hat das Gericht den Gläubiger sofort von dem durchgeführten Ersuchen zu benachrichtigen.

V. Der Schriftsatz des Antragsgegners

1. *Taktische Überlegungen*

Ob, in welchem Umfang und mit welchen prozessualen Mitteln sich der Antragsgegner gegen Eilmaßnahmen verteidigen soll, richtet sich ganz nach den besonderen Umständen des Einzelfalles, so daß hier nur einige allgemeine Hinweise für die anzustellenden taktischen Überlegungen gegeben werden können.

a) Verzicht auf Verteidigung

Ein Verzicht auf jegliche Verteidigung kommt in Betracht, wenn entweder Grund und Anspruch begründet erscheinen oder wenn der Antragsgegner durch die Eilmaßnahme nicht besonders belastet wird.

Beispiel: Der Erblasser hat zugunsten des Antragstellers ein testamentarisches Vermächtnis an einem Hausgrundstück ausgesetzt. Die Testamentserben, die auch gesetzliche Erben wären, bestreiten die Wirksamkeit des Testaments mit der Begründung, der Erblasser sei nicht mehr testierfähig gewesen. Der Vermächtnisnehmer erwirkt unter Bezugnahme auf das Testament gemäß §§ 2174, 885 BGB eine einstweilige Verfügung gegen die Testamentserben auf Eintragung einer Auflassungsvormerkung bezüglich des vermachten Hausgrundstücks. Die Erben wollen das Grundstück weder verkaufen noch belasten. Sie verweigern die Auflassung. Sie können zunächst abwarten, ob der Antragsteller und Vermächtnisnehmer Klage auf Auflassung erhebt. In diesem Rechtsstreit werden die Erben die Nichtigkeit des Testaments geltend machen. Wird die Klage abgewiesen, ist die einstweilige Verfügung gemäß § 927 I ZPO aufzuheben. Wird der Klage stattgegeben, muß ohnehin aufgelassen werden.

Der Antragsgegner braucht auch dann nichts zu unternehmen, wenn ihn die Eilmaßnahme nicht besonders belastet und der Antragsteller gleichzeitig Klage zur Hauptsache erhoben hat. Wird die Klage im Hauptverfahren abgewiesen, ist wiederum nach § 927 zu verfahren.

b) Widerspruch

Die Einlegung des Widerspruchs gemäß § 924 ist zweckmäßig bzw. geboten, wenn Grund und/oder Anspruch streitig sind und wenn schon im Eilverfahren eine hinreichende Vorabklärung der Sach- und Rechtslage zu erwarten ist; dasselbe gilt, wenn die angeordnete Maßnahme den Antragsgegner besonders belastet und dieser ein vordringliches Interesse an einer sofortigen Aufhebung der Eilmaßnahme hat. Je nach dem Ausgang des Eilverfahrens kann dann die Chance für ein Obsiegen im Hauptprozeß realistisch eingeschätzt und hiervon die Entscheidung abhängig gemacht werden, ob gemäß § 926 I Antrag auf Anordnung der Klageerhebung gestellt werden soll oder nicht. Gegebenenfalls bietet schon das Eilverfahren Anlaß entweder zu einem Zwischenvergleich über die Eilmaßnahme oder zu einem endgültigen Vergleich über die Hauptsache.

Der Widerspruch kann auch auf die Kostenentscheidung beschränkt werden,[37] wenn der Anspruch nicht bestritten wird, der Antragsgegner auch die getroffene Anordnung hinnimmt, aber geltend macht, daß kein Anlaß für eine gerichtliche Entscheidung gegeben war. Dies kommt vor allem bei Unterlassungsverfügungen in Wettbewerbsangelegenheiten in Betracht, sofern der Antragsteller es verabsäumt hat, den Antragsgegner zuvor abzumahnen bzw. zu verwarnen.[38]

---

[37] H. M., vgl. *Teplitzky*, JuS 1981, 435, und *Baumbach-Lauterbach*, § 924 Anm. 2 A.
[38] *Pastor*, Der Wettbewerbsprozeß, S. 391 ff. und *Teplitzky*, JuS 1981, 435 Fußn. 4.

c) Antrag auf Anordnung der Klageerhebung

Auf diesen Antrag nach § 926 I wird sich der Antragsgegner beschränken, wenn ihn die Eilmaßnahme zunächst nicht besonders belastet, er aber ein Interesse an einer alsbaldigen Klärung der Hauptsache hat. Je nach Sachlage kann es für ihn auch günstiger sein, den Antrag nicht zu stellen und stattdessen selbst Klage, etwa in Form der negativen Feststellungsklage zu erheben, so insbesondere, wenn zwischen den Parteien als Gerichtsstand der Wohnsitz oder die Niederlassung des jeweiligen Klägers vereinbart ist.

Der Antrag nach § 926 I ist nicht fristgebunden, setzt aber ein Rechtsschutzbedürfnis für die Durchführung des Hauptprozesses voraus. Daran fehlt es z. B., wenn der Antragsgegner vorbehaltslos aufgrund des Arrests oder der einstweiligen Verfügung geleistet hat oder wenn bei einem Unterlassungsanspruch keine Wiederholungsgefahr mehr besteht.[39] Versäumt der Antragsteller die ihm vom Gericht für die Klageerhebung gesetzte Frist, ist auf Antrag des Antragsgegners der Arrest bzw. die einstweilige Verfügung durch Urteil aufgrund mündlicher Verhandlung aufzuheben.

d) Widerspruch und Antrag auf Klageerhebung

Beide Verteidigungsmittel sind angebracht, wenn der Antragsgegner ein dringendes Interesse an der sofortigen Aufhebung der Eilentscheidung hat und wenn nach Sachlage nur im Hauptprozeß eine endgültige Klärung des streitigen Anspruchs zu erwarten ist.

e) Aufhebung wegen veränderter Umstände

Nach § 927 ist der Arrest oder die einstweilige Verfügung auf Antrag des Antragsgegners vom Arrestgericht, oder, wenn die Hauptsache anhängig ist, vom Gericht der Hauptsache wegen veränderter Umstände aufzuheben. Während sich der Widerspruch gemäß § 924 gegen die ursprüngliche Rechtmäßigkeit der Eilanordnung richtet, wendet sich der Antrag aus § 927 gegen die rechtmäßige Fortdauer der Maßnahme wegen veränderter Umstände nach Erlaß oder Bestätigung des Arrests bzw. der einstweiligen Verfügung. Solche Umstände sind insbesondere der Wegfall des Arrest- oder Verfügungsgrundes, aber auch der nachträgliche Wegfall des Anspruchs. Beim Arrest erübrigt sich die Einlegung eines Widerspruchs, wenn der Antragsgegner gemäß § 923 von der Abwendungsbefugnis Gebrauch macht und die Sicherheitsleistung erbringt. In diesem Falle muß ebenfalls auf Antrag gemäß § 927 der Arrest aufgehoben werden. Bei der einstweiligen Verfügung kann dagegen gemäß

[39] Vgl. *Baumbach-Lauterbach*, § 926 Anm. 2 A mit Rspr.-Nachw.

§ 939 nur unter besonderen Umständen Aufhebung gegen Sicherheitsleistung gestattet werden.

f) Kostenrisiko

Bei allen in Betracht kommenden Alternativen wird der Anwalt des Antragsgegners mit dem Mandanten die Kostenfolge zu erörtern haben. Wird das Eilverfahren nach Einlegung des Widerspruchs streitig und schließt sich gleichzeitig oder später der Hauptprozeß an, kann sich ein wesentlich erhöhtes Kostenrisiko ergeben. In Eilverfahren berechnen sich die Anwaltsgebühren wie im Hauptprozeß gemäß § 31 BRAGO nach denselben Gebührensätzen. Nur die Sätze der Gerichtsgebühren sind in Eilverfahren um die Hälfte niedriger als im Hauptprozeß (GKG Kostenverz. Nr. 1050, 1054 und 1060). Lediglich der Streitwert ist im Eilverfahren regelmäßig niedriger anzusetzen als im Hauptprozeß. Andererseits muß einkalkuliert werden, ob auch das Eilverfahren in die Berufungsinstanz geht, so daß bei gleichzeitiger Durchführung von Eilverfahren und Hauptverfahren die Kosten für 4 Instanzen einkalkuliert werden müssen.

2. *Der Widerspruch*

a) Keine Frist

Der Widerspruch ist kein Rechtsmittel, sondern nur ein Rechtsbehelf, der sich gegen die Anordnung des Arrests bzw. der einstweiligen Verfügung richtet. Er ist nur zulässig, wenn die Anordnung ohne mündliche Verhandlung ergangen ist; er hat eine Überprüfung dieser Anordnung aufgrund mündlicher Verhandlung zum Ziel. Eine Frist zur Einlegung des Widerspruchs gibt es nicht. Das Widerspruchsrecht kann aber ausnahmsweise verwirkt sein, wenn der Antragsgegner über sehr lange Zeit die Anordnung hinnimmt und der Antragsteller sich auf diesen Zustand einrichten durfte und eingerichtet hat.[40] Keine Verwirkung kommt in Betracht, solange der Hauptprozeß anhängig ist.

b) Bestimmender Schriftsatz

Der Widerspruch ist ein bestimmender Schriftsatz, muß also allen hierfür geltenden Anforderungen entsprechen. Er ist bei dem Gericht einzureichen, das die Anordnung erlassen hat. Nur wenn das Beschwerdegericht den Beschluß anstelle des erstinstanzlichen Gerichts erlassen hat, ist der Widerspruch beim Gericht I. Instanz einzulegen.

---

[40] Vgl. *Baumbach-Lauterbach,* § 924 Anm. 2 B und § 567 Anm. 2 B.

c) Begründung

Nach § 924 II 1 hat die widersprechende Partei im Widerspruch die Gründe darzulegen, die sie für die Aufhebung des Arrests bzw. der einstweiligen Verfügung geltend machen will. Trotz dieser Formulierung handelt es sich hierbei nach h. L. nur um eine Sollvorschrift. Deshalb ist Termin zur mündlichen Verhandlung auch anzuberaumen, wenn der Widerspruch keine Begründung enthält.[41]

Die Vorschriften über die Zurückweisung verspäteten Vorbringens (§§ 282, 296) gelten nur für das allgemeine Klageverfahren; sie sind mangels einer entsprechenden Verweisungsvorschrift in den §§ 916 ff. für das Eilverfahren auch nicht mittelbar anwendbar. Es entspricht Sinn und Zweck des Eilverfahrens, in dem möglichst kurzfristig terminiert werden soll, daß Tatsachen und Mittel der Glaubhaftmachung auch ohne schriftsätzliche Vorbereitung bis zum Schluß der mündlichen Verhandlung vorgebracht werden können. Hierauf muß sich jede Partei von vornherein einstellen. So wie der Antragsteller den Antragsgegner mit einer ohne mündliche Verhandlung erwirkten Anordnung überraschen kann, genauso muß er auch mit überraschenden Verteidigungsmitteln des Antragsgegners rechnen.[42]

Bedenken bestehen gegenüber der herrschenden Meinung, Behauptungen und Mittel der Glaubhaftmachung könnten ausnahmsweise zurückgewiesen werden, wenn sie nur deshalb bis zur mündlichen Verhandlung zurückgehalten werden, um die Rechtsposition des Gegners zu erschweren.[43] Abgesehen hiervon, daß eine allein hierauf gerichtete Absicht kaum nachweisbar sein dürfte, würde auf diesem Umweg doch eine im einzelnen nicht abgrenzbare Fristenreglung für das Eilverfahren eingeführt werden. Dies liefe auf eine entsprechende Anwendung der §§ 282, 296 hinaus; hierzu fehlen aber wegen der prinzipiellen Unterschiede zwischen dem allgemeinen Erkenntnisverfahren und dem besonderen Eilverfahren die rechtsdogmatischen Voraussetzungen. Eine eingehende schriftsätzliche Vorbereitung des Termins ist nach Sinn und Zweck des Eilverfahrens nicht geboten. Ein Beweisanordnungsverfahren kommt grundsätzlich nicht in Betracht; in der mündlichen Verhandlung sind nur präsente Mittel der Glaubhaftmachung zugelassen.

Eine andere Frage ist es, ob und in welchem Umfang der Antragsgegner aus prozeßtaktischen Gründen den Widerspruch rechtzeitig begründen und entweder schon mit der Begründung Mittel zur Glaubhaftmachung vorlegen oder sie für die mündliche Verhandlung ankündigen soll. Hält er seine Verteidigungsmittel bis zur mündlichen Verhandlung zurück, läuft er u. U. Gefahr, daß das Gericht die kurzfristig vorge-

---

[41] *Baumbach-Lauterbach,* § 924 Anm. 3 und § 922 Anm. 2; *Teplitzky,* JuS 1981, 435.

[42] *Teplitzky,* JuS 1981, 353.

[43] So *Baumbach-Lauterbach,* § 922 Anm. 2 B; *Pastor* (o. Fußn. 38), S. 346 und *Teplitzky,* JuS 1981, 354.

tragenen Behauptungen und Einwendungen mangels entsprechender Vorbereitung bei der im Eilverfahren gebotenen kursorischen Überprüfung nicht ausreichend würdigen kann und dementsprechend die ohne mündliche Verhandlung erlassene Anordnung bestätigt. Deshalb ist bei einem komplexen Sachverhalt und/oder schwierigen Rechtsfragen eine schriftsätzliche Vorbereitung zumindest empfehlenswert. Geht es dagegen im wesentlichen um überschaubare Tatsachenbehauptungen, kann sich der Antragsgegner auf die Vorlage von eidesstattlichen Versicherungen im Termin oder auf die Sistierung von Zeugen konzentrieren. Dies setzt allerdings eine sehr eingehende Vorbereitung auf die mündliche Verhandlung voraus und verlangt regelmäßig ein eingehendes Plädoyer.

Sachverzeichnis

Die angegebenen Fundstellen beziehen sich auf die Seitenzahl

Die JuS-Schriftenreihe

Heft 1: **Diederichsen, Die BGB-Klausur.** 6. Auflage. 1984. XIV, 200 Seiten 8°. DM 19.80

Heft 2: **Blumenwitz, Einführung in das Anglo-Amerikanische Recht.** 2. Auflage. 1976. XVI, 146 Seiten 8°. DM 18.50

Heft 3: **Stern, Verwaltungsprozessuale Probleme in der öffentlichrechtlichen Arbeit.** 5. Auflage. 1981. XXI, 216 Seiten 8°. DM 19.80

Heft 5: **Schwerdtfeger, Öffentliches Recht in der Fallbearbeitung.** 7. Auflage. 1983. XXII, 330 Seiten 8°. DM 24.50

Heft 6: **Weides, Verwaltungsverfahren und Widerspruchsverfahren.** 2. Auflage. 1981. XXXII, 375 Seiten 8°. DM 32.–

Heft 7: **Löwisch, Allgemeiner Teil des BGB.** 4. Auflage. 1982. XVI, 143 Seiten 8°. DM 19.50

Heft 9: **Rinken, Einführung in das juristische Studium.** 1977. XIV, 304 Seiten 8°. DM 24.80

Heft 10: **Schlosser/Sturm/Weber, Die rechtsgeschichtliche Exegese.** 1972. XV, 174 Seiten 8°. DM 14.50

Heft 11: **von Nieding, Berufschancen für Juristen.** 2. Auflage. 1975. XIV, 200 Seiten 8°. DM 16.80

Heft 13: **Weber, Sicherungsgeschäfte.** 2. Auflage. 1977. XVI, 200 Seiten 8°. DM 19.80

Heft 15: **Ossenbühl, Staatshaftungsrecht.** 3. Auflage. 1983. XX, 307 Seiten 8°. DM 34.–

Heft 17: **Rheinstein, Einführung in die Rechtsvergleichung.** 1974, XVI, 236 Seiten 8°. DM 16.20

Heft 18: **Firsching, Einführung in das internationale Privatrecht.** 2. Auflage. 1981. XIX, 288 Seiten 8°. DM 34.50

Heft 20: **Löwisch, Schuldrecht Allgemeiner Teil.** 2. Auflage. 1982. XV, 234 Seiten 8°. DM 29.50

Heft 21: **Löwisch/Denck, Vertragliche Schuldverhältnisse.** 1978. XV, 253 Seiten 8°. DM 24.80

Heft 22: **Koch/Rüßmann, Juristische Begründungslehre.** 1982. XI, 383 Seiten 8°. DM 44.–

Heft 24: **Haft, Strafrecht Allgemeiner Teil.** 2. Auflage. 1984. XVIII, 301 Seiten 8°. DM 32.–

Heft 25: **Rahn, Mustertexte zum Strafprozeß.** 3. Auflage. 1982. XIII, 280 Seiten 8°. DM 29.50

Heft 26: **Pappermann/Gubelt, Fälle zum Wahlfach Bau- und Raumordnungsrecht sowie Straßenrecht.** 2. Auflage. 1979. XI, 195 Seiten 8°. DM 24.80

Heft 27: **Emmerich, Kartellrecht.** 4. Auflage. 1982. XXIV, 394 Seiten 8°. DM 46.–

Heft 28: **Koch, Wirtschaftswissenschaften für Juristen.** 1976. XVI, 234 Seiten 8°. DM 19.80

Heft 29: **Brunner, Einführung in das Recht der DDR.** 2. Auflage. 1979. XIII, 224 Seiten 8°. DM 26.50

Heft 31: **Jung, Fälle zum Wahlfach Kriminologie, Jugendstrafrecht, Strafvollzug.** 1975. XII, 203 Seiten 8°. DM 19.80

Heft 35: **Emmerich, Fälle zum Wahlfach Wettbewerbsrecht.** 2. Auflage. 1981. 212 Seiten 8°. DM 26.80

Heft 36: **Martens, Die Praxis des Verwaltungsprozesses.** 1975. XVII, 233 Seiten 8°. DM 24.80

Heft 37: **Reich/Reichel, Einführung in das sozialistische Recht.** 1975. XIII, 166 Seiten 8°. DM 19.80

Heft 38: **Reeb, Grundprobleme des Bereicherungsrechts.** 1975. XI, 132 Seiten 8°. DM 15.80

Heft 40: **Gerhardt, Mobiliarsachenrecht.** 1976. XIV, 200 Seiten 8°. DM 19.80

Heft 41: **Gerhardt, Immobiliarsachenrecht.** 1979. XIII, 130 Seiten 8°. DM 19.80

Heft 42: **Werner, Fälle zum Erbrecht.** 1976. XIV, 197 Seiten 8°. DM 19.80

Heft 43: **Götz, Allgemeines Verwaltungsrecht.** 2. Auflage. 1979. XIII, 208 Seiten 8°. DM 24.80

Heft 44: **Papier, Fälle zum Wahlfach Wirtschaftsverwaltungsrecht.** 2. Auflage. 1984. XII, 219 Seiten 8°. DM 29.80

Heft 45: **Wagner, Fälle zum Strafrecht – Besonderer Teil.** 1976. XIV, 159 Seiten 8°. DM 17.50

Heft 46: **Pestalozza, Verfassungsprozeßrecht.** 2. Auflage. 1982. XIX, 442 Seiten 8°. DM 48.–

Heft 47: **Martens, Mustertexte zum Verwaltungsprozeß.** 1977. XVI, 238 Seiten 8°. DM 24.80

Heft 48: **Weber, Rechtsprechung zum Verfassungsrecht. Band I: Die Grundrechte.** 1977. XIV, 271 Seiten 8°. DM 26.80

Heft 49: **Weber, Rechtsprechung zum Verfassungsrecht. Band II: Die Grundrechte.** 1977. XIV, 290 Seiten 8°. DM 26.80

Heft 50: **Medicus, Gesetzliche Schuldverhältnisse.** 1977. XI, 175 Seiten 8°. DM 19.80

Heft 52: **Herzberg, Täterschaft und Teilnahme.** 1977. XI, 168 Seiten 8°. DM 19.80

Heft 53: **Rüfer, Einführung in das Sozialrecht.** 1977. XV, 159 Seiten 8°. DM 19.80

Heft 54: **Zuleeg, Fälle zum Allgemeinen Verwaltungsrecht.** 1977. XV, 220 Seiten 8°. DM 24.80

Heft 55: **Mössner, Einführung in das Völkerrecht.** 1977. XIX, 246 Seiten 8°. DM 29.80

Heft 56: **Wöhe, Die Handels- und Steuerbilanz.** 1977. XIII, 167 Seiten 8°. DM 19.80

Heft 57: **Hüffer, Gesellschaftsrecht.** 2. Auflage. 1983. XVIII, 291 Seiten 8°. DM 34.50

Heft 58: **Lange/Scheyhing, Fälle zum Sachenrecht.** 1977. XII, 122 Seiten 8°. DM 16.80

Heft 59: **Rudolphi, Fälle zum Strafrecht Allgemeiner Teil.** 2. Auflage. 1983. XII, 167 Seiten 8° DM 22.50

Heft 60: **Tempel, Mustertexte zum Zivilprozeß. Band I: Erkenntnisverfahren erster Instanz.** 2. Auflage. 1981. XIII, 461 Seiten 8°. DM 39.50

Heft 61: **Tempel, Mustertexte zum Zivilprozeß. Band II: Arrest, einstweilige Verfügung, Zwangsvollstreckung, Rechtsmittel und Prozeßvergleich – Relationstechnik.** 2. Auflage. 1981. XIII, 375 Seiten 8°. DM 34.50

Heft 62: **Püttner/Kretschmer, Die Staatsorganisation.** 1978. XII, 213 Seiten 8°. DM 19.80

Heft 63: **Buchner, Fälle zum Wahlfach Mitbestimmungs-, Betriebsverfassungs-, Personalvertretungsrecht.** 1978. XI, 174 Seiten 8°. DM 21.–

Heft 64: **Kornblum, Fälle zum Allgemeinen Schuldrecht.** 1978. XI, 168 Seiten 8°. DM 19.80

Heft 65: **Lindacher, Fälle zum Allgemeinen Teil des BGB.** 1978. XV, 89 Seiten 8°. DM 18.50

Heft 66: **Emmerich, Das Recht der Leistungsstörungen.** 1978. XXIII, 250 Seiten 8°. DM 29.80

Heft 67: **Dilcher, Der rechtsgeschichtliche Grundlagenschein.** 1979. VIII, 95 Seiten 8°. DM 16.80

Heft 68: **Lüke, Fälle zum Zivilverfahrensrecht. Band I: Erkenntnis- und Vollstreckungsverfahren der ZPO.** 1979. XII, 193 Seiten 8°. DM 26.80

Heft 69: **Honsell/Wieling, Fälle zum Besonderen Schuldrecht.** 1979. X, 156 Seiten 8°. DM 19.80

Heft 70: **Schultz, Fälle zum Handelsrecht.** 1979. XIII, 117 Seiten 8°. DM 18.50

Heft 71: **Hadding, Die HGB-Klausur.** 1980. XIV, 257 Seiten 8°. DM 26.50

Heft 72: **Locher, Das Recht der Allgemeinen Geschäftsbedingungen.** 1980. XV, 132 Seiten 8°. DM 16.80

Heft 73: **Rüping, Grundriß der Strafrechtsgeschichte.** 1981. XIV, 127 Seiten 8°. DM 24.50

Heft 74: **Calliess, Strafvollzugsrecht.** 2. Auflage. 1981. X, 201 Seiten 8°. DM 24.50

Heft 75: **Schumann, Die ZPO-Klausur.** 1981. XXIV, 265 Seiten 8°. DM 34.50

Heft 76: **Finkelnburg/Ortloff, Öffentliches Baurecht.** 1981. XXVIII, 372 Seiten 8°. DM 34.50

Heft 77: **Hassemer, Einführung in die Grundlagen des Strafrechts.** 1981. XII, 340 Seiten 8°. DM 32.–

Heft 78: **Haft, Strafrecht Besonderer Teil.** 1982. XIV, 302 Seiten 8°. DM 29.50

Heft 79: **Lüke, Fälle zum Zivilverfahrensrecht. Band II: Insolvenzrecht und freiwillige Gerichtsbarkeit.** 1982. XIV, 209 Seiten 8°. DM 29.50

Heft 80: **Emmerich, Das Recht des unlauteren Wettbewerbs.** 1982. XVIII, 266 Seiten 8°. DM 34.50

Heft 81: **Tettinger, Einführung in die juristische Arbeitstechnik.** 1982. IX, 193 Seiten 8°. DM 26.50

Heft 82: **Schmidt, Einführung in die Probleme des Verwaltungsrechts.** 1982. XXV, 282 Seiten 8°. DM 29.50

Heft 83: **Haft, Strafrecht.** 1982. IX, 278 Seiten 8°. DM 34.–

Heft 84: **Hattenhauer, Grundbegriffe des Bürgerlichen Rechts.** 1982. XII, 239 Seiten 8°. DM 28.50

Heft 85: **Tempel, Materielles Recht im Zivilprozeß.** 1983. XIV, 466 Seiten 8°. DM 34.50

Heft 86: **Kupisch/Krüger, Deliktsrecht.** 1983. X, 132 Seiten 8°. DM 19.80

Heft 87: **Gernhuber, Bürgerliches Recht.** 2. Auflage. 1983. XXVIII, 464 Seiten 8°. DM 39.50

Heft 88: **Knemeyer, Polizei- und Ordnungsrecht.** 1984. XX, 204 Seiten 8°. DM 26.80

Heft 89: **Musielak/Stadler, Grundfragen des Beweisrechts.** 1984. Rund 200 Seiten 8°. Etwa DM 28.–. In Vorbereitung für Oktober 1984

Heft 90: **Michel, Der Schriftsatz des Anwalts im Zivilprozeß.** 1984. In Vorbereitung für Ende 1984

Heft 91: **Martens, Einführung in die Praxis des Verwaltungsverfahrens.** In Vorbereitung für Ende 1984

Verlag C. H. Beck München